SENLIN BAO
1

森林报·1

[苏]维·比安基/著 智慧轩文化/编

天津出版传媒集团
天津人民美术出版社

前言

《森林报》是一部森林百科全书，充满诗情画意和童心童趣。

此书在时间上跨越春、夏、秋、冬四季，以报刊形式报道森林，一月一期，共 12 期。在空间上，以列宁格勒地区的森林为中心，辐射到城市、乡村，直至全苏联、全世界。

书中描写了植物、动物、人类的广阔的生活图景：他们的生活，或平淡，或惊险，或荒诞，引人入胜；他们的生和死、喜和忧、爱和恨，发人深省。

目 录

1 冬眠初醒月（春季第一月）

森林报

春季第一月

3月21日至4月20日

冬眠初醒月——太阳进入白羊宫

我们的首位森林驻地通讯员

多年前，列宁格勒[1]人和林区居民经常会在公园里遇到一位白发教授，他戴着眼镜，目光锐利。他侧耳聆听鸟的每一声啼叫，仔细观察从他身边飞过的每一只蝴蝶或苍蝇。

我们大都市的居民，不会像他那样善于发现新孵出的小鸟或者刚出现的蝴蝶。春季林中发生的任何新闻，没有一件能逃过他的眼睛。

这是一位名叫德米特利·尼基罗维奇·凯戈罗多夫的教授。他观察我们城市及其近郊的大自然，一连观察了半个世纪。在这半个世纪里，他眼看着冬去春来，春尽夏始，秋天替代了夏天，冬天又悄悄来临；群鸟飞去又飞回，花朵盛开又凋谢。凯戈罗多夫教授尽心竭力地记录他所观察到的结果——什么时间发生了什么事、出现了什么情况——然后发表在报刊上。

他还倡导大家，特别是青年人，观察自然世界，记录观察所得并将结果寄给他。许多人响应了他的倡导。因此，他的观察大自然的通讯员队伍一年年地壮大起来了。

一直到现在，仍然有许多热爱大自然的人，包括乡土研究者、学者、小学生等，还在依照凯戈罗多夫教授开创的先例，继续从事着观察工作，收集着观察记录。

①现名是圣彼得堡。

在这50年中,凯戈罗多夫教授已经积累了许多观察结果并把这些结果整理到一起。正是由于他和许多其他的科学家坚持不懈的工作,我们才知道:在春天里,什么时候有哪些候鸟飞到我们这儿来;在秋天里,它们又是什么时候离开我们这儿;我们这儿的树木和花朵的生长情况又是如何。

凯戈罗多夫教授为孩子和成人们写了许多关于鸟类、森林和田野的书。他在学校里教书的时候,曾一再强调:孩子们研究祖国的大自然,不应当只在书本上,还应该到森林和田野里去。

1924年2月11日,久患重病的凯戈罗多夫教授逝世了。

我们将永远缅怀他。

森林年

《森林报》上的有关森林和城市的新闻，我们的读者可能以为都是过时的，然而并不是这样。虽然年年有春天，但是每年的春天都是崭新的，不管你活上多少年，你不可能看见两个一模一样的春天。

一年，就好像是装有12根辐条的车轮：每一根辐条，代表着一个月，12根辐条滚了一遍，车轮转了整整一圈又轮到第一根辐条。不过，这时的车轮已经不在原地，而是滚到了远一些的地方。

春天又来临了。森林苏醒过来，熊从洞里爬出；春水淹没了森林动物的地下洞穴；鸟儿飞来，重新开始做游戏和舞蹈；野兽生儿育女……于是读者将在《森林报》上发现最新鲜的林间新闻。

我们在这里刊载了每年的森林年历。它与普通历书并不相同，这并不奇怪。

因为，鸟类和野兽的一切，与我们人类不同！它们有自己独特的年历：森林里所有的生物，都是按太阳的运行过日子。

每过一个月，太阳就走过一个星座，走过黄道带的一宫。

森林年历上的新年，不是在冬天，而是在春天，在太阳进入白羊星座的时候。在森林里，每当迎来太阳的时候，就是欢快的节日；送太阳离去的时候，意味着苦闷忧愁的日子就要开始了。

我们按照普通年历那样，把森林年历上的一年也划分为12个月。不同的是，我们给每个月份的称呼根据森林里的情况另外取了名字。

1月 冬眠初醒月 春一月　白羊宫 3月21日至4月20日	2月 候鸟回乡月 春二月　金牛宫 4月21日至5月20日	3月 歌唱舞蹈月 春三月　双子宫 5月21日至6月20日
4月 辛勤筑巢月 夏一月　巨蟹宫 6月21日至7月20日	5月 雏鸟出世月 夏二月　狮子宫 7月21日至8月20日	6月 结队飞行月 夏三月　处女宫 8月21日至9月20日
7月 候鸟辞乡月 秋一月　天秤宫 9月21日至10月20日	8月 仓满粮足月 秋二月　天蝎宫 10月21日至11月20日	9月 冬季客至月 秋三月　射手宫 11月21日至12月20日
10月 小道初白月 冬一月　摩羯宫 12月21日至1月20日	11月 啼饥号寒月 冬二月　水瓶宫 1月21日至2月20日	12月 熬待春归月 冬三月　双鱼宫 2月21日至3月20日

一年——分十二个月谱写的太阳诗章

新年好!

3月21日是春分。这一天,昼夜平分:一天中有一半时间天上有太阳,一半时间是黑夜。这一天,林中万物都在庆贺新年。

3月,太阳开始征服严冬。积雪不再是冬天时的样子,变得松软、稀疏,出现了蜂窝般的孔洞。屋檐上挂下一根根冰锥,晶莹的水滴正顺着冰锥往下滴。水渐渐汇聚成水洼,麻雀欢天喜地地在水洼里扑腾,洗掉羽毛上的尘垢。花园里,山雀舒展着歌喉,唱起了快乐的歌。

春天展开阳光的翅膀飞到我们这儿。它做的第一件事是融化各处的冰雪,露出大地。这时,冰底的水和雪底的森林依然在沉睡。

按照俄罗斯的旧风俗,3月21日这天早晨,人们烤白面“云雀”吃,这是当地特有的小面包,这种小面包捏有小鸟嘴,镶嵌两颗葡萄干充当眼睛。这天,我们放生鸣禽,把它们放归到大自然里。按照我们的新习俗,“飞禽月”也是从这一天开始。孩子们把这个月的时间都贡献给飞禽:往树上挂各种“小鸟之家”;把树枝交叉绑到一起,使鸟儿容易筑巢;为鸟儿开办免费食堂;在学校和俱乐部举办报告会,讲述为何保护鸟类和如何保护鸟类。

3月里,母鸡可以在家门前喝水了。

第一份林中电报

秃鼻乌鸦从南方飞来了

秃鼻乌鸦开启了春天的大门。在雪融化后露出土地的地方，出现了成群结队的秃鼻乌鸦。

秃鼻乌鸦在我们苏联南方过冬。趁着天气好的时候，它们匆匆忙忙地飞回北方的故乡。在飞行途中，它们不止一次遇到了冷酷无情的暴风雪。几十、几百只秃鼻乌鸦因筋疲力尽而死在半途中了。

体质最好的那些最先到了。现在它们在休息。它们从容不迫地在道路上踱着方步，用结实的喙在地上刨土觅食。

笼罩着整个天空的阴沉的如铁块般的乌云飘走了。犹如大雪堆般的团团积云，飘浮在蔚蓝色的天空上。野兽诞下了第一批幼崽儿。驯鹿和牡鹿长出了新犄角。森林里金翅雀、山雀和戴菊鸟开始唱起歌来了。我们正在等候椋鸟和云雀的到来。在被连根拔起的云杉下，我们找到了熊洞。我们轮流守候在洞旁，准备随时报道熊出来的消息。一股股融化的雪水，隐匿在冰下面，汇聚成一条条细流。白天，树上的雪在不停地融化，在滴滴答答地滴水。一到夜里，寒气又重新凝水成冰。

在鸟类中，下蛋最早的要数乌鸦。它的巢在高高的云杉树上，云杉上覆盖着厚厚的雪。因为担心蛋里的小乌鸦冻死，雌乌鸦待在巢里一步不离。食物由雄乌鸦给它送来。

森林大事记

雪地里吃奶的娃娃

田野里还是白雪皑皑，可是兔妈妈已经生下了小兔儿。

小兔儿一生下来就张开了双眼，身上还穿着暖和的毛皮大衣。它们一出生就会奔跑。它们一旦吃饱了奶就跑开，躲在灌木丛里和草墩下面，规规矩矩地躺在那儿，既不叫唤也不淘气，尽管兔妈妈跑得不知去向了。

一天又一天过去了，兔妈妈在田野里蹦蹦跳跳，早把小兔儿们忘得一干二净了。可是小兔儿们依然躺在原地。它们不能瞎跑，一瞎跑，就可能被老鹰或者狐狸发现。

瞧，兔妈妈从旁边跑过去了。可是这不是它们的妈妈，而是一位不认识的兔阿姨。小兔儿跑到它跟前去："给我们喂吃的吧！""行呀，你们请吃吧！"兔阿姨把它们喂饱后，又自顾自地向前跑了。

小兔儿又回到灌木丛里去躺着。这时候，它们的妈妈正在什么地方喂别家的小兔儿呢。

原来兔妈妈们有这么一种规矩：所有的兔宝宝，都被认为是大家的孩子。兔妈妈不管在哪儿遇到兔宝宝，都会喂奶给它们吃。对兔妈妈来说，不管这窝小兔儿是自己生的，还是别的兔妈妈生的，都一样！

这些小兔儿们没有兔妈妈照顾，你们以为它们的生活过得很糟糕吗？才不是呢！它们裹着厚厚的毛皮大衣，可暖和着呢。而且兔妈妈们的奶又浓又甜，小兔儿们只要吃上一顿，以后好几天都不会感觉肚子饿。

到第八九天，小兔儿们就可以吃草了。

最先盛开的鲜花

最先盛开的鲜花出现了。不过地面上你可找不到它们，因为地面还

被雪盖着呢。只在森林边缘一带流着淙淙春水，沟渠里的水溢满了边沿。瞧，就是在这儿，在这褐色的春水的上方，光秃秃的榛子树枝上，冒出了最先盛开的鲜花。

从树枝上垂挂下来的一串串柔软的尾巴状的花穗，人们把它们叫作柔荑花序，但是它们并不像柔荑花序。一旦你摇晃一下这串花穗，就会有许多像云烟一样的花粉从里面飘落下来。

令人惊讶的是：还有许多别样的花，也生长在这几根榛子树枝上。这种花，有的呈两朵，有的呈三朵长在一起，很容易被看作蓓蕾。只是从每个“蓓蕾”的顶端，伸出一对鲜红色的线状小舌头。原来这是雌花的柱头，它们能够从别的榛子树枝上捕捉随风飘来的花粉。

风，自由自在地在光秃秃的树枝间游荡，因为树枝上没有树叶，所以没有任何东西阻挡花粉飘散。

榛子树的花是要凋谢的，柔荑花序的花穗是要脱落的。那些奇妙的“蓓蕾”小花上，鲜红色的线状小舌头也是要干枯的。到那时，每一朵这样的小花，就会变成一颗榛子。

春天的计谋

在森林里，凶猛的动物常常攻击温驯的动物。不管在哪儿，猛兽发现猎物，都会立刻实施抓捕。

在冬天，你不大容易在雪地上发现白色的雪兔和白

山鹑。可如今，雪正在融化，许多地方已经露出了地面。狼呀，狐狸呀，鹞鹰呀，猫头鹰呀，甚至白鼬和伶鼬这类小食肉兽，都能够在很远的地方看见黑土地上的白兽皮和白羽毛。

所以，雪兔和白山鹑就使起计谋来了：它们开始褪毛，变成了其他的颜色。雪兔浑身上下变得一色灰，白山鹑褪掉白羽毛的地方，长出了带黑条纹的褐色和红褐色的新羽毛。现在雪兔和白山鹑不大容易被发现了：因为它们换了新装。

有些食肉动物，也只好改装了。在冬季，伶鼬浑身雪白，白鼬也是一样，只有尾巴尖儿是黑的。那时，它们能够很方便地在雪地上偷偷靠近温驯的小动物：白色的皮毛在雪地里不容易被发现。可是现在呢，它们都换了毛，都变成了灰色。伶鼬全身是灰的，白鼬也变成了一身灰，只有尾巴尖儿还跟原先一样是黑的。不过你要知道，不论冬夏，衣服上的小黑斑都不是什么事儿：雪地上不是也有黑斑、黑点儿吗？那是枯枝和碎屑。更何况在土地和草地上，这种黑斑点儿更是多如牛毛了。

冬季的来客准备启程

在我们列宁格勒州的行车道上，可以看见成群结队的小白鸟，样子很像鸥鸟。这是来我们这里过冬的旅客——铁爪雪鹀。

它们的故乡在北冰洋沿岸和岛屿上的冻土带。在那些地方，土地还要过段时日才能解冻呢！

雪　崩

森林里可怕的雪崩爆发了。

在一棵大云杉的树枝上，松鼠正在自己温暖的巢穴里睡觉。

忽然，从树的顶端塌落沉甸甸的一团雪，不偏不倚，正好掉落窝顶。松鼠蹿了出来，然而它那脆弱无助的初生小幼崽儿，还留在窝里呢！

松鼠马上把雪往四处扒开。幸好雪只压住了用粗树枝搭建的窝顶，里面那个用苔藓铺成的又柔又软的圆形巢穴完好无缺。窝里的小松鼠，甚至还没有被惊醒呢！它们还小得很，跟小老鼠一样大，眼睛还没有睁开，身上光溜溜的没有毛。

潮湿的住所

雪在不停地融化。那些住在森林"地下室"里的居民们，日子可难过啦！鼹鼠、鼩鼱、野鼠、田鼠、狐狸，还有其他住在地洞里的大大小小的野兽们，现在都备受潮湿的痛苦。等到所有的雪都融化成水的时候，它们可怎么办呢？

奇特的茸毛

沼泽地上的雪都融

化了，草墩之间尽是水。在草墩下面，银白色的小穗儿在光滑的绿茎上摇晃着。难道这是去年秋天来不及随风飘散的种子？难道它们在雪底下度过了一整个冬天？难以置信，它们太干净、太鲜活了。

一旦你采下这样的小穗儿，展开茸毛一看，这个谜就解开了。原来这是花呀！在丝状的白茸毛当中，露出黄澄澄的雄蕊和细线般的柱头。

羊胡子草就是这样开花，花上的茸毛是用来保暖的，因为那时夜里还是很寒冷！

在四季常绿的森林里

四季常绿的植物，不只在热带或者地中海沿岸可以看到，在我们北方也生长着与常绿小灌木共生的常绿森林。特别是现在，在新年的第一个月里，走进这种常绿的森林，你会感到非常愉快，因为你既看不到褐色的腐烂的叶子，也看不到令人厌烦的枯草。

稀疏的毛蓬蓬的亮绿的小松树，老远就备受瞩目。置身于这些小树之间，是多么快乐的体验啊！

这儿生机勃勃：绵软的绿色苔藓；长着一簇簇亮闪闪叶子的越橘；还有优雅的石楠，细枝上长满了小得出奇的叶子，像一片片瓦似的盖在石楠的细枝上，枝上还残留着去年开的淡紫色小花呢！

在沼泽地的边缘，还可以看到一种常绿的灌木——蜂斗叶。它那暗绿色叶子的边缘向上卷起，叶子背面仿佛刷了一层白粉似的，所以也叫“下面白”。可是，如果此时有人在这小灌木跟前驻足，仔细观察一番，他一定会看见一件更有趣的东西：花朵！它跟越橘花很像，颜色粉红，形似小铃铛。这样早的时节，在森林里找到鲜花，真是如获至宝！假若你采上一束花带回家，谁也不会相信它是野外采来的，准说是从温室里摘来的。

因为在早春时节，很少有人到常绿树林里散步！

鹞鹰和秃鼻乌鸦

“哔——哔——！嘎——嘎——嘎——！”不知道是什么东西在我头上掠过。我回头望去，只看见一只鹞鹰正被五只秃鼻乌鸦追赶。鹞鹰四处躲避着，可秃鼻乌鸦紧追不舍，还是追上了它，并用嘴啄它的头部。鹞鹰痛得尖声大叫。后来，它好不容易脱身，远远飞走了。

我站在一座高山上，能够看得很远。我看见一只鹞鹰停落在一棵树上休息。忽然，不知从哪儿飞来一大群秃鼻乌鸦，凶猛地向它扑去。这个时候鹞鹰被激怒了，它发疯似的尖叫着向一只秃鼻乌鸦反扑过去。那只秃鼻乌鸦畏惧了，向一旁闪去。于是鹞鹰趁势冲向高空，没有谁来阻挡它。秃鼻乌鸦一看失去了俘虏，就在田野上飞散开了。

第二份林中电报

椋鸟和云雀飞回来了，开始唱起了歌儿。

我们在熊洞旁等得不耐烦了：熊还没有出洞。我们想：该不会冻死在里面吧？

突然，积雪微微晃动起来了。

不过，从洞里钻出来的根本不是熊，是一头从来没见过的怪野兽，有大猪崽子那么大的个头儿，浑身是毛，肚毛乌黑，灰白色的脑袋上有两道深色条纹。

原来这不是熊洞，是獾洞，从洞里钻出来的是一只獾。

如今，它不会再睡了，每到夜晚，它将到森林里去搜寻蜗牛、幼虫和甲虫，吃植物的根和捉野鼠。

我们在森林里到处寻找，终于找到一个熊洞，这回才是真正的熊洞！

熊还在睡觉。

水漫到冰上了。

雪崩塌了下去，琴鸡在发出求偶的鸣啼，啄木鸟在树上像打鼓似的笃笃地啄着。

破冰的小鸟——白鹡鸰飞来了。

走雪橇的道路已经稀烂不堪，人们驾起了马车，不再乘雪橇了。

城市快讯

屋顶上的演奏会

每天夜里，屋顶上会举办猫儿的演奏会。猫十分喜欢这种演奏会。然而，演奏会总是以歌手们大打一架来收尾。

走访住宅顶楼

为了了解住在顶楼上的动物居民的生活条件，《森林报》的一位记者最近几天走访了市中心区的多处住所。

占据着顶楼各个角落的鸟儿们，对自己的住宅似乎非常满意。谁要是觉得冷，就可以把身子紧贴着壁炉的烟囱，享受免费的供暖设备。鸽子已经在孵卵，麻雀和寒鸦满城搜集做窠用的稻草根儿和做软褥子用的绒毛和羽毛。

鸟儿们最讨厌猫儿和一些男孩子，因为他们常常拆除它们的窠。

麻雀惊慌失措

在椋鸟房，叫嚷声、吵架声乱作一团，绒毛、羽毛、草屑随风飘散。

椋鸟房的主人回来了，椋鸟抓住了占据椋鸟房的麻雀，把它撵了出去。

撵完了麻雀，又往外扔麻雀的羽毛褥子。总之，一丁点儿的麻雀的痕迹也不能留下！

有个抹泥灰的工人正站在吊架上往屋顶的裂缝上抹泥灰。麻雀在屋檐上窜来窜去，用眼睛瞅了瞅屋檐下方，忽然尖叫一声，猛地向泥灰工人的脸扑了过去。泥灰工人晃动抹泥灰的小铲子一个劲儿撵它们。可他怎么也想不到，他准备封死的墙壁缝隙里，有一个麻雀窝，麻雀在里面下蛋了。

一片叫嚷声、吵架声，绒毛、鸟羽随风飞舞。

昏昏欲睡的苍蝇

街上出现了一些蓝里透绿、闪着金属光泽的大苍蝇。它们跟秋天时一样，一副昏昏欲睡的样子。它们还不会飞，只能踉踉跄跄地用它们的细腿在墙壁上勉勉强强地爬。

在白天，这些苍蝇在太阳下取暖；一到夜里，就爬回墙壁和栅栏的缝隙和孔洞里去了。

苍蝇啊，提防埋伏的杀手

在列宁格勒的街上，出现了一些游来荡去的苍蝇虎。

俗话说：狼是靠快腿赖以生存。苍蝇虎也是这样。它们不像十字圆蛛那样编织精妙的网，而是埋伏着，等到苍蝇或者别的昆虫出现，使劲一蹦，扑到它们身上，吃掉它们。

石　蚕

在河面的冰缝中，爬出了一些笨拙丑陋的灰色小幼虫。它们攀爬上岸，蜕去裹在身上的一层外皮，变成了长有翅膀、身体细长匀称的飞虫。它们既不是苍蝇，也不是蝴蝶，而是石蚕。

它们的翅膀虽然长长的，身体也轻飘飘的，但是还不会飞翔，因为它们还虚弱无力，还需要晒太阳。

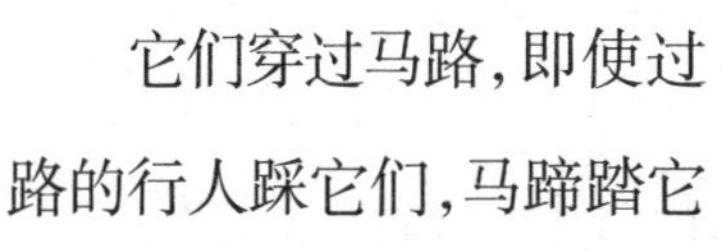

它们穿过马路，即使过路的行人踩它们，马蹄踏它们，汽车轮子碾轧它们，麻雀也干脆利落地啄它们当作美食，它们仍然不停地往前爬，往前爬，因为它们有成千上万

只呢！

成功穿越马路的那些石蚕，爬到房屋的墙壁上晒太阳去了。

林区观察站

自从著名的自然科学家凯戈罗多夫教授第一个在列斯诺耶作物候学观察以来，这种观察已持续了80年。

在苏联，现在有一个用凯戈罗多夫教授的名字命名的专门委员会，它附属于全苏地理协会，领导着物候学观察者的工作。

苏联的物候学爱好者，都把自己多年的观察记录寄到委员会去。诸如：鸟类的飞离与降临，植物的开花与凋谢，昆虫的出现与灭绝等记录，都可以编制一部大自然日历。这种自然历有益于我们预测天气和确定各种农事工作的日期。

现在，在列斯诺耶成立了一个全国性的物候学中心观察站。这种具有50年以上历史的观察站，全世界仅有3个。

准备住宅吧

如果谁想要椋鸟在自家的花园里定居，就得尽快给椋鸟准备住宅！这间住宅要干净整洁，有一扇开得很小的门：让椋鸟能钻进去，而猫钻不进去。

为了防止猫用爪子抓住椋鸟，还得在门内侧钉上一块三角形的木板。

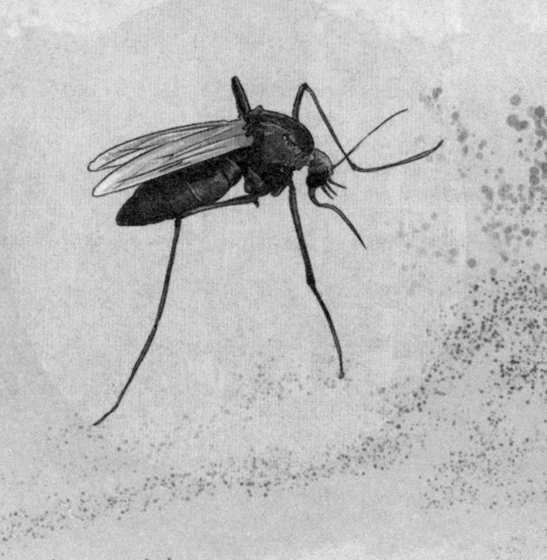

小蚊虫飞舞

在天气晴朗、阳光暖和的日子里，小蚊虫开始在空中飞舞了。

你不必害怕它们，因为它们不叮人，这是蚊群。

蚊群汇聚成密密麻麻的一群，像根圆柱子似的在空中飞旋舞动着、拥挤缠绕着。在这种蚊虫很多的地方，空中看上去尽是黑点，就像布满了雀斑的人脸一样。

第一批蝴蝶

蝴蝶出来晒太阳，在阳光下透风换气。

那些在顶楼上过了一冬的、带红斑点的黑褐色荨麻蛱蝶和淡黄色的柠檬蝶是最先出现的。

在公园里

在花园和果园里响亮啼叫的是雄苍头燕雀，它们胸脯呈淡紫色，脑袋是淡蓝色的。它们一群群聚集在一起，等待着雌燕雀的飞来——雌燕雀总是比它们晚一些飞来。

新森林

全苏联造林会议召开了。林务员们、造林科学家们、农学家们聚集一堂。列宁格勒的市民也参加了这个会议。

为了在苏联草原地区植树造林，人们已经进行了100多年的科学勘察和实际工作。人们选择了300种最能适应各种草原生活环境的乔木和灌木，在草原里造林。比如说，科学家们发现：在顿尼茨草原上生长最稳定的是跟锦鸡儿、忍冬和其他灌木交替种在一起的橡树。

在苏联的工厂里，我们生产了一种新的机器，利用这种机器我们可以在短短的时间内给很大一块地种上树苗。现在已经植树造林的地区有好几十万公顷。

近几年，苏联还要再造几百万公顷的新林。有了这些新林，苏联田地的产量就可以更快地提高。

早春的鲜花

黄色的款冬花在公园、花园和庭院里盛开了。

街头已经有人在卖早春的鲜花。卖花人称呼这种花为“雪下紫罗兰”，实际上不论是形状还是香味儿，它们都不像紫罗兰，它们真正的名称是：蓝花积雪草。

树木也开始苏醒：白桦树的液汁开始在树干里流动。

漂来什么生物

春水在利斯诺耶公园的峡谷里淙淙地奔流着。几位森林通讯员在一条小溪上，用石头和泥土筑了一道拦水坝。他们守候在那里，看看会有什么生物游到他们身旁的拦水坝中。等了很久也没有等来什么生物，反而流来了一些碎木片和小树枝，在水塘里打转转。

后来，在溪底有一只死老鼠被水冲了过来，它可不像灰色的家鼠一样有着长长的尾巴，它是棕

黄色的，只有一根短短的尾巴。这是一只田鼠。它大概是冻死的，在雪底下躺了整个冬天，现在雪融化了，被溪水冲到这儿。

随后，一只黑甲虫漂了过来，它在水里拼命地挣扎着、旋转着，从水里怎么也爬不出来。一开始大家以为这是一只水栖的甲虫，等到从水里捞起来一瞧，竟然是最厌恶水的屎壳郎。显而易见，屎壳郎也苏醒了。它当然不是故意掉到水里去的。

后来又有一个后腿一蹬一蹬的家伙游到了坝内。你们猜，它是什么呢？对，是只青蛙呀！四周还都是积雪，可它一见水就马上来了，它从水坝里跳上岸，一蹦一跳地钻到灌木丛里去了。

最后，有一只小兽游来了，全身是褐色的，像家鼠一样，只是尾巴更短一些，原来是一只水老鼠啊！这种水老鼠一到冬天，就会储存许多粮食，看来它的存粮已经吃得一干二净了，这不，一到春天，就马上出来找食物了。

款　冬

小丘上早已出现了一簇簇款冬的细茎，每一簇细茎就是一个小家庭。年长一些的茎形体苗条、高高地挺立着头颅，那些粗壮的、丑陋的、年幼的小茎则紧紧挨在它们旁边。

还有一种低垂着脑袋，模样看起来着实可笑的茎，它们弯着腰站在那儿，好似因为刚刚见到这个世界而感到胆怯、害羞。

每一个这样的小家庭都是从一段地下根茎长出来的，从去年秋天起就开始储存养料，现在，储存的养料正在逐渐消耗，不过维持整个开花期还是绰绰有余。不久之后，每个小脑袋会变成一朵黄色的放射状的小花，说得准确些：是花序，而不是花朵，由一大把彼此紧密地挤在一起的小花汇集而成的整体。

当花开始凋零的时候，根茎里也重新长出叶子来，而这些叶子的职责就是往根茎里储藏新的养料。

空中的号角声

天空中传来了号角声，列宁格勒的居民对此感到十分惊奇。晨曦微露，城市还处于睡眠状态，街道寂静无声，了无行人，在这个时候，这声音听起来格外的清晰。

要是眼力好的人仔细瞧瞧，就可以发现在云朵下面飞着的一大群脖子又直又长的白色大鸟，这是一群爱叫的列队飞行的野天鹅。

每到春天，它们从我们城市上空整齐地飞过，用号角般响亮的声音叫着："克尔鲁——鲁呜！克尔鲁——鲁呜！"在喧闹拥堵的城市中，由于嘈

杂的人声、轰鸣的车来车往声的掩盖，它们的鸣叫声反而不大容易被我们听到了。

现在天鹅正赶着飞往科拉半岛的阿尔汉格尔斯克的近郊，或者到北德维纳河两岸去筑巢。

节日通行证

我们正在等候那些长着羽毛的朋友们。大队委员会给每个少先队员分配了一个任务，每人做一个椋鸟房。因此大家都在忙这件事。我们有一个木工厂，如果谁不会做椋鸟房，就可以到木工厂去学习。

我们在自己校园里挂上许多供鸟儿居住的窠。我们期望鸟儿居于此地，保护苹果树、梨树和樱桃树，免受诸如青虫、甲虫等害虫的侵害。到飞禽节那天，每个少先队员把自己做的椋鸟房带到学校庆祝会上来。这是我们约定好的，椋鸟房就是我们参加庆祝会的通行证。

第三份林中电报(急电)

在熊洞附近,我们轮班守候着。

忽然,地底下不知道什么东西把积雪拱起来了,紧接着一个又大又黑的野兽脑袋露出来了。

是一只母熊钻出了洞穴,在它后面钻出来的是两只小熊崽儿。

我们看见它张开大嘴,舒舒服服地打了个大哈欠,然后朝森林走去,小熊崽儿蹦蹦跳跳地跟在它后面跑。我们刚才还发现它瘦得厉害,这么一会儿就变得浑身毛蓬蓬的了。

现在,它在森林里转来转去。长时间的睡眠,使它已经十分饥饿,所以见什么吃什么:树根呀,隔年的枯草呀,浆果呀。要是碰上一只兔子,它肯定不会放过。

发洪水了

冬季的世界被推翻了，云雀和椋鸟在欢快地唱歌。

水冲破了冰封的穹顶，涌向了自由的天地，奔向了宽广的田野。

田野里发洪水了：太阳下，积雪猛烈地燃烧着，嫩绿的小草从雪底下欢天喜地地钻了出来。

在春汛期间，河水最泛滥的地方，野鸭和大雁最早出现了。

我们发现了第一只蜥蜴：它从树皮底下钻出来，爬上了树墩，懒洋洋地晒起了太阳。

每天有太多的事情发生，多得我们来不及去记载。

城乡的交通中断了。

农庄里的故事

扣留偷溜的春水

在没有获得任何人的许可的情况下，融化了的雪水竟想从田里偷溜到低洼地里去。

集体农庄的庄员们匆匆把偷溜的春水扣留了下来：他们在斜坡上用结结实实的积雪筑起了一道横墙。

水留在了田地里，开始微微往土里渗。

田地里的绿色居民已经感觉出水渐渐流往它们的根部，渗入它们的身体，它们为此欢欣鼓舞。

100 头新生的小猪崽儿

昨天夜里，在集体农场猪舍值班的饲养员们，为母猪接生了，一共诞生了 100 头新生的小猪崽儿。这 100 头小猪崽儿身体健健康康，壮硕有力，还会不时地哼哼乱叫。9 位年轻的猪妈妈，期盼着饲养员把它们的长着小尾巴、有着翘鼻头的粉红色小猪崽儿送过去吃奶。

温暖的新房子

马铃薯自寒冷的地窖转移到温暖的新房子里去了。

它非常喜欢新的居住环境，因此准备在这儿发芽。

绿色新闻

商店里有新鲜的黄瓜出售了。这些黄瓜没有蜜蜂来帮助完成授粉工作，它们生长的土地也没有太阳来供暖。

不过，这是名副其实的黄瓜，它们粗壮结实，汁水又多，浑身布满了小刺儿，它们的清香味儿，也是地道的黄瓜香，尽管它们是在温室里生长的。

积雪融化后，我们才发现原来瘦弱的嫩绿小草掩盖着整个田地呢！可是这会儿冰还禁锢着大地，草根无法从土里吸收到养料，因此，可怜的嫩草还在挨饿呢！

但对集体农庄的庄员们来说，这可是很珍贵的哩！因为这些瘦弱的小草，不是什么野草，而是秋播小麦。集体农庄早就为它们准备了诸如草木灰、禽粪、厩汁、富含营养的盐类等优质的食物。

他们会从空中给挨饿的庄稼分发食粮。

一架飞机从田野的上空飞过，它扮演着食堂的角色，从空中播撒食物，让每棵小苗能填饱肚子。

捕 猎

在春天允许打猎的时期有限,如果春天来得早,捕猎也可以早点开始;如果春天来得迟,那么捕猎开始的时间也得推迟了。

春天捕猎的对象是生活在树林和水边的飞禽,只能打雄鸟,也就是雄野鸡和雄野鸭,不允许带猎狗。

猎捕鸟类

在天亮的时候,猎人从城里出发,傍晚的时候就已经到达森林了。

这是一个阴沉的傍晚,天空灰蒙蒙的,没有风,下着毛毛细雨,很暖和,这种天气对于猎人捕获鸟类是再好不过的了。

猎人在森林里选好一块空地,倚靠着一棵小云杉树。周围尽是些不高的树木,有赤杨、白桦和云杉。还有一刻钟太阳就要下山了,这会儿还有点时间抽一支烟,过一会儿就没工夫了。

猎人站在那儿,侧耳细听。森林里,响起了各种鸟儿的歌声:在枞树的树顶上,鸫鸟在叽叽地婉转鸣叫;在密林里,红胸脯的鸥鸲在啾啾地小声尖叫。

太阳落山了。一只接着一只的鸟儿停止了歌唱,最后,连最喜爱歌唱的鸫鸟和鸥鸲也变得安静了。

现在可要留意，竖起耳朵仔细听！突然，有一种轻轻的声音自森林上空传来：

“嗤尔克，嗤尔克，霍尔——尔——尔！”

猎人吓了一跳，扛起了猎枪，一动不动地站在那儿。哪儿传来的声音呢？

“嗤尔克，嗤尔克，霍尔——尔——尔！”“嗤尔克，嗤尔克！”

呦！还有两只呢！在森林上空，有两只长嘴的勾嘴鹬正扑着翅膀急速飞过。其中一只紧跟在另一只后面，这不是打架。前面那只是雌鸟，后面那只是雄鸟。

砰！后面那只勾嘴鹬打着转儿，一圈圈地旋转着从空中掉落，缓缓坠落到灌木丛里去了。

猎人箭一般地冲过去：一旦受伤的鸟儿逃到灌木丛里躲起来，就再也找不着它了。

勾嘴鹬的羽毛跟枯黄的落叶一样，在灌木丛上，一眼就能瞧到挂在那儿的勾嘴鹬。

在旁边不知道什么地方又传来了勾嘴鹬的叫声：“嗤尔克，嗤尔克！”“霍尔，霍尔。”

距离太远了，霰弹打不着。猎人依然靠在小云杉旁边，他屏气凝神地听着，森林里寂静无声。

"嗤尔克,嗤尔克!""霍尔——尔——尔!霍尔——尔——尔——尔!"叫声又响了起来。

声音在那边,太远了。要不把它引过来?或者,用什么把它引过来?

猎人脱下帽子往空中一抛。眼尖的雄勾嘴鹬此时正在阴暗的林中搜寻雌勾嘴鹬的踪迹,突然有一件黑糊糊的东西从地面闯入了它的视野,很快又掉落了。

是雌勾嘴鹬吗?它急匆匆地转了个圈,猛地从空中向猎人那边冲去。

砰!这只也一个跟头翻了下来,像木片似的栽到地上,猎人一枪就打死了它。

天渐渐黑下来,勾嘴鹬的叫声四起,时断时续,叫人摸不清方向。

猎人激动得两手颤抖。

砰!砰!没击中。

砰!砰!又没击中。

不要开枪了,得休息一会儿,静一下心。

好了,手不再发抖了。

现在可以举枪射击了。

森林深处黑黢黢的,不知从哪儿传来猫头鹰低哑恐惧的呜呜声音,吓得一只正在睡觉的鸫鸟惶恐不安地尖叫起来。

天更黑了,再过一会儿就开不了枪了。

听,又有叫声传来了:

“嗤尔克,嗤尔克!”

另一边也有声音响起:

“嗤尔克,嗤尔克!”

正好在猎人的头顶上,两只雄勾嘴鹬碰头了,还打起了架。

“砰!砰!”一连两枪,两只鸟掉了下来。一只如土块般径直落到了地面,另一只旋转着从空中坠落,恰好落在猎人脚旁。

是时候走了,趁还看得清小路,应该前往鸟儿交配的场所。

松鸡交配的场所

夜里，猎人坐在森林里吃着东西，喝着水瓶里的水。这个时候不能生火，火会把松鸡惊动的。

要不了多久，天就会亮了。松鸡在天将亮的时候交配。

在寂静的黑夜里，响起了猫头鹰低哑的叫声。

这该死的家伙！会吓跑两只交配的松鸡！

东方的天空渐渐有了白色。听，“台克台克，喀喀”的声音响起了，似乎在什么地方有一只松鸡唱起了歌。

猎人唰地跳起身，仔细听了起来。

听，出现了第二只松鸡的叫声。离猎人不远，大概就150来步。第三只……

猎人小心谨慎地移动身体，向那儿靠近。他双手紧端着枪，手指扣在扳机上，眼睛死死地盯着一棵又一棵黑黝黝的粗壮云杉。

“台克台克”的声音停止了，那只松鸡细声细气地鸣啼了起来。

猎人纵身跳离原先站立的地方，猛地往前迈了三大步，然后像入定一样纹丝不动了。

鸣啼声中断了，四周寂静无声。

松鸡可能察觉了些什么，正在仔细听呢！这家伙的耳朵很灵，机警极

了，只要有一点儿动静，就会立马逃走，在林中使劲儿地拍动翅膀，跑得无影无踪！

它没有听见什么异常的声音，于是又“台克台克！台克台克！”地叫了起来，就像两块相互撞击的木板的响声。

猎人还站在那儿，一动不动。

于是，松鸡重新鸣啼了起来。

猎人又纵身一跳。

松鸡的声音又中断了，因为叫声停得急，嘴里还发出了嘶哑的声音。

猎人一只脚还停在空中，不敢动了，因为这时松鸡肯定在倾听。

片刻，似乎没有发现什么情况，它又开始“台克台克！台克台克！”地叫了起来。就这样，反反复复好几次。

这个时候，猎人与松鸡咫尺之遥，松鸡就停留在他身旁的几棵云杉树上，距离地面不高，在半腰位置。

此时，它正沉溺于情爱，头昏脑涨的，什么也听不见，即使你叫得再大声，它也不会听到。可是，它到底在哪里呀？那黑洞似的针叶林中，你怎么可能看得清！

咦！原来在那儿！在一根长满茂密枝叶的云杉树上，在离猎人30步远的地方。那不是吗？一条黑黑长长的脖子顶着一个带一撮山羊胡子的鸟脑袋……

声音又中断了，这时你可不能动……

“台克台克！台克台克！”又响起了歌声。

猎人举起了枪。瞄准一个黑黢黢的影子——一只带着一撮山羊胡子、尾巴像大扇子的大鸟。

得打中它的要害才行。松鸡翅膀紧密，霰弹打在上面会滑掉，伤不了这只结实的鸟。最好是打它的脖子。

“砰！”

松鸡掉落在雪地上，扬起了阵阵雪花，什么也看不见，只有树枝被压断的咔嚓声。

瞧，好大一只雄松鸡！浑身乌黑，重量至少有5千克！它的眉毛红红的，就像沾了血似的……

森林戏剧场

琴鸡交尾场

森林里，一块很大的空地上，有一个戏剧场。虽然太阳还没升起，但是周围的一切都看得清楚，因为这是一个白夜。

前来看表演的观众是一群身上长着麻斑的雌琴鸡。有一些在地上大大咧咧地吃着东西，有一些则老老实实地停在树上。

它们在等待演出开幕。

从森林里飞来一只雄琴鸡，停在空地上。它全身乌黑，几道白条纹横亘在翅膀上。这是我们的主角。

它用纽扣似的黑眼睛，犀利地打量着交尾场——空地上谁也没有，除了来当观众的雌琴鸡。

可是那边，灌木丛后边是些什么东西？那玩意儿昨天都没有，可真是奇怪：难道一日的工夫，就长出了一米高的云杉？难道是我记错了？年纪大了，记不清喽！

演出要开始了！

我们的主角又往观众群瞧了瞧，接着弯着脖子碰到地面，拖着两个长长的大翅膀，翘起了华丽的大尾巴。随后它叽里呱啦振振有词："我要卖

掉大皮袄，买件肥外套，买件肥外套！”

笃！又有一只雄琴鸡降落到交尾场了。

笃！笃！一只接着一只的雄琴鸡飞来，用它们结实的腿脚站在交尾场上。

好家伙！瞧我们的主角都要被气坏了！全身的毛竖了起来。脑袋点着地，张开了扇子似的尾巴，口里发出一连串“啾唬，费！啾唬，费！”的声音。这是要挑战的意思：“谁要是有胆子不怕掉羽毛，尽管来试试！”

有一只胆大的雄琴鸡在交尾场另一头应声了：“啾唬，费！啾唬，费！我们什么都不怕，有本事，你过来呀！”

“啾唬，费！啾唬，费！”瞧，这儿汇聚了二三十只雄琴鸡，多到数不过来。你随便挑，每一只都做好了战斗的准备。

雌琴鸡蹲在树枝上，悄无声息，无动于衷，似乎这出戏引不起它们一丁点儿的兴趣。这些狡猾的姑娘们最爱要花招了，戏明明是为它们演的呀！那些长着翅膀似的尾巴，拥有火一般血红色的眉毛的黑斗士，正是为了它们才赶来的呀！

每一个斗士，都希望在美丽的姑娘面前表现自己的勇气与力量，那些笨拙瘦小的胆小鬼们就不要出来了，只有那些最灵活、最胆大的勇士才有资格获得姑娘们的青睐。

快看，好戏开场啦……整个戏剧场上充斥着雄琴鸡叽里咕噜、“啾唬，费！啾唬，费！”的挑战声，它们弯曲了脖子，将头点在了地上，然后一蹦一跳地朝对方逼近了……

有两只雄琴鸡聚到了一起，嘴巴对着嘴巴，互相朝对方的脸上啄了去。

“啾失，失！”这是怒气冲天的吼叫声。

天逐渐变得明亮，白夜的透明帷幕，在舞台的上空升了起来。

在云杉丛中（戏剧场上的这些云杉是打哪儿冒出来的呀？）有什么东西在闪闪发光。

这个时候的雄琴鸡可没工夫去顾其他的事儿，每只都在专心应对对手。

戏剧场的主角离树丛最近。它早就打跑了前两个对手，已经在和第三个对手拼搏了，真不愧是主角：想必在森林中已经找不到比它更厉害的了。第三个对手既灵活又勇猛，猛地一蹿就跳到了主角跟前，狠狠啄了一下它。

“啾失，失！”主角用嘶哑的声音恶狠狠地吼道。

蹲在树枝上的美女们伸长脖子，饶有兴趣地看了起来。这才是真正的戏剧表演，这才是真正的战斗！这只可不会吓得胆怯而逃，无论如何也不会畏惧退缩的。看，它们又靠近了对方，相互争斗了起来，强壮的翅膀也被扑得啪啪作响。

猛地啄一下，又一下，根本看不清是谁啄了谁。两只都摔在地上，并各自跳向了不同的方向。年轻的那只，翅膀上坚硬的羽毛被折断了两根，残留的受伤的蓝色羽毛乱糟糟地向外竖着；年长的那只，火红的眉毛淌着血，原来一只眼睛被啄瞎了。

树枝上美丽的姑娘们惴惴不安，不停地来回走动。谁胜利了？难道是年轻的把年老的打败了？多么帅气的年轻小伙子：结实浓密的翅膀上还闪着幽幽的蓝光，尾巴上布满了漂亮的花纹，翅膀上一道道条纹也是如此的耀眼！

你看，它们又相互打斗起来了，死死地扭打成一团。年老的占上风。

摔倒了，彼此跳开来。

又厮打成一团。年轻的占上风！

现在还剩最后一轮了。瞧！

它们靠近了对方，可又退开了！

又聚拢到一起，扭作一团了。

"砰！"如雷鸣般的枪声响彻森林。从小云杉丛里飘出了一股烟。

戏剧场上的搏击戛然而止，树上的雌琴鸡伸长了脖子四处观望，雄琴鸡诧异地挑起了红眉毛。

怎么了，发生了什么事儿？

什么事情都没有，一切平平安安。

没有其他的人。

安安静静的。小云杉丛那儿的烟也飘散了。有一只雄琴鸡回过头去，正瞧见对手站在它面前，它窜了过去，朝对手的脑门啄去。

很快，戏剧接着上演，一对对斗士继续投入激烈的斗争中去了。

可是树上的美女们却发现：那位主角和它的年轻对手双双倒地，已经死了。

难道说,它俩互相把对方打死了吗?

演出还在继续。应当看舞台上的表演才是。现在最有意思的是哪一对呢?今天的胜利者会是哪一位斗士呢?

当太阳升到森林上空的时候,戏结束了,观众也都离开了。猎人从用云杉树枝搭建的棚里走了出来,他最先捡起了老雄琴鸡和它的年轻对手,它们满身是血,霰弹布满了它们的全身。

猎人把它们塞进怀中的袋子,接着捡起被他打死的 3 只雄琴鸡,扛起枪,回家去了。

在穿越森林的时候,他四处张望,仔细谛听,好像很心虚似的,生怕遇见什么人……因为今天他做了两件可耻的事:第一,他在法律禁止期间,猎杀了交尾场上的雄琴鸡;第二,他打死了交尾场上的主角。

明天,戏剧场上的戏怕是演不成了:主角没有了,谁会来带头演戏呢?

交尾场上的生活遭到了破坏。

无线电通报

注意！注意！

我们是《森林报》编辑部。

今天是3月21日，春分。我们今天举行一次全国无线电通报行动。

请注意！请东南西北各地都来参加。

请注意！请苔原、原始森林、草原、山岳、海洋、沙漠都来参加。

请报告你们那里的近况。

喂！喂！
这里是北极

今天，我们这儿洋溢着节日的喜庆——漫长的冬天终于过去了，太阳头一次露出了笑颜！

第一天，海面上只露出了太阳的头顶。几分钟后太阳就缩回去了。

两天以后，太阳露出了半张脸。

又过了两天，太阳才从海洋里钻出来。

现在我们总算可以享有一个短短的白天了。尽管一个小时后天就会变黑，可是这又算什么呢——反正越来越多的白昼正向我们走来：明天，白昼会再长些；后天，白昼会更长些。

厚厚的冰雪覆盖着我们的海洋和陆地。白熊在它们的冰穴里睡得正开心。到处都找不到绿芽，看不见飞鸟的踪影，只有严寒的风雪天气。

这里是中亚细亚

我们已经把马铃薯种上了，现在开始种棉花。这儿的太阳火辣辣的，街道的路面被烤出一层浮尘。桃树、梨树、苹果树正忙着开花。扁桃、杏树、白头翁、风信子的花都凋谢了。我们也开始营造防护林带了。

飞到我们这儿过冬的乌鸦、秃鼻乌鸦和云雀飞回北方了。而在我们这儿消夏的家燕、白肚皮的雨燕等都飞来了。红色的野鸭在树洞、土洞里孵出了小野鸭。这些小家伙已跳出洞，在水里游泳了。

这里是远东

我们这儿的狗已从冬眠中醒过来了。

是的，是的，你并没有听错——我说的确实是狗，不是熊、土拨鼠，也不是獾。

你以为狗都不会冬眠吧？可是我们这儿的狗就冬眠呢。

我们这儿有一种个子比狐狸还小的野狗，短短的腿，一身又密又长的棕色的毛，毛把耳朵都遮住了。冬天来临时，它就像獾一样钻到洞里睡大觉。现在它苏醒后就开始抓老鼠和鱼吃。

它的名字是浣熊狗，因为它长得特别像美洲的一种小型熊——浣熊。

南部沿海的人们已经开始捕捉扁扁的比目鱼。而乌苏里边区的原始丛林里，已经有小老虎出世了，此时它们已经能睁眼了。

我们每天守在这里等着洄游鱼类的到来，它们每年从远方的海洋游到我们这儿来产卵。

浣熊产自北美洲，因为它吃东西前，总要把食物放到水里浣洗，所以叫作浣熊。

这里是乌克兰西部

此时我们正在播种小麦。

飞去南非洲过冬的白鹳回来了。我们欢迎它们住在我们的房顶上，所以就搬来了一些旧车轮搁到房顶上供它们筑窠。

这不，白鹳正把衔来的粗细不等的树枝放到车轮上，开始搭建窠了。

因为金黄色的蜂虎鸟飞来了，所以我们的养蜂人慌张了。这种小鸟儿仪态文雅，羽毛很漂亮，可是它们喜欢吃蜜蜂。

喂！喂！
这里是亚马尔半岛苔原

我们这儿还是严寒的冬天呢，春天的气息一点儿都没有。

驯鹿们正在用蹄子扒开积雪，捣破冰块，觅食青苔。

乌鸦就要飞回来了！每年的4月7日，我们要庆祝“乌鸦节”。乌鸦飞来的那天被我们视为春天的开始，就跟你们把秃嘴乌鸦飞回来的那天当成春天的开始一样。我们这儿可没有秃嘴乌鸦啊。

这里是诺沃西比尔斯克原始森林

我们这儿的情况跟你们那里差不多啊，都是原始林带，有成片针叶林和混成林。这样的原始林带横亘在我们的国土上。

白嘴鸦只有在夏天才会出现在我们这儿。我们的春天是从寒鸦飞回来的那天开始的。寒鸦一到冬天就飞走了，它们每年春天都会最先飞回来。

春天一到，我们这儿的天气马上就暖和了，春天这么短，来去匆匆啊。

这里是外贝加尔草原

粗脖子的羚羊离开我们去南方了——它们向南方的蒙古走去了。

积雪初融的那几天，对它们来说是灾祸降临的日子。白天融化的雪水在冷冷的夜里又冻成了冰。这时平坦的草原就变成了溜冰场。此时它们光滑的蹄子在冰上滑啊滑，四只蹄子滑向四个方向。

而羚羊是完全靠那四条追风腿活命的啊！

在这个春寒时节，不知道有多少可怜的羚羊会被狼或其他猛兽吃掉！

这里是高加索山区

在我们这儿，春天是从低处走到高处的，一步一步地赶走冬天。

山顶上大雪纷飞，山下的谷地却飘着细雨；小溪向前奔流着，春潮第一次在涌动着。河水猛涨而漫上了河岸。湍急、浑浊的河水一泻千里，夹杂着一路冲刷下来的东西奔向大海。

山下的谷地里鲜花盛开，树叶舒展。在阳光明媚的暖暖的南山坡，一片片绿茵一天天向山顶蔓延着。

鸟儿、啮齿类和食草类动物，都跟着绿草向山顶上移去、爬去。牡鹿啊，牝鹿啊，兔子啊，野绵羊啊，野山羊什么的，也跑向了山顶。狼啊，狐狸啊，森林野猫啊，就连人都防着的雪豹什么的，也跟着它们往山上去了。

寒冬躲到了山顶。春天跟在冬天的屁股后面穷追不舍，一切生物也紧随着春天的脚步上山了。

喂！喂！
这里是北冰洋

冰块和冰山在洋面上向我们这儿漂过来。有一些两肋呈黑色的浅灰色海兽躺在冰面上。它们是格陵兰海豹，它们将在这寒冷的冰上生下毛茸茸、白亮亮、有黑鼻头和黑眼睛的小海豹。

刚生下来的小海豹要在冰上躺好多日子，因为它们还不会游泳啊！

黑脸、黑腰的老雄海豹此时也爬上冰了。它们褪下自己那又短又硬的淡黄色的毛。在换完毛以前,它们也得在冰上漂流一段时间。

看啊，侦察人员乘飞机在海洋上空盘旋着。他们需要查清冰原的哪些地方有携带着小海豹的雌海豹,哪些地方躺着换毛的雄海豹。

侦察完情况以后,他们就飞回去报告船长,说哪儿是海豹的聚集地。那些海豹躺在一起,把它们身下的冰面遮得严严实实的。

不久后,一艘载了许多猎手的轮船,绕过一块块冰原向那里驶去,他们要去猎取那些海豹。

这里是黑海

我们本地没有海豹，很少有人能见到这种海兽。它会从水中露出长达三米的乌黑脊背,然后就不见踪影了。有一只从地中海来的海豹,它经

过博斯普鲁斯海峡，一个很偶然的机会，它就游到我们这儿了。

不过，其他种类的野兽活跃在我们这儿——比如活泼的海豚。巴统城附近一带，人们正在紧张地猎取海豚。

猎手们乘着小汽艇到海上巡游，仔细观察陆续从四处飞来的海鸥又飞去哪里。它们在那里群聚，一准是因为有一群小鱼游荡在那里，而海豚也一准会去那里。

海豚非常喜欢玩耍：它们在水上翻滚着嬉戏，就像马儿在草地上打滚似的，有时它们还会一只接一只地从水里跳出来，在半空中快乐地翻跟头。不过，这时可不能到跟前开枪——它们逃得很快。要在它们大吃的地方开枪打它们。在这种时刻，把小艇停在离海豚 10 ~ 15 米远的地方就行，要手疾眼快，及时开枪，打中后立刻把它拖上船，要不然死海豚就会沉入海底。

这里是里海

里海北部有冰原，所以在冰原上能看到很多海豹的窝。

不过，我们这儿的那些雪白小海豹已经长大了，连毛都换了：先是变成深灰色，然后又变成棕灰色。海豹妈妈越来越少从圆圆的冰窟窿里钻出来了——它们快要给小海豹断奶了。

海豹妈妈也在换毛了。它们游到其他冰块上去，和躺在那里的一群群的雄海豹一起换新衣服，它们身下的冰已经融化了，所以只能爬到岸上，躺在沙洲或是沙滩上，继续换毛。

我们这儿洄游类的鱼有里海鲱鱼、鲟鱼、白鲟鱼等。它们从大海各处聚集在一起，组成一支密密麻麻的大队伍，游向伏尔加河、乌拉尔河河口一带。它们在那里安家，一直等到这几条河流解冻。

到那时，它们要开始奔忙了。它们争先恐后地逆流冲向上游，急忙赶去产卵，那里也曾经是它们出生的地方。那些地方远在北方，在上面提到的几条河流里，以及那些河流的小支流里。

沿着这些河流及其支流，渔民们布下渔网，等着捕捞这些归心似箭的鱼儿。

这里是波罗的海

我们这儿的渔民也做好去捕小鳁鱼、小鲱鱼和鳘鱼的准备了。守候在芬兰湾和里加湾的人们，一等到冰雪融化，就要开始抓鲑鱼、胡瓜鱼和白鱼了。

我们这儿的海港相继解冻,一只只轮船开出海湾,踏上远航的征程。

也有来自世界各国的船向我们这儿驶来。冬天就要走了,波罗的海的良辰吉日要来了。

喂!喂!
这里是中亚细亚沙漠

我们这儿的春天喜气洋洋的。总是下雨,还不到热的时候。到处长着鲜嫩的小草,偶尔连沙地里也能冒出小草。真不知道为什么今年的草长得这么茂盛。

灌木上长满了绿叶。沉睡了一个冬天的动物从地下钻出来了。屎壳郎、象鼻虫也出来混了,亮亮的吉丁虫挤满了灌木丛。蜥蜴啊,蛇啊,乌龟啊,土拨鼠啊,跳鼠啊,也都爬出了深深的洞穴。

一队队的大黑兀鹰,下山来捉乌龟吃。它们会用又弯又长的嘴,从龟壳里啄出乌龟肉来吃。

春天的客人纷纷飞过来了。有小巧的沙漠莺,有爱跳舞的鵏,有云雀家族:鞑靼大云雀、亚细亚小云雀、黑云雀、白翅云雀、带冠毛的云雀。它们的歌声飘满了天空。

在温暖明媚的春天,连沙漠也有一番生机勃勃的景象,沙漠里孕育了多少生命呀!

我们和全国各地的无线电通报到此结束了。下一次通报将于6月22日举行。

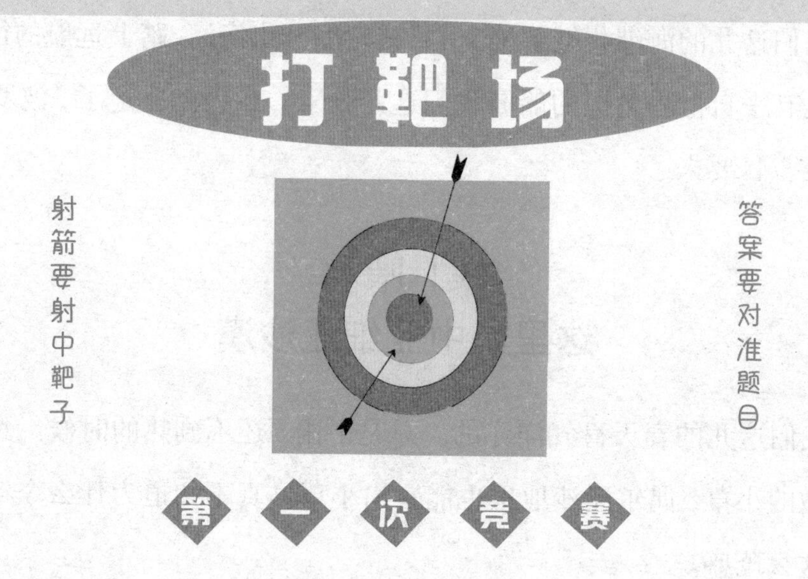

1.按照日历,哪一天算是春天的开始?

2.哪一种雪融化得快——干净雪,还是脏雪?

3.为什么猎人春天不打软毛兽?

4.春天,是蝙蝠先出现,还是飞虫先出现?

5.春天,森林里哪一种鸟的羽毛显著地改变颜色?

6.什么时候野白兔最容易看见?

7.小兔子生下来的时候,是睁着眼,还是闭着眼?

8.我们这里最小的野兽是什么?

9.我们这里最小的飞鸟是什么?

10.我们这里的鸣禽里面,哪一种鸟雄的是黄色的,雌的是绿色的?

11.这棵树中部的树皮被兔子啃光了。兔子怎么会爬到这么高的地方来啃树皮呢?为什么挨近树根的树干下部没有被它们啃坏呢?

12.一年里,哪天太阳在天上停留整整十二小时?

13.什么东西顶朝下生长?

14.没生炉子,没烧柴火,可是叫你浑身暖和。(谜语)

15.飞着静悄悄,坐着静悄悄,等到死去腐烂了,这才高声叫。(谜语)

16.一匹黑马拖着车子,跑了一阵子,没拖走车辕子。(谜语)

17.有个老妈妈,冬天穿白衣裳,春天换上一身红红绿绿的花衣裳。(谜语)

18.冬天靠它取暖,春天化成一片,夏天从来不见,秋天准备出现。(谜语)

19.回忆昨天,期待明天。(谜语)

20.枝丫很多,却不是树。(谜语)

森林报

春季第二月

4月21日至5月20日

候鸟回乡月——太阳进入金牛宫

一年——分十二个月谱写的太阳诗章

4月，是积雪消融的月份！4月，万物还在沉睡，可4月的风早已吹拂着大地，天气也变得温暖了。你看，一定还会有什么别的事情发生。

在这个月里，水顺着山坡从山顶流淌而下，鱼儿跳出了水面。春天在完成了解放掩盖在积雪下的大地的首要任务后，接着就要去执行自己的第二个任务：解放封冰下的河水。融化的雪水汇成溪流无声无息地渗进河床，河水上涨，冲破了冰的禁锢。春水滔滔，哗哗地流向了广阔的谷地。

大地在饮够了春水和温暖的雨水后，开始换上绿色的缀满嫩草和鲜艳花朵的新装。森林看起来还没有什么变化，依然光秃秃地站在那里，它正在静待春天，那时春天自会为它服务。然而在你看不到的地方，树木里的汁液已经开始静静流动，嫩芽正在钻出，地面和空中，枝头上的花正在陆续开放。

鸟类迁徙的万里征途

候鸟如浪潮一般，成群结队地从越冬地启程，飞往自己的故乡。它们有着严格的飞行秩序：列着整齐的队伍，按次序一对接着一对。

今年与往年一样，候鸟仍然走原先的空中线路；飞行时的秩序依然沿用祖先遗留下来的老规矩，那套遵循了几千年、几万年、几十万年的规矩。

去年秋季最后离开故乡的候鸟是最先启程的，反而那些最先离开的是最后一批启程的。那些有着鲜亮羽毛的候鸟是最晚一批飞回的：它们需要等到新春的嫩叶和嫩草长出的时候，才能回来。因为过于亮丽的羽毛使它们在光秃秃的大地和树木上十分显眼。而在那个时候，太过显眼会让它们无处可藏，难以躲避猛兽和猛禽的侵害。

在我们城市和列宁格勒州的上空，恰好有一条鸟类迁徙的万里征途。

我们称这条空中路线为“波罗的海路线”。

这条空中路线的一端紧靠北冰洋，另一端隐没在花草盛开、阳光明媚的炎热地带。无数的海鸟和海滨上的鸟类，列一个长长的鸟阵飞行，无穷无尽，看不到头！每一个鸟阵都有自己的次序和队形。它们沿非洲海岸飞行，途经地中海，再沿比利牛斯半岛、比斯开湾海岸，穿过一条条海峡，飞过北海和波罗的海。

一路上，它们会遇到许多困难和阻碍。常常出现的浓雾会像城墙一样阻拦这群展翅高飞的鸟类大军前进。潮湿阴暗的环境会让它们迷失方向，横冲直撞，一旦碰上尖锐的山崖，就会撞得粉身碎骨。

海上的暴风雨会吹断它们的羽毛，击伤它们的翅膀，将它们吹得远离海岸。

突然来临的寒流会使海水结冰，很多忍受不了饥饿与寒冷的候鸟，就会死在半道上。而且，一路上，它们还会面临鹰、隼、鹞鹰等猛禽的威胁，成千上万的鸟类会死在这些贪婪的猛禽口中。

在这个时期，大量的猛禽就在这条万里海途上守株待兔，它们能够轻易获得丰盛而美味的野餐。

成千上万的候鸟也可能死在猎人的枪口下。

然而，如此恶劣的情况，也阻挡不

了成千上万的鸟类大军的归途，它们穿过重重迷雾，战胜一切困难，冲破重重障碍，飞向故乡，飞向自己的窠。

我们这儿的候鸟并不是都在非洲过冬，也不是都按“波罗的海路线”飞行的。还有一些候鸟是从印度飞往我们这儿的。扁嘴鳍鹬越冬的地方更远：在美洲。它们得飞行两个月的时间，穿过整个亚洲，才能从它们冬季的住处赶到它们在阿尔汉格尔斯克郊外的窠，路程将近 15000 千米。

戴脚环的候鸟

如果你打死了一只戴金属脚环的候鸟，那就把脚环取下来，寄往鸟类脚环中央管理处：莫斯科，奥尔里科夫胡同，1-11 号。附上一封写明你得到这只鸟的地点和时间的信。

如果你捉到了一只有脚环的候鸟，那就请你记下脚环上的字母和编号，然后将鸟放归自然，向上述地址写信报告你的发现。

如果是你认识的猎人或捕鸟人打死或捉到了这样戴脚环的鸟，那就请你告诉他应当如何做。

这种轻便的金属脚环（铝环）是人们特意套在鸟腿上的。环上的字母代表脚环所属的科研机构；环上的编号同样能在科学家的观察记录里找到，里面详细地记录了给鸟套环的

时间和地点。

利用这样的手段，科学家们探知鸟类生活的神奇秘密。

打个比方：如果在遥远的北方某地，给一只鸟套上脚环，之后，它却在非洲南部或者印度某地，或者其他的什么地方落入别人手中，那么，这个脚环就会从那里寄回北方。

不过，在我们这儿的候鸟，并不是所有都飞往南方越冬：有的飞往西方，有的飞往东方，甚至有飞往北方的。这是候鸟的秘密之一，这是我们用给鸟套脚环的方法探知的。

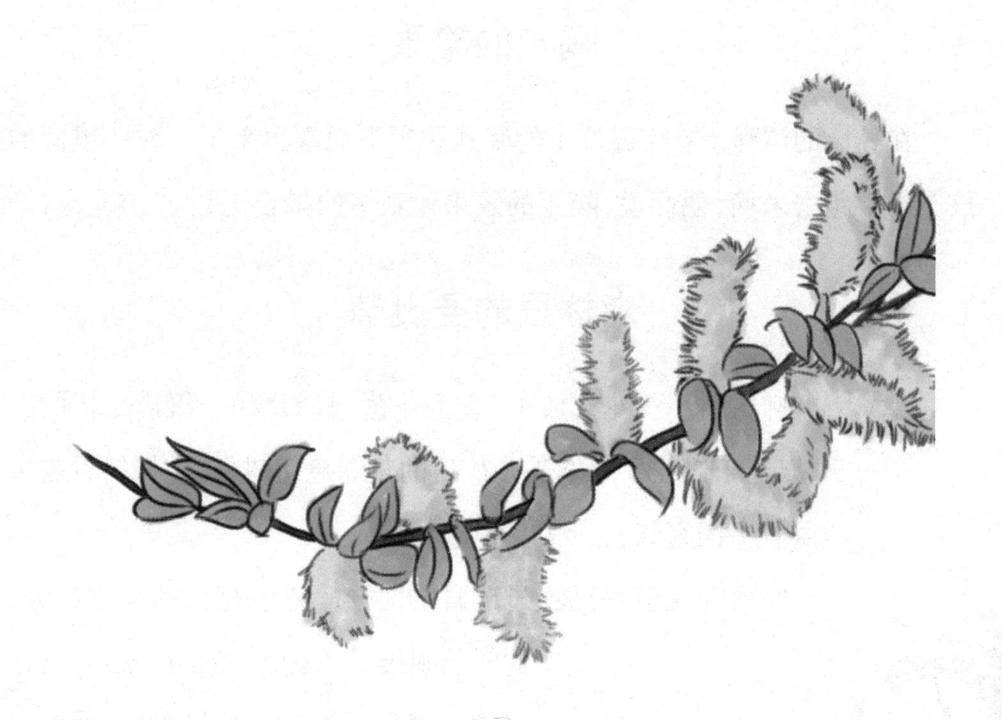

森林大事记

泥泞的道路

现在城外的道路一片泥泞：不管是林中道路，还是村间小道，雪橇和马车都走不了。来自森林里的新闻，我们得之不易。

隔年的浆果

在林区的沼泽上，红莓苔子的浆从积雪下面露出来了。村庄里面的孩子经常跑去采摘，他们说，隔年的浆果比新结的果子更甜。

森林里的圣诞节

柳树上小黄花绽放了，它毛蓬蓬、轻飘飘的，缀满了树的全身，以至于遮住了原本满是疙瘩的灰绿色粗树枝，整棵树看起来洋溢着一团喜气。

柳树开花就是昆虫过节日的时候。盛装打扮的灌木丛旁，此时热闹极了，叽叽喳喳的闹嚷声，看起来欢快得很，仿佛在过圣诞节。熊蜂不停地扇动翅膀，嗡嗡地直叫；呆头呆脑的

苍蝇手忙脚乱，一直在那儿打转；勤劳务实的蜜蜂在一根根雄蕊的丝状体上飞来飞去，高兴地采集花粉。

成群的蝴蝶在欢欣地起舞。快看，那儿有一只翅膀雕着花的黄蝴蝶，哦，那是柠檬蝶；那边还有一只大眼睛的棕红色蝴蝶，是荨麻蛱蝶啊！

看，飞来的一只长吻蛱蝶停在了毛蓬蓬的黄色小球上，它张开了黑色的翅膀，将黄色小球完全掩藏，长长的吻管深深地扎进雄蕊之间，去寻找花蜜。

在这棵生机勃勃的柳树旁，还有一棵树，它也是柳树，并且一样开了花。可是，与前者不同的是，它现在浑身灰灰绿绿的，布满了乱蓬蓬的小疙瘩，丑陋极了。也有昆虫在它那儿，然而它周围没有一点儿过节的欢乐气氛，与旁边的那棵树的热闹景象相差太大了。不过，这棵树上正结着果子呢！原来，那些黄色小球上黏糊糊的花粉，已经被昆虫转移到这灰灰绿绿的小疙瘩上来了。之后，在这些小疙瘩里，种子就会在每一个像小瓶子似的长长的雌蕊内部生长。

柔荑花序开花

柔荑花序开花了，就在小河、溪流的两岸以及森林的边缘上。它们并没有开在刚刚化开冻土的地上，而是盛开在被阳光笼罩着的晒得暖洋洋的树枝上。

看，那些赤杨树和榛子树上，有一些为它们增添光彩的一串串的浅灰色饰物，那就是柔荑花序开的花。

去年，它们就长出来了，只是它们在冬天结结实实的，动也不动，一到

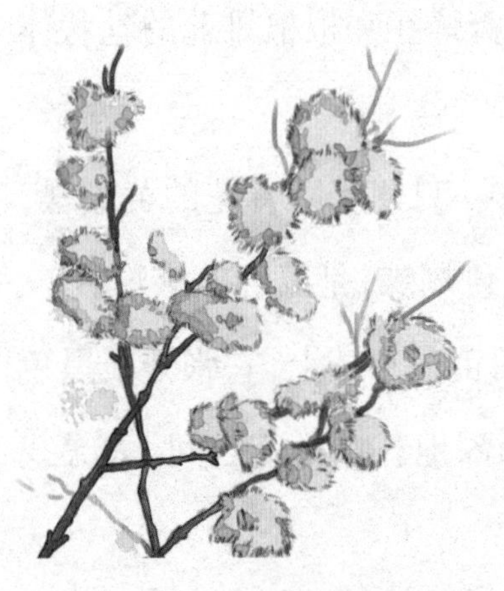

春天，它们就舒展开了，毛茸茸的，极富弹性。稍微碰一下枝条，它们就会晃荡起来，飘散出烟雾般的黄色花粉。

在赤杨和榛子树枝上，除了这些散发花粉的柔荑花序外，还盛开着另外一种花——雌花。赤杨树上的雌花是一个个棕褐色的小球儿，而榛子树上的是一个个伸着粉嫩小须的粗壮的芽儿，就仿佛是藏在芽后面却不小心露出的触须。这些实际上是雌花的柱头。每一朵雌花上，像这样的柱头有好几个：两个的，三个的，有时有五个。

现在，赤杨和榛子树还没有长叶子，树枝上光秃秃的。飘荡在树枝间的自由自在的风儿，很容易就吹动柔荑花序，随之带走花粉，送往另一棵树上。有着粉嫩小须的柱头则接住花粉，于是这些长着奇怪模样的小花就受了粉，等到秋天的时候就变成了一颗颗榛子。赤杨的雌花也受粉：等到秋天，它们就会变成含着种子的一个个黑色的小疙瘩。

蝰蛇的日光浴

有毒的蝰蛇每天早晨会爬到干燥的树墩上晒太阳。它爬行十分艰难，因为在寒冷的天气，它体内的血液很冰凉。

在阳光下暖和了身子，变得精神起来后，它才会动身去猎捕老鼠和青蛙。

蚂蚁正蓄势待发

我们在一棵云杉树下找到了一个蚂蚁窝。开始我们认为不过是一堆垃圾和枯叶,哪里想到会是一座蚂蚁城,因为一只蚂蚁也没有看见。

如今,堆儿上的雪已经化尽,因此蚂蚁爬出来晒太阳了。长时间的冬眠后,它们变得虚弱不堪,只好紧紧地拥在一起,黑乎乎的一团,缩在蚂蚁窝那儿。

我们用手指轻轻地碰一下它们,它们只勉强地翻动了一下。它们甚至连用刺激性的蚁酸来反击我们的力量都没有。看来,它们开始工作,还得等上好几天。

还有谁苏醒了

苏醒过来的还有蝙蝠,各种甲虫——扁平的步行虫、圆鼓鼓的黑色屎壳郎、叩头虫等。

叩头虫正在表演自己的叩头把戏:你将它仰面放在地上,它一叩头就猛然一跃,在空中翻个跟头,落地时就已经是脚点地了。

蒲公英开花了,白桦树披上了薄雾状的绿色新衣:看来,叶子就要冒出来了。

下过一场雨以后，粉红色的蚯蚓就从土里钻出来，新生的蘑菇(羊肚菌和鹿花菌)也探了出来。

在水塘里

水塘里的生命也开始活跃起来了。青蛙从淤泥中的床铺起身了，产了卵，离开水塘跳上了岸。

蝾螈与之正好相反，此刻刚从岸上回到水中。

列宁格勒的孩子们称蝾螈为“哈里同”。它是黑色的，夹杂着点儿橙黄色，它有条大尾巴，与其说它像青蛙，还不如说像蜥蜴。在冬天来临的时候，它离开水里爬到岸上，到潮湿的青苔下过冬。

蛤蟆也从睡眠中醒来了，并开始产卵。青蛙的卵是一个一个带圆圆黑点的小泡泡，呈胶状团团裹在一起，漂浮在水中。可是蛤蟆的卵却连在一个条状物上，一根一根的，黏附在水草上。

森林里的“环卫工”

冬天，突然降临的严寒常常令一些鸟类猝不及防，被冻死而掩埋于雪下。等到来年春天积雪融化，被掩埋的尸体就露了出来。然而它们不会停留很久，因为森林里的“环卫工”(熊、狼、乌鸦、喜鹊、蚂蚁和别的“环卫工”)会将它们清理干净的！

它们是春花植物吗

现在你已经能够发现许多开花的植物了，比如三色堇、荠菜、遏蓝菜、繁缕、洋甘菊等。

并不是所有的植物都跟雪莲一样，及时地从土里钻出来。雪莲是先探出绿色的小腿，等稍稍站稳，就使劲儿地抬起头，往上挣脱着，这时它的小花才露了面。

三色堇、荠菜、遏蓝菜、繁缕和洋甘菊从来不会逃往其他地方去越冬。它们努力绽放着鲜花，勇敢地迎接冬天的到来。一旦它们头顶重新出现温暖的春光，寒气渐渐驱逐，它们就苏醒了，花朵和蓓蕾也变得生机勃勃了。

看，草丛里那些朝气蓬勃的花儿，正是去年深秋见过的长在草茎上的蓓蕾，它们现在正望着我们呢！

可是，它们能算春花植物吗？

白寒鸦

有一只白色的寒鸦生活在小雅尔契克村的学校附近，它与其他的普通寒鸦一起飞翔。连老人们都从未见过这样的白寒鸦，我们这儿的小学生们都很奇怪：为什么会有这样一只白色的寒鸦呢？

编辑部的解释

普通的鸟兽有时会生下浑身雪白的小鸟和小兽。

科学家称它们是患白化病的动物。

白化病通常有两种症状：一是全身都白，二是部分变白。这些患白化病的鸟兽体内缺乏一种染色物质，一种能使它们的羽毛和兽毛具有颜色的色素。

患这种白化病的动物，在家畜中比较常见，例如，白兔子、白公鸡、白母鸡。

在野生动物中，患白化病的极为少见。与家禽相比，患白化病的野生动物要存活会困难得多。往往它们还幼小的时候，就被亲生父母杀死了。它们一生备受同类的欺凌与伤害。就如小雅尔契克村学校附近的那个白寒鸦，即使它被家族亲属接纳在自己的队伍里，也难以长久活在世上，因为在众多飞禽走兽之间，它格外显眼，更容易被凶猛的禽兽盯上。

稀奇的小兽

森林里响起了啄木鸟的大叫声。这声音实在是大，以至于我一听就知道：啄木鸟有难了。

我穿过丛林，走到林中空地，看到一棵枯树上面有一个齐整干净的小窟窿，我知道那就是啄木鸟的窝。一只前所未见的小兽正顺着树干往洞口爬去，我不知道这是个什么兽。它浑身灰不溜秋，尾巴不长，而且服服帖帖的；耳朵小小的、圆圆的，与熊崽儿的像极了；眼睛又大又鼓，仿佛鸟

眼一样。

爬到洞口的小兽往里面瞧了一瞧，显然它很期待接下来的一顿美味的鸟蛋大餐……啄木鸟当即向它猛扑过去，小兽灵活地往树后一闪。啄木鸟紧跟着追赶。小兽顺着树干哧溜溜地打着转儿向上爬行，啄木鸟也跟着它打转儿。

小兽越爬越高，再不能往上爬了：树干到顶啦！啄木鸟用嘴去啄它！小兽从树上猛地一跃，在空中滑翔了起来。

它伸展开了四肢，仿佛秋天一片正在落地的枫叶在空中飘浮。它轻轻地左右摇摆着身躯，用尾巴掌控着方向。它掠过了林中空地，缓缓地停在了一根树枝上。

原来这是一只飞鼠啊——会飞的鼯鼠，我这才想明白！它的身体两侧有皮膜，每当展开四肢，打开皮膜时，它就飞翔了起来。它是我们森林里的跳伞运动员！只可惜这种小兽太少见了。

飞鸟传信

发洪水了

春天给林中的居民带来了很多灾难。积雪很快就融化了，河水泛滥，淹没了两岸。许多地方淹得好似一片海洋。四面八方都传来动物遇害的消息，尤其是兔子、鼹鼠、田鼠，以及其他住在地上的小兽。水一下子涌进了它们的住所，它们被迫逃离家园。

小动物都竭尽全力地躲避水灾。

小小的鼩鼱从洞里逃了出来，爬上了灌木丛，待在那儿等洪水退去。它显出一副可怜兮兮的样子，因为它太饿了。

河水溢上岸时，住在地下洞穴的鼹鼠差点儿被淹死。它急忙钻出洞穴，蹿到水面，它开始泅水去寻找干燥的地方。

鼹鼠是一名优秀的游泳高手。它在水里游了几十米后爬上岸，它十分自得，因为它那乌黑亮丽的毛发，没有被任何一只猛禽发现。上岸后，它又顺利地钻到地下去了。

树上的兔子

这是一件发生在兔子身上的事儿：

一只兔子住在一条大河中央的小岛上。白天，它躲在灌木丛里，以防被狐狸或者猎人发现，只有在夜晚才出来觅食，它以年轻山杨树的皮为食。

兔子还很小，也不太聪明。

河水在噼里啪啦地作响，许多的冰块被抛到了小岛的周围，然而那只兔子丝毫没有察觉。

那一天，兔子很舒心地在灌木丛下酣睡，太阳暖和地照在它的身上，直到感觉自己下面的身子被打湿才醒过来。它察觉湖水正在迅速上涨，吓了一跳，蹿了起来，可周围已经是一片海洋了。

发大水了。河水已经漫过了兔子的脚面，它急忙逃往岛中央，那里还是干的。

但是，河水上涨的速度很快，小岛可供活动的范围越来越小。兔子急得直跳脚，从这头跑往那头，又从那头跑回来，来回辗转。它很清楚水将淹没整个小岛，可是它不敢跳进波浪翻滚的冰河里，因为它游不过去。

整整一昼夜过去了。

第二天早晨，小岛仅剩弹丸之地，微微露出河面一个尖儿，上面长着一棵树，歪歪扭扭的，吓得惊慌失措的兔子直围着树干儿跑。

到第三天时，水已经涨到了树下。兔子开始往树上跳，可是，每次都跌落下来，扑通一声掉进水里。

最后，它终于跳到了树最下面的一根粗树枝上，趴在上面等待洪水退去，这个时候，河水已经停止上涨了。

它并不担心会饿死，老树皮虽然又硬又苦，但是可以充当粮食。

风反而是最可怕的。一旦刮风，树便会剧烈地摇晃，兔子很难在上面站稳，几乎要掉下来。它像趴在船舰桅杆上的水手，脚下的树枝如随风摇摆的横木，下面是奔流不息的既深又冷的河水。

在宽广的河面上，树木、原木、树枝、麦秸和动物的尸体从它的身体下方漂过。等到一只兔子的尸体缓缓漂过时，这只兔子吓得颤抖起来。

那只兔子的脚与枯树枝搅在了一起，此刻四脚朝天，肚皮也向上翻着，顺着河流漂走了。

兔子在树上待了三天。之后，水退了下去，兔子也就跳到了地上。可是它还得住在河中的岛上，除非炎热的夏天来临，河水水位下降时，它才能蹚过河面，到达岸边去。

搭船的松鼠

在被春水淹没的草地上，一名渔夫撒下了抓捕鳊鱼的渔网。他划着一只小船，在满是灌木丛的河面上穿行。在一棵灌木上，他看见了一个形状略显奇怪的浅棕色蘑菇。突然，那只蘑菇一跳，直接跳进了渔夫的小船。一到船上，那只蘑菇就变成了全身湿漉漉、毛发乱糟糟的松鼠了。

渔夫刚把松鼠送到岸边，它立马跳上了岸，钻进森林，跑得不知去向了。至于它是怎么跑到水里的灌木丛间，又在那里待了多久，谁也不知道。

飞禽也在受难

洪水对于飞禽来说，也许没那么可怕，然而它们也饱受洪水之苦。

在一条大水渠的旁边，黄皮肤的鹀鸟在那儿做了一个窝，并且把鸟蛋生在了里面。洪水来临的时候，鸟窝被冲走了，鸟窝里的蛋也被带走了，鹀鸟只好再寻找其他的筑巢地点。

沙锥一直待在树上，等待洪水退去，可是洪水怎么也退不下去。沙锥是生活在森林沼泽地的一种鹬鸟，它用它那长长的嘴巴在潮湿柔软的泥土里觅食。它有一双天生适合地面行走的脚，因此让它站在树枝上，会走得格外别扭，就像在木桩上行走的狗。

可是，它还是得待在那儿，等待能够在柔软泥土地上行走的那天，用长长的喙在地上啄出一个个小洞。它可不能离开这片沼泽地！因为别的地方的湿地都被其他的沙锥占领，它们可不准外来的沙锥落脚。

意外的收获

有一次，我们的一位森林通讯员——一名猎人，发现了一群栖息在湖上灌木丛里的野鸭，猎人悄悄地向它们靠近。他穿着一双长筒胶鞋，小心谨慎地挪动着：漫上岸的湖水，已经没过了他的膝盖。

突然，他听到了从前方灌木丛传来的一阵拍水的声音，随后，就看见一个有着灰色脊背的怪物不停地在水面上挣扎，它的脊背长长的、滑滑的。于是，他就用打野鸭的霰弹不假思索地朝那个不知名的怪物打了两枪。

灌木丛后的水一阵翻涌，鼓起了许多的泡泡，之后渐渐平静下来。猎人缓步上前，发现打死的是一条梭子鱼，足足有一米半长。

每年的这个时候，梭子鱼都会随着上涨的河水从河流、湖泊游到溢满水的岸上，那里的浅水比较温暖，梭子鱼就在草上产卵。当卵里的小梭子鱼孵出来后，就会随着退下的水回到河流与湖泊。

猎人不知道是产卵的鱼，否则他绝对不会违反这项法规——禁止猎杀春季上岸产卵的鱼群。

最后的冰块

一条小河的河面上，曾有一条冰道横穿过去，这是农庄庄员们乘坐雪橇的道路。然而春季的到来，河面上的冰开始消融，变得漂浮起来，还发出一阵一阵迸裂的声音，于是原本的冰道就随着河流晃晃悠悠地漂向了远方。

这是一块肮脏的冰块，上面布满了马的粪便、雪橇的车辙印和马蹄痕。冰面还夹着一颗马掌钉子。

最开始，冰块往河流下游而去，一群白色的鹡鸰鸟从岸上飞到冰块上，捕食冰块上的苍蝇。之后，随着河水的上涨，冰块被冲到岸上草地中，随冰块一同被冲来的还有藏在冰底的鱼儿，它们自由自在地在草地上游玩。有一次，水里钻出了一只深色的小动物，它爬到了冰面上，原来是一只没有眼睛的鼹鼠。冰块继续向前行进着，直到撞到了森林里的树桩，才卡住不动了。

这个时候，我们会发现，这块冰就像一个难民集中营：一群饱受春汛

之害的陆栖动物聚集在此，例如鼹鼠和小兔子。大家遭受同样的灾难，生命都受到了威胁，它们忍饥挨饿，紧紧地挤成一团。

洪水开始消退，温暖的阳光融化了冰块，仅剩下那颗马掌钉子遗留在树墩上，小兽们跳上陆地，四散逃开了。

流经小河、大河和湖泊

小河里浮满了密密麻麻的原木，它们顺流而下，原来是冬季采伐的木材开始运输了。在小河汇入大河、湖泊的地方，伐木工人修筑了一道木栅栏，拦住了那些木材，之后将原木编成木筏，继续顺着河水运输。

列宁格勒州有几百条从苍茫的森林中流出的小河，汇集到姆斯塔河。再由姆斯塔河流入伊尔门湖，之后流过宽广的沃尔霍夫河，流进拉多加湖，最终汇入涅瓦河。

在冬天的时候，伐木工人到偏僻的森林里去砍伐木材，等到春天来临时，将木材搬运到小河，这时，这些没有自主行动力的木材就变得有生命力了，它们顺流而下，开始旅行了。在那些木材的躯干上，你还会发现一只只木蠹蛾甲虫，它们也跟着木材开始了旅行，走进了列宁格勒。

伐木工人见多识广，见过各种各样的事情。其中有一位工人，给我们讲过这样一个故事。

在一条森林小河的岸边，有一只松鼠，它蹲在木墩上，正用两只前爪捧着大松果啃着吃。突然，一条猎狗从森林里蹿了出来，汪汪地叫着，猛地向松鼠扑了过来，松鼠身旁由于没有可以借力的树木，只好扔下松果，将毛茸茸的尾巴翘到了背上，一蹦一跳地逃向了河边。猎狗始终跟随。这时河里躺满了原木，松鼠机灵地跳上最近的那根，接着跳到第二根，再跳到第三根。猎狗鲁莽地跟着跳了上去，可是猎狗哪里知道，就凭它那又长又直的狗腿，怎么能够像松鼠一样在原木上跳跃呢？原木在水里打转儿，于是，狗的后腿就掉了下去，紧接着前腿也滑了下去，狗就掉落到水里去了。这时河面上运送来了一整批原木，密密麻麻的，哪里找得到猎狗的影子呢！而那灵敏轻巧的松鼠跳到对岸去了。

还有一位伐木工人发现了一只棕红色野兽，它有两只猫那样大，稳稳地趴在一根孤零零漂浮的原木上，嘴里还含着一条大鳊鱼。在享受了一顿丰盛的鱼肉大餐后，它理了理身上的毛发，打了个哈欠就溜到水里去了。原来这是只水獭。

祝钓鱼满载而归

按照古时候人们的说法，对于那些去打猎的猎人，人们会对他们说：

“祝你失手而归，打不到也猎不着！”然而这种情况不会出现在那些出发去钓鱼的人身上，他们会得到“祝你满载而归”的祝福。

在我们《森林报》的读者里面，有许多钓鱼爱好者。因此，我们不仅祝福他们在钓鱼时称心如意，而且还为他们提供一些建议，告知他们钓鱼的最佳位置和最佳时间，以及钓鱼的方式。

一旦河水解冻，就可以钓河底的江鳕鱼，用蚯蚓做鱼饵；当池塘和湖面的冰块一消失，那些藏身于岸边隔年的灌木丛里的红鳍鱼，就可以用水蛾垂钓；等再过段时日，就可以钓圆腹雅罗鱼了；河水渐渐变清后，就可以用渔网捕捞大鱼了，用活的小鱼做诱饵。

费奥彼姆普特·帕拉蒙诺维奇·库尼洛夫，这是一位在渔业方面了不起的专家，他说：“钓鱼的人应该研究鱼类在春、夏、秋、冬各种气候条件下的生活习性，这样，他们就能够在河流与湖泊里，找到钓鱼的最佳地点。”

随着春汛退去，河水水位下降，河岸露了出来，等到河水变清，人们就可以选择一些地方钓狗鱼、梭鲈鱼、赤梢鱼和河鲈鱼。可以在小河河口，也可以在河道的分流处；在水流湍急的浅滩或者石滩的下方；在河沟与河湾内，特别是淹没有树木和灌木的河滩；在风平浪静，河道又窄又深的河段，可以将鱼钩抛至河中央的地方；在桥墩的下游，可以通过乘木船和木排去抛鱼钩的地方；在磨坊的拦水坝上，既可以在深水的漩涡处，也可以在灌木丛边的浅水里钓鱼。

“从初春到深秋，不管在哪一片水域，都可以用带浮标的钓鱼竿钓各种各样的鱼。”库尼洛说。

从5月中旬起，就可以用红蚯蚓到湖泊和池塘里钓冬穴鱼了，在之后，像拟鲤鱼、河鲈鱼和鲫鱼也可以开始钓了。深度在1.5米至3米的水湾、沿岸有水草丛或灌木丛的地方,是最佳的钓鱼地点。但是,千万不要长时间待在一处,因为鱼儿不会再上钩,这时你可以转移到别的灌木丛、芦苇丛、牛蒡丛。当然,在小船上垂钓那就更好了。

当风平浪静、水流和缓的河水变清澈后,你就能够在岸上垂钓各种鱼类了。适合钓鱼的地方有陡峭的岸边、比较深的水潭、堆积着各种杂草和枯木的地方、长满水草和青苔的小水湾。

有时候你会因为泥泞的水岸和四处的水洼而难以到达垂钓的地方,你可以踩着草墩,或者穿专门在沼泽地行走的胶靴,就能够顺利地走到岸边,你还可以在牛蒡丛或芦苇丛撒上鱼饵,这样你就会钓到许多河鲈鱼和拟鲤鱼。

当沿着河岸走时,你得仔细寻找好地方。拨开灌木丛,把鱼竿从树木之间的缝隙伸进去,将鱼饵抛撒在那些还没被钓过的地方。

在这些地方:桥墩旁、小河的河口、水磨坊的坝上,总会吸引许多的钓鱼人。因为那里总可以找到鱼,顺利钓到一些鱼。

用豌豆、蚯蚓、蠢斯做鱼饵,用普通的带浮标的钓竿就可以钓到大的圆腹雅罗鱼。当然也可以不用浮标,在5月中旬至9月中旬期间,还可以用浮饵钓。

用这种钓鱼方法钓鳟鱼和茴鱼,可以去这些地方:深水、河流转弯处的急流,在森林小河中那些躺着许多枯木的地方,河岸长满灌木丛的地方,在拦水坝和石滩的下方。石头较多的石滩和暗礁处,是鲑鱼和茴鱼出现比较多的地方。钓雅罗鱼、欧飘鱼及其他不大的鱼儿,可以在岸边水浅的湍流处,或者河底有砾石的水路中。

林木大作战

不同种类的林木之间，战争永不停息。我报派出了特派通讯员前往前线战场。

最开始，我们的特派通讯员到达了云杉的国度，这些战士一个个高高大大的，有两三个电线杆那么高，它们历经了百年的沧桑，长成了蓄满白胡子的老爷爷。

这个国家看起来愁眉不展、精神萎靡。年迈的云杉战士们笔直地站立着，守卫着沉郁的寂寥。它们的躯干，自树木的根部到顶端都是光溜溜的，只有零星的几根弯曲的枯枝挂在树干上。

在远离地面的上空，茂盛的枝叶密密麻麻地挤在一起，一个接一个地挽在一起，紧紧地，就像展开了一把巨大的伞，笼罩着整片国土。伞遮住了所有的阳光，整个国家变得黑黢黢的，所有的居民都感到窒闷、阴暗，到处弥漫着潮湿、腐烂的气味。那些偶然移居到此地的年轻的绿色小生命，

很快就会枯萎凋零。唯有灰色的苔藓和地衣对这个潮湿的地方十分满意：那些倒下的生命，是它们赖以生存的能量来源，它们紧紧地贴在那些战士的尸体上，贪婪地吸食它们的血液——汁水。

我们的特派通讯员既没有遇到一头野兽，也没有听到一只鸟儿的啼叫，他们只发现了一只孤零零的猫头鹰。它是为了躲避强烈的日光才来到这儿的。我们的通讯员把它惊醒了，因此，它竖起了全身的羽毛，抖动着胡子，钩形的嘴巴发出可怕的声音。

不刮风的时候，这个云杉的国度，万籁无声，一片寂静。一旦有风从上面刮过，那些笔挺的、坚定的巨木，仅仅是摇晃树梢的针叶，发出哗哗的声音。在这片古老的森林里，就属云杉种族的个儿最高，数量最多，力量最强大。

我们的特派通讯员离开了云杉的国度后，来到了白桦和山杨种族的国度。

在这里，拥有洁白皮肤和绿色头发的桦树和银白皮肤的山杨用窸窸窣窣的声响对通讯员的到来表示了欢迎，它们是如此的有礼。在它们的枝叶间，数不尽的鸟儿在唱着歌儿。一缕缕阳光透过树梢的枝叶，把那儿的空气也照得五彩斑斓，空中时不时地闪过几道光影，映射在光滑平整的树干上，有的像一条条金色的小蛇，有的像一个个小小的圆环，有的像一个个半圆的月亮，还有的像一颗颗星星。

地面上生长着密密麻麻的低矮的草本族群，显然，它们待在主人的绿色凉荫下没有丝毫的拘束。老鼠、刺猬和兔子在我们通讯员的脚边跳来跳去。上方有风儿刮过的时候，这个欢乐的国度里一片喧哗声。没有风的时候，这儿也不是悄无声息，不管是在白天还是黑夜，颤抖着的山杨树叶也在不停地发出沙沙的声音，好似在窃窃私语。

这个国度的边界是一条河，河的另一边就是一片荒漠，那是一片宽广的已采伐的空地。冬天，人们在这里砍伐林木。荒漠的后面又是一片云杉林，像一堵黑黢黢的大墙一样耸立着。

我们编辑部的人知道，森林里的积雪一旦融化，那么这片荒漠便不再寸草不生，而将成为战场。林木种族的住所越来越拥挤，所以只要附近一出现新的空地，就会变成各个林木种族争夺的目标。

我们的通讯员越过了边界河流，在那空地搭了个帐篷，住了下来，作为这场战争的见证人。

在一个阳光明媚的温暖早晨，一阵噼里啪啦的声音从远处传来。我们的通讯员连忙赶往那儿。原来是云杉为了占领空地派出了自己的空军，开始了进攻。云杉上的大球果在太阳的照射下，发出了爆裂的声响，噼里啪啦的，就像是玩具小手枪的射击声，球果的鳞状外壳一片片地撑开了，球果解放了，就像打开了一个隐秘的军事掩蔽所，小小的种子像滑翔兵一样纷纷涌了出来。风儿托举着它们,一会儿飞得高高的,一会儿飞得低低的,旋转着向前走了。每一棵云杉树上有几百个球果,每一个球果里隐藏着上百个种子滑翔兵。无数的种子滑翔兵借助风力飞行,降落到空地上。然而云杉的种子有点分量,只用翅膀滑翔,有时候微弱的小风不能把它们送得很远,也许在半途中便落到了地上。不过几天后的一场大风,帮助了云杉的小滑翔兵们,它们占领了全部的空地。可是,时不时来偷袭的春寒差点儿将这些柔嫩的种子冻死,还好一场及时的春雨解救了危在旦夕的种子:土地变得松软了,它张开了怀抱,将种子纳入怀中。

当云杉种族占领空地的时候,河那边的山杨开花了。它那毛茸茸的柔荑花序里的种子,才刚开始成熟。

过了一个月,夏季临近了。

在云杉种族生活的国度里,开始过愉快的节日了。云杉的树枝上,长出了新球果,像极了红色的蜡烛。云杉换上了盛装:深绿色的针叶丛外衣上点缀着金黄色的柔荑花序。云杉开花了,它们在悄悄地为明年孕育种子呢!

如今,那些落在空地上的种子喝够了温暖的春水,它们将要长成小树苗,来到新的世界。

然而白桦还没有开花。

我们的通讯员相信新土地一定会被云杉彻底占领,别的林木种族怕是没机会了。

看来战争是不会发生了。

农庄里的故事

积雪刚刚化尽，集体农庄的村民们就开着轰隆隆的拖拉机，驶向田里去了，村民们既用拖拉机耕地，又用它耙地，如果给拖拉机装上铁爪，它就可以将树根连根拔起，为村民开荒。

黑中带蓝的秃鼻乌鸦、灰色的乌鸦在拖拉机的后面大摇大摆地跟随着，白色的喜鹊也跟在后面蹦蹦跳跳。犁和耙从地里翻出来的蚯蚓、甲虫和它们的幼虫，都是这些鸟爱吃的食物。

在耕、耙过地以后，拖拉机就拉着播种机在地里跑了，播种机里的一颗颗种子都是精挑细选过的，它们被均匀地撒在地里。

在春播作物中，亚麻是最先播种的，之后是娇弱鲜嫩的小麦，最后才是燕麦和大麦。黑麦和冬小麦是秋播作物，它们是在秋季播的种，还发了芽，在冬天过后才开始迅速长个儿，现在已经离地面有好几厘米。

在阳光熹微和太阳将落的时刻，那片生机盎然的绿茵中，好像响起了大卡车的呜呜声，又好像是一只巨大的蟋蟀在啾啾鸣叫：

“契尔——维克！契尔——维克！”不，不是的，这既不是大卡车，也不是蟋蟀，是田野里一只美丽的山鹑在唱歌。它几乎浑身灰白，夹杂着些白色的花纹，脖颈和两颊上还有橙黄色点缀，眉毛是鲜红的颜色，而两只爪子是黄色的。它的妻子，雌山鹑已经在绿茵丛深处的某个地方开始筑巢了。

这个时节,草场上鲜嫩的草已经开始发青了。黎明时分,牧人将牛群、马群和羊群往草场上赶去,一阵阵响亮的马嘶声、羊咩声和牛哞声把孩子们都吵醒了。

有时你可以看到站在马背和牛背上的一群奇怪的骑士，它们是寒鸦和椋鸟。奶牛行走的时候,这些小的飞行骑士们就在牛背上一啄又一啄!其实奶牛可以用尾巴将它们甩下来,就像撵苍蝇一样,然而它并没有这样做,而是忍受着,这是为什么呢?

显而易见:小小的骑士分量很轻,更何况它们还是马和牛的好帮手。在牛和马的毛发里,有许多的牛皮蝇和马虻的幼虫,还有一些产在它们磨破、受伤皮肤上的苍蝇的蝇卵,椋鸟和寒鸦就是在啄食那些幼虫。

长得肥硕的毛茸茸的熊蜂很早就醒了,正嗡嗡地叫着;亮晶晶的、长得瘦瘦小小的黄蜂正飞舞着。是时候该蜜蜂出场了。

在越冬蜂房和地窖里过了一冬的蜂箱被农庄庄员们取了出来，放到养蜂场里去了。小蜜蜂扇动着金黄色的小翅膀从蜂房钻了出来，在阳光下停留了一会儿,晒暖了身子后，伸了一下懒腰，就飞往花丛中去采集甜滋滋的花蜜去了。这是今年的首次劳动!

农庄资讯

新的城市

仅仅一个晚上的时间，果园附近就新建好了一座城市。这座城市的房屋构造都是一模一样的，据说这些房子不是盖起来的，而是用担架抬来的。天气很暖和，因此喜欢温暖白天的城中居民都出来玩耍了。它们盘旋在自己房屋的上方，想方设法记住自己的街道和住所。

过大节

假若马铃薯会唱歌，你们今天就会听到马铃薯唱出最欢乐的一首曲子。因为今天是马铃薯的大节日。原来，马铃薯今天要被运往田里去了。庄员们小心谨慎地将马铃薯装入木箱，搬到车上，运走了。

至于为什么要小心谨慎地装？为什么要装进木箱，而不装进麻袋里？那是因为每一块马铃薯都长出幼芽了，这些幼芽个个短短粗粗、毛茸茸的，晒得黑乎乎的。它们的下部长出了许多白色的小疙瘩，原来是生出小根了；幼芽的上部尖尖的,你能发现那里露出了很小的叶子来了。

神奇的小坑

在秋季的时候,学校的果园里就出现了一个个的小坑,也不知道是要干什么。起先,青蛙掉到里面的时候,人们还以为是专门用来捕捉青蛙的陷阱呢!

可是现在就连青蛙也明白了:这些坑是用来栽果树的。

小朋友们在每个坑里栽上树,有苹果树、梨树、李树、樱桃树。

在每个坑的中央插上一根木棍,然后将小树苗牢牢地绑在木棍上面。

给奶牛修趾甲

集体农庄的理发师正在给奶牛修剪趾甲。奶牛的四只脚的蹄子都被他洗刷、修剪了一遍。之后,这些奶牛就要走到牧场去了。

开始农田作业了

田野里轰隆隆的声音响个不停, 那是拖拉机在昼夜不停地劳作。在夜里,拖拉机自行劳作,可是一到清晨,成群结队的白嘴鸦就开始大摇大摆地跟在拖拉机后面,吃着从土里翻出来的蚯蚓。

在河流和湖泊附近, 跟在拖拉机后面的是一群群白色的鸥鸟, 而不是一群群黑色的白嘴鸦。鸥鸟十分喜爱吃蚯蚓和在土里过冬的甲虫的幼虫。

稀奇的幼芽

在黑果茶藨上面，我们能够发现一些稀奇的幼芽。它们很大，像小球，圆滚滚的，有些幼芽已经张开了，仿佛一棵棵极小的圆白菜。我们利用放大镜仔细研究这种幼芽的内部，不由得惊叫，在那里住满了一些令人作呕的生物——长长的，蜷缩着，蠕动着身体。

原来是螨虫钻到幼芽里面过冬，螨虫才是导致幼芽膨胀的罪魁祸首。螨虫是黑果茶藨最可怕的敌人。它不仅破坏黑果茶藨的幼芽，还将病毒带到黑果茶藨上，一旦黑果茶藨染上这种病毒，它就不会再结浆果了。

如果在黑果茶藨上这种膨胀的幼芽不是很多，就趁螨虫没有大量繁衍，病毒未扩散之际将幼芽摘除烧掉，但是一旦树上布满了这种幼芽，那就只能将整棵树一起烧毁了。

空运的鲤鱼

集体农庄来了一批幼鱼，是一岁的小鲤鱼，它们被装在矮木箱里，乘坐飞机而来。虽然鱼苗不适宜在空中飞行，但它们依然好好地活着，健健康康的，且已经愉悦地在农庄的池塘里嬉戏打闹了。

城市快讯

植树周

积雪早就融完了,土地也解冻了。在城市里,植树周开始了。在春季植树的日子就变成了植树节。

在学校的实验基地、花园、公园、住宅附近、路边,四处都可以看到孩子们忙碌的身影,他们正在翻土,为植树准备着。

涅瓦区少年科学家的试验站准备了几万棵果树的嫁接枝。

苗圃分出了两万棵云杉、白杨、枫树的树苗,提供给斯大林区的各学校。

林木种子收集箱

田野广阔无垠,一眼看不到头。为了防止田野遭受风沙的侵害,这得造多少防风林呀!我们学校的孩子们因为知道种植防风林带是国家大事,所以六年级甲班的教室里,摆出了一个大木箱子——林木种子收集箱。孩子们用桶将种子带到学校,倒进收集箱。现在箱

子里已经有许多种子了：有枫树种子，有白桦树的柔荑花序，还有结实的棕色橡子……像维佳·托尔加乔夫，单单榛子树的种子，他就收集了10千克。等到秋天来临的时候，林木种子收集箱就已经铺满了。我们上交了所有的种子，帮助国家开辟新的苗圃。

在花园和公园里

一层薄薄的、透明的绿色烟雾一如冬天里我们呼出的热气，将树木包裹，当树叶开始展开，它就消失了。

看，一只漂亮的大蝴蝶出现了，是长吻蛱蝶。它全身裹着一层光亮的浅褐色外衣，夹杂着蓝色的花纹，在翅膀的末端，颜色变浅，像褪了色一样。

一只有趣的蝴蝶飞来了。它长得如荨麻蛱蝶一般，但个头较小，颜色也没有那么鲜艳，是较浅的咖啡色。翅膀上有一个很大的锯齿缺口，就像是被扯破了似的。

如果你将它捉来，详细地研究一番，你会发现有一个白色的字母“C”印在翅膀的下部。显然是有人特意在这些蝴蝶上做白色字母标记。这种蝴蝶的学名就叫作“C”字白蝶。

粉蝶，例如甘蓝菜粉蝶、白菜粉蝶，不久之后就要出现了。

七鳃鳗

在全国，从列宁格勒到萨哈林岛，你常常会在众多的溪流中，看见一种奇怪的鱼。这种鱼细长细长的，不经意看时会以为是条蛇。它的身体两侧没有鱼鳍，只有在鱼背靠近尾部的地方有，仿佛蛇一样在水中蜿蜒游走。它表皮松软，没有鳞片，原本长鱼嘴的地方是一个长着漏斗状的圆形孔洞，那是个吸盘。当你看到这个吸盘时，你会觉得那是条巨大的蚂蟥，而不会认为是鱼。

乡下的人们管它叫七鳃鳗，那是因为在它身体的两侧、鱼眼睛的下方，有七个小呼吸孔——七个鳃。

七鳃鳗的幼鱼是一种长得像泥鳅的沙栖昆虫。小孩子们经常把它拿来做钓凶猛大鱼的鱼饵。有时候，七鳃鳗会紧紧附着在大鱼的身上，跟随着大鱼在河里旅游，不管大鱼怎么甩都甩不掉它。据渔民们说，有时候它还会附着在水底的石头上，一旦吸住石头就使劲儿扭动着身子，不断地拉扯，这样石头就被它挪动了，它的力气居然有这么大！在它挪动石块后，它就在石块挪出的坑里产卵。

这种模样奇怪的鱼，还有另外一个名字，叫作石吸鳗。虽然它的样子不怎么讨人喜欢，但是你用油把它煎一煎，再加点

儿醋，好吃得很呢！

街上的生命

在城外，蝙蝠每到夜晚都会出现，它们飞行在空中捕食蚊子和苍蝇，无视周边熙攘的人群。

我们这儿飞来了三种燕子：家燕、白腰毛脚燕和灰沙燕。家燕长着个剪刀似的长长的尾巴，还有一点棕红色花斑点缀在喉脖上；白腰毛脚燕的尾巴短短的，喉部沾染点白色；灰沙燕浑身灰红相间，胸部呈白色。

家燕将窝筑在城外的木头建筑上，白腰毛脚燕在砖石住宅上做窝，灰沙燕将窝筑在悬崖边上，在那里繁衍后代。

雨燕并不会与这三种燕子一同出现。它们与其他的燕子区别很明显：伴随着刺耳的尖叫声，雨燕从屋顶上方疾飞而过，它们浑身黑漆漆的，翅膀不像普通燕子那样呈尖角形，而呈半圆的镰刀形。

市区的海鸥

涅瓦河刚一解冻，海鸥就出现了。面对轮船和喧闹的城市，它们没有一点儿害怕，它们能够当着人的面儿镇定自若地从水中拖出小鱼来吃。

海鸥飞累了，就会停在铁皮屋顶上，待在那儿休息。

会飞的旅客乘飞机

如果不是听到“嗡嗡”的声音，你绝对不会想到飞机上有会飞行的旅客。此时，来自高加索的蜜蜂正住在飞机上200个舒适的房间——胶合板的木箱里，800 个蜜蜂家庭乘坐飞机从库班搬迁到列宁格勒。

太阳下的雪

5 月 20 日早晨，阳光正好，东方的天空蔚蓝一片，然而此刻却下起了雪，仿佛亮晶晶的萤火虫，轻飘飘的，从天空中徐徐降落。

你以为是冬天要到了吗？不，不是，这是在吓唬你呢！而且这场雪持续不了多久，就像夏天的太阳雨一样：太阳正躲在雨后面悄悄地露出笑脸，而且雨后的蘑菇会长得更快。雪一接触到地面就融化了。

我到城郊森林里去转一转，说不定会发现更多有趣的事情呢！也许你会发现：在那雪花融化的地面下，第一批早春的蘑菇：那些好吃的长满褶子的棕褐色蘑菇——羊肚菌和鹿花菌，说不定已经出来了！

“布——谷”

5 月 5 日早晨，郊外的公园里响起了第一声鸟鸣“布——谷！”

等到一星期以后，在一个和谐、宁静的傍晚，灌木丛里突然响起了啼叫的声音。那声音听起来是如此的美妙与动听，起先是轻轻的，后来声音越来越响，直至传遍四方。那一声一声的啭啼就像一颗颗坠落玉盘的珍珠，悠扬而婉转。

到此刻，我们已经明白：这是夜莺在歌唱。

捕猎

在集市上

最近,在列宁格勒的集市上,各种各样的野鸭正在出售。有的长得很像家鸭,浑身一片乌黑;有的个头儿极大,有的个头儿极小;有的野鸭长着尖尖的、长长的、像锥子一样的尾巴;有的长着又宽又扁的如铲子似的嘴巴;还有的野鸭嘴巴窄窄的。

有些不明就里的家庭主妇买回了这些野禽,那就坏了:她买了回去做菜吃,发现很难吃,因为它们浑身的鱼腥味儿。原来她在集市上买的可能是专吃鱼的潜水矶凫或者秋沙鸭,也有可能根本就不是鸭子,而是别的什么野禽。

可是,有经验的主妇却能一眼区分坏野鸭和好野鸭,她瞧一瞧野鸭小小的后脚

趾就明白了。像潜水矶凫这种鸭子,它们的后脚趾上凸起了一个大大的厚皮,而那些生活在河里的好野鸭,那块凸起的厚皮很小。

在马尔基佐瓦湿地

在春季的集市上,出现了许多不同品种的野鸭,而且在马尔基佐瓦湿地还有很多。

自古以来,在涅瓦河河口与喀琅施塔所在的科特林岛之间的芬兰湾水域,叫作马尔基佐瓦湿地。这里是列宁格勒的猎人们的集聚地。

你站在斯摩棱卡河河岸上,你会看到,在斯摩棱斯克公墓旁边有一些造型怪异的、与河水颜色相同的小船,那些船的船底是平的,船头船尾往上翘着,然而船身不大却特别宽。这是猎人的小船。

傍晚的时候,如果运气好,你会碰到猎人。他把小船推进河里,将猎枪和其余用品放进船里,然后用尾舵划水,顺流而下。20来分钟,猎人就到了马尔基佐瓦湿地。

涅瓦河上的冰早就化开了,然而水面上还是有一些大冰块。小船迎着灰暗的波浪,飞快地向大冰块靠近。等小船到了大冰块附近,猎人就将小船靠拢过去,然后跨上了冰块。他在皮外套上裹上了一件白色长袍,然后从船里拿出了一只母鸭，母鸭是用来引诱野鸭的，他用绳子绑住母鸭并将它扔进水里，再将绳子另一头系在冰块上。于是母鸭开始叫了起来。

猎人上了小船，划离了大冰块。

背叛同类的野鸭和穿白长袍的隐身人

等不了多久。一只野鸭从远处的水面钻了出来，这是一只公野鸭，它听到了母鸭的叫声，于是就向母鸭飞去。还没等它到母鸭那儿，枪声响了，公野鸭掉落到水里去了。

母鸭知道自己的任务是吸引公野鸭。母鸭不停地叫唤，心甘情愿地做野鸭界的一个叛徒。它的叫声吸引了许多公野鸭，它们从四面八方向它飞来。

它们只注意到了母鸭，完全没有发现白色小船和白袍猎人。一声接着一声的枪响，各种各样的公野鸭被扔进了小船。

太阳已经躲进了海里，城市的轮廓已然消失不见，万家灯火。

天黑了，不能再开枪了。猎人把母鸭放进了小船，然后将船锚扣在冰块上，拴得紧紧的，让小船紧靠冰块，以防被波浪打走。

得考虑过夜的事情了。

起风了，乌云笼罩了天空，黑漆漆的，伸手不见五指。

水上住宅

两个弧形的木架子被猎人固定在船舷，帐篷套在木架上。他燃起了煤油炉，舀上一壶水（马尔基佐瓦湿地的水来自涅瓦河，是淡水），放到上面烧了起来。

淅淅沥沥的雨水打在帐篷上，然而猎人一点儿也不担心：帐篷是防水的。帐篷里干燥又明亮，燃烧着的煤油炉也带来了一丝暖气。猎人一边喝着热茶，一边吃着点心，也给帮手母鸭喂了点东西，随后便抽起了烟。

春天的夜晚很短。天边出现了一道明晃晃的白边，它逐渐变大变宽。乌云也飘走了，风止了，雨也停了。

猎人从帐篷里向外张望着。远方，黑黢黢的海岸若隐若现。然而，既望不到城市的轮廓，也瞧不见城市的灯火——仅仅一夜时间，浮冰就被吹到了开阔的海面。

糟糕！这得划上好久的时间才能回到城市里去了。万幸的是，夜里，风没有吹来另一块浮冰，要不然夹在两块浮冰之间的小船就要遭殃了，猎人也会被挤成肉饼。

要赶紧着手做事了！

捕天鹅

又响起了"嘎嘎"的叫声，母鸭又开始卖力地工作了，与之前不同的是，此时有一只白色的天鹅就在它的身边，随着波浪晃荡。天鹅不会叫，因为它是假的。

野鸭一只接着一只地飞来，猎人举枪射击。

突然，天空中传来了声音，仿佛远方的号角声：

"克噜——噜，克噜——噜，噜，噜……"

野鸭呼哧呼哧地拍动翅膀，成群地降落到母鸭的身旁，可是猎人丝毫不在意。

他动作敏捷地往猎枪里换了子弹，然后双手合拢，举到嘴边，向手心吹起，发出了引诱的声音：

"克噜——噜，克噜——噜，噜，噜，

噜……"

在高高的天空，在云朵的下方，有三个黑点越变越大，号角般的声响也越来越清晰、响亮、刺耳。

猎人停止了叫声，不再响应它们的呼喊，因为在近处，他所伪装的天鹅叫声有可能暴露。

现在可以看见，三只白天鹅正缓缓鼓动着沉重的翅膀，徐徐向冰块降落。它们的翅膀在阳光下闪耀着银色的光辉。

天鹅飞得越来越低了，在空中盘旋飞行。在高空中，它们发现了浮冰旁的天鹅，误以为是它在向它们呼喊，猜想也许是疲劳，也许是受了伤，导致掉队，于是就向它飞来。

它们打了一个又一个盘旋……

猎人纹丝不动，仅仅转动一下眼睛，紧盯着这三只巨大的白鸟，它们伸长了脖子，一会儿向他靠近，一会儿又离他远去。

杀　戮

又旋转了一圈。现在它们已经飞得很低了，距离小船很近了。

"砰！"第一只天鹅长长的脖子像根鞭子似的垂了下来。

"砰！"第二只天鹅在空中转了一圈，重重地跌到浮冰上了。

第三只天鹅快速向上一冲，很快就不见踪影了。

猎人今天实在是好运。

现在要回家了。

然而，要将小船划回城里可不简单。

浓雾正在笼罩马尔基佐瓦湿地，十步之外什么也看不见。

城市工厂的汽笛声隐隐约约传来，那声音飘忽不定，一会儿在这边，一会儿在那边，糊里糊涂的让人难以分清。

薄冰撞在小船上，发出轻微的像玻璃破碎的声响。

碎冰擦过船底，传来“沙沙”的声音。

万一在路上撞到大浮冰可怎么办呢？

一路上要是撞上巨大的浮冰怎么办呢？

那时，小船会被掀翻，一个跟头翻到水底！

第二天

在安德烈耶大集市上，一群人围在一起，满脸好奇地观望着这两只雪白的大鸟。它们挂在猎人的肩头，嘴巴几乎触到了地面。

孩子们把猎人围了起来，没完没了地问着：

“叔叔，这两只鸟您是在哪儿打来的？这难道是咱们这儿的鸟？”

“它们正往北方飞呢，要到北方去做窝。”

“呵，那窝应该很大吧？”

主妇们感兴趣的却是另一件事：

“请问，这种鸟能吃吗？没有鱼腥味吧？”

猎人回答着他们的问题，然而环绕在他耳际的是活的天鹅的号角声，野鸭呼哧呼哧的振翅声和薄冰撞上小船的声音。

上面所说的，都是关于以前的事情了。

在春天，仍旧有天鹅从列宁格勒上空飞越，仍旧有嘹亮的号角声从天空传来。可是，天鹅的数量已经比以前少了很多。猎人们费尽心思，都想捕猎到这种华美的大鸟，因此天鹅的数量大大减少了。

现在我们这里，严格禁止猎杀天鹅。要是谁打死了天鹅，会被处以数目不小的罚款。

在马尔基佐瓦湿地，人们对于野鸭的猎杀并没有停止，因为它们数量多着呢！

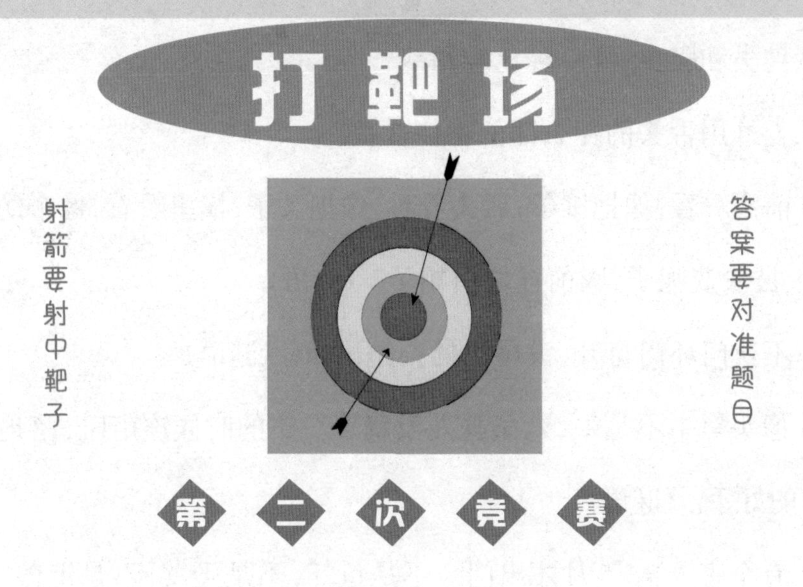

1.身穿黑衣，蛮不讲理；换上红衣，服帖无比。（谜语）

2.最先出现的食用蕈是什么蕈？

3.为什么秃鼻乌鸦在田里跟在耕地的农民后面走？

4.喜鹊窠和乌鸦窠有什么不同？

5.哪一种蜘蛛叫作“流浪汉”？

6.什么燕子先飞到我们这里来？雨燕还是家燕？

7.如果人造椋鸟房不够用，椋鸟在什么地方做窠？

8.为什么椋鸟和寒鸦落在牛羊和马的背上站着兜风？

9.为什么家鸭和家鹅春天忽然会忧愁地叫唤，显出非常不安的样子？

10.春水泛滥时，哪些鸟受苦？

11.春水泛滥时，禁止开枪打什么鱼？

12.鸟类和爬虫，哪一种比较怕冷？

13.青蛙用舌头的什么部位粘住食物？

14.前头看看，像把锥子；后头看看，像把叉子；横里看看，像个纺锤儿；背上披块蓝呢子，胸前挂块白帕子。(谜语)

15.不拉门环门自开，没尾巴的狗跑出来。(谜语)

16.像头黑牛不是牛，六条腿儿没蹄子。飞的时候连声吼，落地是个挖土的好手。(谜语)

17.有个害人精，5月才出门。不是鱼虾，不是飞禽，不是走兽，也不是人。飞在空中哼哼哼，歇了下来不做声，谁要朝它打一下，它就流出血来命归西。(谜语)

18.一个把水浇，一个把水喝，还有一个钻到外面。(谜语)

19.不会地上跑，不会往上瞧，不会做个窠，却会生养无数小宝宝。(谜语)

20.自己一口饭不吃，却管全世界的人饭吃。(谜语)

21.有了一串小铃铛，开出一串大铃铛。(谜语)

22.没有翅膀，会飞；没有脚，会跑；没有帆，会漂。(谜语)

23.四样东西会走，两样东西会抵，第七样东西像鞭子一样甩。(谜语)

森林报

春季第三月

5月21日至6月20日

歌唱舞蹈月——太阳进入双子宫

一年——分十二个月谱写的太阳诗章

5月——尽兴地嬉闹歌唱吧，这个时候春天才真正开始做它的第三件事：给森林着装。此时才是森林里开始欢快的月份——歌唱舞蹈月。

太阳用光芒和热度抗争冬季的严寒和黑暗，取得彻底的胜利。晚霞伸手将朝霞紧紧握住——北方的白夜开始出现。在土地和水分的供养下，生命铆足劲儿往上长。新生的绿叶为高大的树木披上了美丽的衣裳，无数长着轻盈翅膀的昆虫正展开双翅向空中飞去，却在黄昏时刻被夜游神蚊母鸟和机灵的蝙蝠捕食。白天的时候，家燕和鱼燕在空中往返飞掠，雕和老鹰则在耕过的田地和茂密的森林上空展翅翱翔。红隼和云雀像被人用线挂在云端一样，在田野上空轻轻地扇动着双翼。

没有门扣的门打开了，它的居民——辛勤劳动者蜜蜂——张着金色翅膀从门里飞出来了。大家都在唱歌、嬉戏、跳舞：黑琴鸡在地上，公鸭在水里，啄木鸟在树上，天仙般的小沙雉在森林的上空。借用诗人的话，如今“在我们俄罗斯，鸟类和形形色色的兽类心里都乐开了花。森林里的草穿过覆盖地面的落叶，绽放出蓝色的鲜花”。

我们的5月被称为哇哇叫的月份，这是什么原因呢？因为这是乍暖还寒的时节，白天阳光温暖，夜里却冷得哇哇叫！5月里，有时候热得躲在树荫下乘凉，往往像天堂一样暖和，可有时候你给牲口喂了草料，自己

却要爬上炉灶去取暖。

欢快的 5 月

森林里欢快的 5 月——歌唱舞蹈月，现在刚好开始。

绿叶为森林披上新装，嫩草为大地盖上绿被。

森林里快乐的居民纷纷在陆地和空中翩翩起舞。

每一位都想全力展现自己的英勇、力量和机灵，它们用牙齿和喙厮咬，打得不亦乐乎。绒毛、皮毛和羽毛在空中飞扬。

森林里的居民们都行色匆匆，忙碌不已，因为这是春季的最后一个月。

夏季很快就会来临，鸟儿们忙着筑巢和哺育幼雏的事。

在乡下，人们说道：

“在俄罗斯，春天永远是姑娘，日子过得真欢畅，有朝一日小杜鹃咕咕叫，夜莺日夜唱，到那时去森林里把好东西往怀里装。”

森林大事记

森林乐队

在这个月，夜莺兴致高昂地唱着，不分昼夜地婉转啼鸣。

孩子们疑惑了：它什么时候睡觉啊？事实上，春天鸟类没有时间多睡，它们的睡眠时间都很短暂，只来得及在两场歌会的间隙睡一会儿，半夜一小时，中午一小时。

在朝霞初生和晚霞满天的时候，不仅鸟类，所有林中居民都在尽其所能地歌唱、表演。这时你能听到各种各样的声音——既有嘹亮的歌声，又有悦耳的提琴声；既有阵阵鼓点声，又有清脆的笛音；既有狗吠声，又有咳嗽声；既有狂嚎声，又有尖叫声；既有哀叹声，又有嗡鸣声；既有咕咕鸽叫，又有呱呱蛙鸣。

苍头燕雀、夜莺和能歌善唱的鸫鸟，都放开了响亮清脆的歌喉；甲虫和螽斯唧唧叫个不停；啄木鸟敲响了自己的鼓点；黄莺和小巧的白眉鸫鸟吹起了悠扬的长笛。

狐狸和柳雷鸟哇哇大叫，狍子叫起来像咳嗽，狼在嗥，雕鸮的叫声像哀叹，熊蜂和蜜蜂嗡嗡忙个不停，青蛙呱呱放开嗓子直喊。

歌喉不好的也不用感到难堪，每一位都可以根据自己的特点来选择

适合的乐器。

啄木鸟找到了可以发出响亮声音的干树枝，这就是它的鼓，鼓槌是它坚硬而好使的长嘴。

天牛的脖子嘎吱嘎吱地响——哪一点比不上悦耳的小提琴声呢？

螽斯用自己的爪子弹拨翅膀——爪子上有小钩，而翅膀上有倒钩。

棕红的大麻鸻把嘴戳进水里吹气，水就扑通扑通地响起来，声音犹如公牛在哞叫，回荡在整个湖面。

还有田鹬，它连尾巴都会唱歌。当它张开尾巴，头朝上向高处飞去，又一头向下俯冲时，风儿在它的尾部嗡嗡作响，就像小羊在森林上空咩咩叫的声音一样。

这就是森林乐队。

过 客

在大树和灌木丛下，距地面不高的地方，顶冰花的黄色小星星早就熠熠生辉了。

当树叶落尽，春季灿烂的阳光能直直地抵达地面时，它们就冒出来了。

顶冰花就是迎着这样的阳光开放的，而旁边同时盛开的还有紫堇花。

能看到紫堇花第一朵怒放的花朵是多么令人欢欣的事啊，它浑身都是美的，造型别致的紫色花朵连着长茎的末端，汇成一束，叶子呈破碎状的灰蓝色。

现在顶冰花和它的女友紫堇花的花期已经结束了。树木茂盛，绿荫已过于浓密，如果它们再不准备回家，生活就要受到干扰了。它们的家在地下世界，在地面上只是过客，播下种子后它们就消失得无影无踪了，而在地下深处，它们的蒜头状鳞茎和圆形块茎将安睡整整一夏、一秋和一冬。

如果你想把它们移植到自家地里，那就趁现在它们迟开的花还没有凋谢的时候，将它们挖出来。挖的时候要小心翼翼，当你看到这些小植物淡白的地下茎惊人的长度时，一定会惊讶不已！

在土地严重冰冻的地方，这些过客的鳞茎和块茎钻得很深，在比较温暖、有防护的地方则离地面比较近。

田野的声音

我和一个同学到地里去锄草，轻轻地走着的时候，听到草丛里传来此起彼伏的歌声："除草去！除草去！除草去！"

我也这么回答它："我们就是要除草去。"可它还是自顾自唱着："除草去！除草去！"

我们从洼地旁走过，青蛙在那里从水下露出鼻子，一边一鼓一鼓地吹着耳朵后面的小泡，一边不断叫着。一只叫道："傻瓜！傻瓜！"另一只回应着它："你才是傻瓜！你才是傻瓜！"

我们走进地里时，翅膀圆圆的麦鸡前来欢迎我们，它在我们头顶上方扑棱着翅膀问道："你们是谁？你们是谁？"过后又问道："你们是谁？你们是谁？"我们回答说："克拉斯诺雅尔卡的。"

鱼的声音

人们把水下的声音录到唱片上，输入了无线电设备，然后扩音器里立刻传来了人们闻所未闻的声音：低沉的叽叽声，吱吱的尖叫声，仿佛有人在呻吟和哞叫，独特的呱呱声，突然响起来的震耳欲聋的啪啪声。这一切都是黑海里鱼类发出的各种声音，每一种鱼都有自己的声音，它和水下王国其他生物的声音，很容易区分。

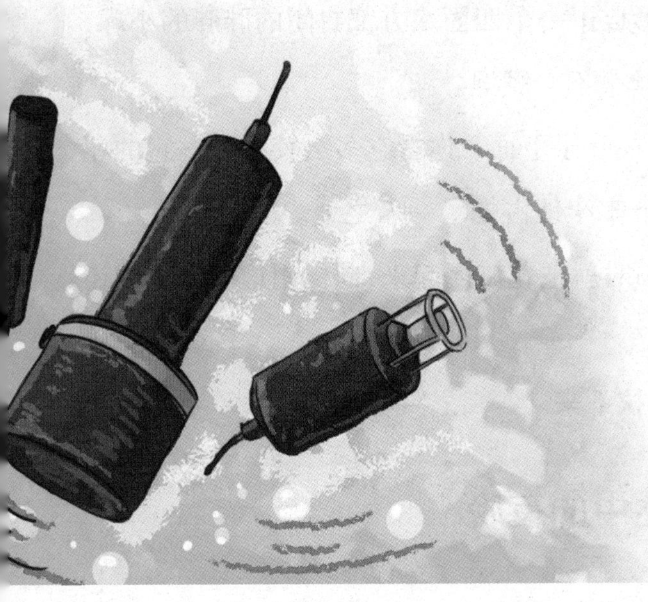

由于特殊的水声仪器——灵敏的水下"耳朵"已经成功发明，我们确切知道了水下王国并不是悄然无语，鱼类也并非哑巴，这将有巨大的实际意义：借助水下声音接收器，可以得知珍贵的可捕捞鱼类的群集地、它们游弋的方向，这样就不必靠猜测盲目地出海，而是在知道了它们具体位置的情况下进行捕捞。同样，人类还可以模

仿它们的声音，将鱼类引诱过来。

在护罩下

花中最娇嫩的要数花粉了，一打湿就损坏了，雨水可以伤害它，露珠也会损坏它，那么它平时是怎么保护自己免遭伤害的呢？

铃兰、黑果越橘和越橘的花是一只只悬挂着的小铃铛，所以它们的花粉永远在护罩之下。

睡莲的花是朝天开的，但是每一片花瓣都弯成了勺子的样子，而且所有花瓣的边缘相互覆盖，从而形成了一个四面八方都封闭的胖胖的小球，雨滴落到花瓣上，内部的花粉丝毫不会溅湿。

凤仙花的每一个花蕾都藏在叶子下面，你看它多么狡猾——它的花径越过了叶柄，使花朵在罩子下牢牢地占据了一席之地。

野蔷薇有许多雄蕊，在下雨时就把花瓣闭起来，同样用这个方法的还有白睡莲的花。

而毛茛则在雨天就把花耷拉下来。

林中的夜晚

一位森林通讯员给本报写信说：

“夜里我在林中散步，倾听夜晚森林里的声音，我听到各种各样的声音，可我不知道这些声音是谁发出的，我该怎么撰写有关这些声音的报道呢？”

我们回信说：“你把听到的声音描述出来，我们会努力分辨的。”

于是他给编辑部写了这样一封信：

“说实话，我在夜晚的森林里听到的都是些乱七八糟的声音，根本不像你们描写的像乐队演奏的样子。

所有的鸟叫慢慢减弱，终于出现了万籁俱寂的状态，这时已经到午夜。

就是此刻，在高空某处响起低沉的琴弦声，先轻轻的，而后响了一些，再响了一些——那么低沉雄厚——接着轻下去，再轻下去，最后彻底静默了。

我想：‘刚开始有这些音乐就不错了，虽然是单弦独奏，但毕竟演奏已经开始了。’

可是森林里突然传来了这样的声音：‘哈——哈——哈！嚯——嚯——嚯！’那声音是令人毛骨悚然的，我背上禁不住激起一阵阵鸡皮疙瘩。

我想：‘这是夸奖乐师，还是嘲笑一番？’

又是万籁俱寂，长久的静寂，我甚至认为再也听不到什么声音了。

后来我听到：有人在转动留声机，那机器摇着，摇着，再摇着，可音乐声却没有。‘是他们的留声机坏了还是怎么了？’我暗自思忖着。

那声音也停止了，一片静寂，接着又摇了起来：咕噜——咕噜——咕噜——咕噜——连绵不断，听得人心烦意乱。

终于摇好了。‘现在，’我想，‘要把唱片放在上面，马上就放音乐了。’

突然，有人拍起了手掌，是那么响亮热烈。

‘怎么会这样呢？’我想，‘还没有人表演，就已经鼓起掌来了？’

没戏了。接着又是长久的摇转留声机手柄的声音，什么演奏也没有，掌声却没有停止。我十分生气，就回家了。”

我们应当说森林通讯员不该生气。

他听到的如同低音弦在振动的声音，是一只甲虫——可能是只五月金龟子——飞过他的头顶上方。

那种令人毛骨悚然的哈哈笑声，是一种被称为林鸮的猫头鹰的叫声。

它生来就是这么一副叫人讨厌的嗓子，有什么办法呢？

像发动留声机那样咕噜——咕噜——咕噜——咕噜响的是蚊母鸟在叫，它是一种夜晚出没的鸟，但不凶猛。蚊母鸟身边当然没有什么唱机：它的歌喉发出的就是这个声音，它以为自己这样就是在唱歌。

鼓掌声也是蚊母鸟发出的，当然它没有鼓掌，而是在空中扑棱一双翅膀，那声音非常像掌声。

至于它为什么要这样做，编辑部也无法解释，蚊母鸟自己也不知道。

也许它就是因为高兴吧！

游戏和舞蹈

鹤在沼泽地举办舞会。

它们围成一圈，然后有一两只鹤出队来到中央跳舞。

起先倒不怎么样，它们只是轻轻跳动着两条长腿，接着动作就加大了，开始大步跳舞，而且跳出的舞令人忍不住捧腹大笑！又是打转又是跳跃

又是蹲跳——活脱脱就是踩着高跷跳特列帕克舞的模样！而围成一圈站着的那些鹤，则从容不迫地扇动翅膀打着拍子。

猛禽的游戏和舞会在空中举行。

最为别致的是鹰隼的舞蹈，它们直上云霄，在那里炫耀奇迹般的技术，有时一下子收起翅膀，从令人头晕目眩的高空像石块一样飞坠而下，直到贴近地面时才张开双翅，盘旋一个大圈，重新飞向云天。有时在距离地面很高很高的地方停住不动，张开双翅悬着，仿佛被线挂在了云端一般，有时猛地在空中翻起了跟头，就像真正的丑角一样，向地面倒栽下来，做出一个个倒翻跟头的动作，展翅翱翔，发出猎猎声响。

最后飞临的一批鸟

春天即将结束，最后一批在南方过冬的鸟，降临到我们列宁格勒州。

在我们意料之内，这是一些装束最多姿多彩的鸟。

如今草地上已被鲜花铺满，灌木丛和树木上也覆盖着新生枝叶的阴影，在那里，鸟儿能轻易躲过凶猛飞禽的袭击。

在彼得宫的一条小溪上，出现了一只来自埃及的身披浅蓝色、翠绿色、咖啡色三色相间的外衣的翠鸟。

长着黑翅膀的金色黄莺，在树林里发出的叫声像悠悠的长笛，又像难看的女人在说话。它们来自非洲南部。

蓝肚皮的小川驹鸟和斑斓多彩的野鹟出现在湿润的灌木丛里，沼泽地则出现了金黄色的鹡鸰。

飞到这里的还有肚皮颜色各不相同的红尾伯劳，毛色各异、皮毛蓬松的流苏鹬，绿蓝相间的蓝胸佛法僧。

长脚秧鸡徒步来到这里

有一种从非洲徒步来到这里的奇异飞鸟——长脚秧鸡。它飞行很艰难，而且飞不快，很容易被鹞鹰或隼在飞行中捕获。

不过，长脚秧鸡奔跑速度非常快，而且在草丛里的躲藏能力很强。

因此，它选择不声不响地走过草原和树林，徒步穿过整个欧洲。只有面对一片汪洋大海的时候，它才会用翅膀飞起来，并且只在夜间飞行。

长脚秧鸡现在整日在我们这里高高的草丛里叫唤：

“唧——唧！唧——唧！”

虽然可以听见它的叫声，但是能不能将它从草丛里赶出来，看清它的样子，那就不知道了，你可以试一试。

谁该笑谁该哭

林中的居民都在欢笑，只有白桦树在哭泣。

在炽热的阳光的烘烤下，它白色躯干里的汁水流动得越来越快，还透过树皮上的小孔渗到了外面。

人们将白桦树汁视为一种健康可口的饮料，于是他们切开树皮，将树汁收集到瓶子里。

然而树木的汁液就如同我们的血液一样，因此如果失去了太多的汁水，它就会干涸死亡。

松鼠享用肉食美餐

在整个冬季，松鼠剥食坚果，享用在秋季提前储藏好的蘑菇，植物是它赖以生存的食物。现在到了春天，它可以享用美味的肉食了。

许多鸟类已经筑好了巢并产下了蛋，有些甚至已经成功孵出了小鸟。这正合了松鼠的心意，它在树洞里和树枝间寻找鸟巢，叼走里面的小鸟和鸟蛋填饱自己的肚子。

虽然是漂亮的啮齿动物，可在毁灭鸟窝方面，松鼠可与任何一种猛禽相媲美。

我们的兰花

在我们北方，这些令人好奇的花朵十分稀奇。当你看到它们的时候，你会忍不住地回想起生长在热带丛林里的迷人的兰花，那是它们的亲属。在那里，你甚至可以在树上看到兰花，而在我们这儿它只生长在地里。

我们这里的一些兰花有着很特别的根部：像一只胖胖的张开手指的小手。它们的花有的很好看，有的样子则稍差些，但是有些花朵比如香子兰、舌唇兰、红门兰的香味却十分迷人！当你闻见它们的香味时，会忍不住陶醉其中。

但是我前几天在罗普什第一次见到的兰花才是我们这里最出色的一种，虽然我并不认识这种植物。它开着五朵漂亮的大花，我将其中一朵花向上翻了一下，只见一只丑陋的暗红色苍蝇紧紧地贴在花朵上，我立马厌恶地把手缩了回去，拈起一个穗子拍打了它一下，但它一动不动。我随即仔细观察了一番，发现那并不是苍蝇，它长着蓝色斑点，毛茸茸的身体，短短的翅膀也是毛茸茸的，还有一对小胡子。这不是苍蝇，是花的一部分。这种花叫蝇头兰，我当时还不认识这种花。

寻找浆果

到了草莓成熟的时节，在阳光下我们随时能看到完全成熟的又香又甜的鲜红草莓浆果。你吃上一颗，就会欲罢不能。黑果越橘也成熟了，它的灌木丛上有许多浆果，而草莓的浆果一棵上很少有超过五颗的。

沼泽地里的云莓正在成熟，它最小气：茎顶只长一颗浆果，而且其余的植株开的是不结果的花，不会每株都结果。

这是什么甲虫

我们编辑部收到了一封来信，信的内容是这样的：

我发现了一种甲虫，可是不知道它叫什么，也不知道它以什么为食。

它跟瓢虫十分相似。只是瓢虫浑身红色，身上带有黑色小圆点，而这种甲虫却是全黑，呈圆形，比豌豆稍大，有六只小爪子，还会飞，它的背上有两片黑色的小硬翅，硬翅下有两片黄色的软翼。当它翘起黑色硬翅，伸

出黄色软翼的时候，它就可以飞了。

有意思的是，当它感应到危险的时候，就把爪子藏到肚子下面，触须和脑袋也缩进身体里面，这时候你将它抓到手心，绝对不会以为这是一只甲虫，此时的它像极了一颗小小的黑色水果糖。

但是过了一会儿，当谁也不去触动它的时候，它就会先伸出所有的小爪子，然后伸出脑袋，最后伸出触须。

我十分希望您能告诉我这是什么甲虫。

编辑部的回音

你将自己见到的这只甲虫描述得十分形象，使我们立刻认出了它，它叫阎魔虫，又叫小龟虫。它的行动就像乌龟一样缓慢，也像乌龟一样可以把头和脚缩到甲壳里面，因为它的甲壳里有很深的凹陷，可以容纳它的爪子、脑袋和触须。

阎魔虫有好多种，有的是黑色，有的是其他颜色，它们以腐败的植物、粪便为食。

有一种黄阎魔虫，全身长着细小的茸毛。它和蚂蚁住在一起，想去哪儿就飞去哪儿，然后又飞回蚂蚁窝。蚂蚁也不会碰它。事实上，蚂蚁在保护蚁巢的同时，也保护了寄居在这里的阎魔虫。

毛脚燕的巢

5月28日，一对毛脚燕开始在邻居家的屋脊下方筑巢，这让我感到十分高兴，因为这个地方正对我的窗口，我将完整观察到燕子筑巢的全过程，看着它们如何建造自己精美的圆形小屋，我甚至还能看明白它们什么时候孵卵，又如何给雏燕喂食。

我默默观察它们获取建筑材料的地点：在村子中间的小河边。它们直接停到水边的岸上，用喙啄取一小块黏土，又立刻衔着它飞回农舍，接着它们轮流把一口口泥粘到屋脊下方的墙上，又匆匆去河边啄取新的黏土。

5月29日，我无法独享观察燕子筑巢的快乐了，这令我感到十分遗憾。因为邻居家的公猫费多谢依齐一早就爬上了屋顶，它模样丑陋，以前和其他公猫打架时失去了右眼。

费多谢依齐一直在注视飞来的燕子，窥视屋脊的下方，看着燕巢的建造进程。

燕子发出了惊恐不安的叫声，只要公猫待在屋顶上，它们就不再往墙上贴泥。难道它们想换一个筑巢的地方？

6月3日：这几天费多谢依齐老是爬上屋顶，将燕子吓得降低了工作效率，只是用泥糊了薄薄一圈镰刀状的泥巢，那是巢底端的基础。今天下午燕子更是没有飞来过，它们可能已经放弃了这个工程，要寻找一处更为安宁的地方筑巢，如果是那样，我就观察不到什么了。

6月19日：这几天一直很热，屋脊下方那黑色的镰刀形泥巢已经干燥，变成了灰色，燕子再也没有来过。白天的时候，天

空乌云密布，下起了倾盆大雨，窗外雨线稠密，一个个雨帘不断交替。街上湍急的流水汇聚成一道道小溪，谁也别想蹚水过河：河水漫上了岸，发疯似的汩汩流着，岸边的泥地被水浸得十分稀软，一脚踩下去，小腿几乎全部没入稀泥里。

傍晚时分，雨刚停歇，就有一只燕子飞回了屋脊下方，它在筑了一半的镰刀状泥巢上紧贴着停了一会儿，就再次飞走了。

我心想："也许不是费多谢依齐吓着了燕子，而是因为这些天河边没有潮湿的黏土。如果是这样，也许它们还会飞回来继续筑巢？"

6月20日：燕子飞来了，飞来了！而且不止一对，而是整整一群。它们聚集在屋顶上，窥视着屋脊的下方，叫声十分激烈，大概在讨论着什么吧。

大约十分钟后，它们飞走了，只留下来一只。它用两个爪子紧紧贴着泥土堆成的镰刀泥巢，一动不动，只有喙部在修正着什么，也许是在给泥土涂抹自己口中黏稠的唾液吧。

我确定它是这个燕巢的主妇。因为不久后公燕就飞了回来，将自己喙中的一小团泥转移到了它的喙中。雌燕继续筑巢，而公燕则飞去啄取新泥。

公猫费多谢依齐来了，但燕子们并不怕它，没有鸣叫，而是专心工作到夕阳西下。

这就意味着燕巢仍然会在我的眼前落成！但愿费多谢依齐的爪子不足以从屋脊上够到这个燕巢，不过燕子知道在什么地方筑巢是最安全的。

白腹鹟的巢

5月中旬的一天，晚上8点左右，我在我家花园里发现了一对白腹鹟。它们停在一棵白桦树边的板棚顶上，我在白桦树上挂了一个鸟巢，那是用顶部开口、中心挖空的圆木制成的。后来公鸟飞走了，雌鸟却留了下来，它停到了原木上，但没有飞进去。

过了两天，我又看见了那只公鸟，它钻进了圆木里面，后来停在了苹果树的一根树杈上。

有一只红尾鸲也飞过来了，它们开始争斗。这可以理解，因为红尾鸲和白腹鹟都是以树洞为巢的鸟类，红尾鸲想夺走白腹鹟的那个圆木窝，白腹鹟自然不愿意。

白腹鹟夫妇最终住进了圆木窝，公鸟老是不停地歌唱，往圆木窝里钻。

白桦树梢上降落了一对苍头燕雀，但是白腹鹟对它们不理不睬。这也可以理解，因为苍头燕雀自己会做窝，不住树洞，因此不是白腹鹟的竞争对手，而且它的食性很杂。

又过了两天。

早晨，一只麻雀飞到了白腹鹟的窝里，公鸟急忙追着它冲了进去，在窝里开始了残酷的厮杀。

突然一片寂静。

我跑到白桦树边，拿起一根木棒敲打着树干，麻雀从窝里跳了出来，公鸟白腹鹟却没有飞出来。雌鸟在窝边飞来飞去，惊慌尖叫。

我担心公鸟已经死亡，就往窝里瞧。

公白腹鹟还活着，可是羽毛严重破损；窝里还有两个鸟蛋。

公白腹鹟在窝里待了很长时间才再次飞出来，但仍显得十分虚弱：它降落到地面上，几只母鸡过来驱赶它，我怕它发生意外，就将它带回家用苍蝇喂养，晚上又把它放回窝里。

七天后，我又往窝里瞧了瞧，一股腐败的气息冲出来。雌鸟在窝里趴着孵卵，身边躺着的公鸟，身子歪向一侧，已经死了。

我不知道麻雀是否再次入侵过，还是在第一次争斗后死神就降临了？

雌鸟没有飞出来，它一直在孵卵，包括我把死去的公鸟掏出窝的时候。

林木大作战(续前)

你们还记得住在采伐空地上的记者曾经给我们写了些什么吗？他们每天都在期待着年轻的云杉能钻出地面，给整个采伐空地披上绿装。

果然如此，下了几场温暖的雨后的一天早晨，采伐空地开始披上绿装，那么是什么树钻出地面了呢？

原来不是年轻的云杉，而是不知道从哪儿冒出来的旺盛的草类——苔草和拂子茅早已赶在了它们前面。它们长得又快又密，尽管年轻的云杉倾尽全力地从地面钻出来向上生长，可还是落后一步，采伐空地已经被野草大军占领了。

第一场战争便打响了。

幼小的云杉费尽全力地用矛一般尖的梢头穿过覆盖住它的稠密的草皮，善于攀附的草类就不甘示弱地向小树发起进攻。无论在地下还是地上，都可以看到云杉和草类的生死搏斗。

草类和树木具有抓握力的根须犹如可恶的鼹鼠一般在地下乱钻，它们你勒我，我掐你，为争夺盐分充足、营养丰富的地下水而相互挤压、缠绕，所以许多幼小的云杉始终不见天日，因为它们在地下的时候就被像细铁丝一样柔韧而结实的草根勒死了。

那些好不容易钻出地面的小树，也被草茎紧紧缠绕住，透不过气来。

草类缠住了云杉结实的树干，云杉极力想往上钻，用尖梢拨开充满弹力、编织在一起的野草，但是野草却不让它们钻出去见太阳。

只有偶尔几个地方，个别小云杉能够克服草类难以估量的力量而向上生长。

当采伐空地上战斗激烈的时候，河对岸的白桦才刚刚开花，可是白杨却已经准备远征了：登陆到河的对岸。

它们的柔荑花序已经张开，每一个花序里都飞出了几百颗带白色刷毛的小种子，它们头上张着一顶白色的降落伞。

风儿兴致勃勃地接住了小种子的一撮毛，它们就在空中转动起来，比羽毛更轻，像白云一样被带过河去，风儿把它们均匀地撒在整个宽广的采伐空地上，一直到云杉林的边缘。

独脚小伞兵们犹如白雪一般落到云杉和野草的头上，第一场雨把它们打落下来，埋在泥土里。于是它们暂时消失了。

一天天过去了，采伐空地上的战斗还在继续。不过已经看得出来，野草渐渐招架不住了。

草类尽力向上撑，但是不久以后，就停止生长了，而云杉却在继续生长。

这样一来，草类的日子不好过了，年轻的云杉在它们头顶用枝叶遮盖出了浓荫，抢走了它们的阳光，在阴影里，草类迅速枯萎，软绵绵地垂向地面。

然而另一支军队——年轻的白杨已经从地下破土而出。它们慌张地抱成一团，惊恐不安地彼此依偎，从头到脚都在瑟瑟发抖。

它们来晚了，它们同样没有能力对付云杉。

云杉在它们上面张开了浓密的枝叶，山杨只好屈居下面，很快就在浓荫里变得憔悴虚弱，渐渐凋零了。

白杨是非常喜欢阳光的植物，没有阳光它们根本无法生活。

云杉即将胜利了。

这时，又有一批新的敌方空降兵，在采伐空地上登陆了，它们是乘着双翼滑翔机来的，同样一来就躲进地下不见了。它们是白桦的种子，它们毫不费力地飞过了河，也散布在整个采伐空地上。

它们能否战胜首批占领者——云杉一族呢？我们的记者不得而知。

在下一期的《森林报》里，我们将刊载他们发来的新消息。

农庄里的故事

集体农庄的庄员要做的事情非常多：播种后，把粪肥和矿物肥料运到地里，将粪肥覆土，为明年的秋播作物做准备。接着要干菜园里的活儿：先种马铃薯，接着种胡萝卜、萝卜，种黄瓜、芜菁和白菜，还要给亚麻除草。

孩子们也没有在家里闲坐。无论是在田头、菜园还是花园，他们都能帮些小忙，比如种庄稼、除草和修剪树木。农庄的活儿很多，要扎够可以用一年的桦树条扫帚，还要摘荨麻的嫩头。荨麻是用来做菜汤的：用嫩荨麻和酸模煮的绿色菜汤特别好吃。还要捕鱼——用竿儿钓欧鲌、拟鲤鱼、红眼鱼、河鲈鱼、梅花鲈、小欧鳊鱼、小雅罗鱼和其他的鱼，用网和鱼篓捉小狗鱼，用诱饵捉河鲈鱼、狗鱼、江鳕鱼。

晚上用大抄网（装有长柄的口袋状捞网），能捉到任何种类的鱼。

夜里，人们布了一张张捕虾的网袋，坐在一堆篝火旁，等虾自己聚拢来就可以了。这时可以讲述各种各样的事儿，好笑的或恐怖的都行。

黎明的时候，再也听不到被称为“田野公鸡”的灰色山鹑的声音。秋播的黑麦已长到齐人腰的高度，春播作物也开始生长起来。

帮大人做事

暑假刚刚开始，小学生们就开始给农庄的大人们帮忙：给庄稼除虫，消灭害虫。

小学生们劳逸结合，将休息和劳动安排得非常合理。还有许多事等着他们,还有许多事要他们操心。不久后要收割庄稼,他们的任务是拾麦穗和帮助庄员们扎麦捆。

新森林

在俄罗斯的中部和北部地区,春季植树造林工作已经结束。

新造林面积大约是10万公顷。今年春季,苏联欧洲部分的草原地区和半森林半草原地区的集体农庄，种植了约25万公顷的防护林带，还种植了大量苗圃,这些苗圃将为来年提供超过10亿棵各类品种的树木和灌木的幼苗。

秋季,俄罗斯的林场计划种植几十万公顷的新森林。

农事新闻

助人的逆风

农庄的亚麻地里传来了令人不安的消息，亚麻地里出现了敌人——杂草，使亚麻生存艰难。

农庄便派遣女庄员给亚麻排忧解难。她们讨伐有害的杂草，对待亚麻却十分谨慎。女庄员们光着脚丫子小心翼翼地逆风而行。虽然亚麻在女庄员的脚下仍然会被踩得倒伏，但是逆风却会把亚麻的茎秆吹直扶正，使它们挺了起来。于是亚麻站稳了脚跟，什么伤害都没有遭受，而它们的天敌却被消灭得一干二净了。

今天第一次放风

今天一群小牛被放到了牧场，它们翘起尾巴奔得可欢了，心里简直乐开了花。

给绵羊脱毛衣

红星农庄的剪毛间里，10 个经验丰富的剪毛工正在用电剪给绵羊剪羊毛，这是他们的任务——把整片羊毛从羊身上剃下来，他们剪毛的样子就好像在解包裹。

哪个是我妈妈？

当牧羊人把羊妈妈放回小羊身边时，小羊不认识脱掉毛衣的妈妈了。

“妈妈，你在哪里？在哪里？”小羊可怜地咩咩叫道。牧羊人帮助它们找到各自的妈妈，然后走到剪毛间给另一拨绵羊剪毛。

畜群成长

农庄的畜群一天天地成长。今年春季出生了许多小马驹、小牛犊、小绵羊、小山羊、小猪崽儿！

光是今天夜里，溪流村小学生饲养组的山羊就增加了三倍：以前只有

一只母羊，现在却变成了四只——除了羊妈妈库穆什卡，还有三只小山羊，它们是库季亚、穆扎和什卡里克。

重大节日正降临

重大的节日正降临在果园生活中：草莓已经鲜花怒放，一棵棵樱桃树上缀满了雪白的花朵，昨天，梨树含苞待放，苹果树再过一两天也要开花了。

在“新生活”农庄

昨天来自南方的蔬菜西红柿栽种在水池边新开辟的菜地里，在农庄正式落户。以前它们在温室里生长，现在与它们相邻的是黄瓜。西红柿已经是结实的小苗了，即将开花。黄瓜正处在婴儿阶段，只长出了几条小腿，还躺在白色的襁褓里。大地母亲呵护着这些孩子，使它们避开鸟雀贪婪的眼睛。黄瓜来得及长出地面，赶上西红柿的成长速度吗？

六条腿的小动物助力

一说到与农业有关的昆虫，我们脑子里首先出现的是无数弱小但对庄稼非常有害的敌害，却忘记了有许许多多的六条腿的小朋友在田间帮我们工作。我们忘记了它们在植物授粉过程中的巨大作用。会飞的六腿昆虫有许多种——蜜蜂、熊蜂、姬蜂、甲虫、苍蝇、蝴蝶等，它们负责把花粉从黑麦、荞麦、大麻、苜蓿、向日葵的一朵花带到另一朵花。

然而为了满足我们所有庄稼充分授粉的要求，这些小小的力量往往是不够的,这时我们就要用自己的双手助它们一臂之力了。

人们用一根绳索给黑麦、荞麦、大麻、苜蓿授粉——两个人各拿着绳子的一端,将正在开花的植物的茎稍稍压弯,沿着它们的梢头捋过去。这时花粉就从花朵上撒落下来,被风吹散到整个田野,或者粘到绳子上,被带到其他花上。他们给向日葵授粉的时候，会用一小块兔皮将花粉收集起来,然后播撒到向日葵的花盘上。

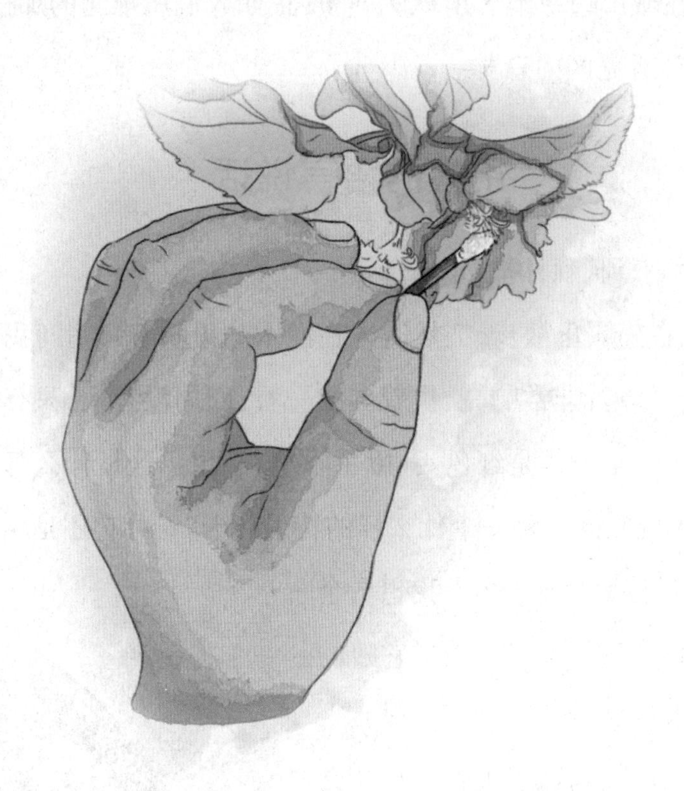

城市快讯

列宁格勒的驼鹿

5月31日早上，人们在密切尼科夫医院旁边发现一只驼鹿。这已经不是第一次在城市边缘地区出现驼鹿了，正如人们所推测的那样，驼鹿来自弗谢沃洛日斯克区的森林。

用人的语言说话

一位公民来到《森林报》编辑部说：

“早晨我在公园里散步，突然有人在灌木丛里吹着口哨问我：‘你见过特里什卡吗？’声音非常响亮、执着。我一看：四周没有人，只有停在灌木上的一只鸟——全身都是红色。我瞅了瞅它，心想：‘这是什么鸟？还能叫出人名来？再说它问的是一个什么样的特里什卡？’可它还是叫着自己那句话：‘你见过特里什卡吗？’我想看个究竟，于是向它跨近了一步。结果它嗖的一下钻进灌木丛里不见了。”

这位公民见到的鸟叫朱雀，是从印度飞来的。它的叫声听起来确实像在提

问题，不过在把它翻译成人的语言的时候，每个人都有自己的理解。有人说是：“你见过特里什卡吗？”也有人说是：“你见过格里什卡吗？”

客自海上来

最近胡瓜鱼从芬兰湾游入了涅瓦河产卵。渔民们累得筋疲力尽，因为他们的网里装进了太多的鱼。

胡瓜鱼产完卵后，又游回了大海。

客自大洋深处来

许许多多不同种类的鱼从大海和大洋来到内河里产卵，鱼长大后从内河游回大海。但是唯有一种鱼是出生在大洋深处——大西洋的马尾藻海，长大后从那里游入内河生活。

这种怪得出奇的鱼，叫铜板鱼。

你们听过这个名称吗？

没听过的话也并不难理解：只有当这种鱼还很小，还生活在大洋里的时候，才这么称呼它。

那时它通体透明，能看清它的肠子，身体两侧扁扁的，薄得像一张纸。

长大以后它就变得像蛇,人们把它叫鳗鱼。

铜板鱼在马尾藻海里生活三年，到第四年就变成了依然像玻璃一样透明的小鳗鱼。现在,像玻璃一样透明的鳗鱼密密麻麻、成群结队地涌进了涅瓦河。

从它们在大西洋神秘深处的故乡到这儿,它们的行程至少有2500千米。

学习飞行

在走过公园、街道或街心花园时,抬头望望总会担心脑袋被从树上掉落的乌鸦或椋鸟的幼雏砸到，还会担心有麻雀或寒鸦的小鸟从屋顶掉到头上。它们现在正在学习飞行。

斑胸田鸡穿过城市

最近，夜间郊区的居民经常听到断断续续的低声鸟叫：“福奇——福奇——福奇——”叫声先从这条沟里传来,过会儿又从那条沟里传来。这是斑胸田鸡正在穿过城市。它们生活在沼泽地,是长脚秧鸡的近亲,也和长脚秧鸡一样徒步穿过整个欧洲来到我们这里。

去采蘑菇

一场温暖的好雨后,红菇、牛肝菌和白菇从地里钻了出来,你可以到城外采蘑菇去了。这是夏季长出的首批蘑菇——麦穗菇。之所以叫这个名字,是因为它们出现在越冬的黑麦开始抽穗的时候。在夏季结束以前,它们就消失了。

当花园里的丁香花开始凋谢的时候,你应该知道春季已近尾声,夏季已经到来。

活着的云

6 月 10 日,万里无云,天气闷热。许多人在列宁格勒涅瓦河畔的滨河街上散步。屋子里和柏油马路上热得像个蒸笼。孩子们在顽皮地玩耍。

河流的对面突然出现了一大块灰色的云团。

大家都不由得停住了脚步, 开始看这云团——它低垂在水面上方迅速移动,面积眼看着一点点大了起来。

直到它带着簌簌沙沙的声音,笼罩住散步的人群,大家才弄明白,这不是云团,而是一群蜻蜓。

在一刹那间,周围的一切神奇地变了。

无数翅膀的扇动带起了一股清凉的微风。

孩子们也不再玩耍, 他们惊讶地看着阳光透过云母般透明的蜻蜓翅膀,在空中折射出彩虹般的五颜六色。

所有散步的人脸上都变幻着一道道微小的彩虹,一段段太阳的光影,一个个星火般的亮点，变得绚丽多彩。

这团有生命的云带着沙沙的声音从滨河街上空向高处疾飞，渐渐消失在楼群后面。

这是一群新生的年轻蜻蜓,它们齐心协力地飞去寻找新的居住地了。

至于它们在何处出生,又于何处降落,谁也不知道。

这样的蜻蜓群体很多见。假如你在哪里看见了这样的蜻蜓群体，可要弄清它们从何处飞来,又去往何处。

列宁格勒州新出现的野兽

最近几年,在我们州叶菲莫夫区和邻近几个区的森林里,猎人们常常看见一种当地居民不认识的野兽,它跟狐狸差不多大小,这是乌苏里的浣熊狗,或者简称乌苏里浣熊。

它怎么会来到这里的？很简单:是火车运来的。

50只小兽被运来放进了我们的森林里。经过了10年的时间,它们在这里大量繁殖,现在已允许猎人对它们进行捕猎了。

乌苏里浣熊的皮毛很珍贵。整个冬季都可以捕猎，因为它们在我们这里不冬眠,不像在自己的故乡,那里冬季气候酷寒。

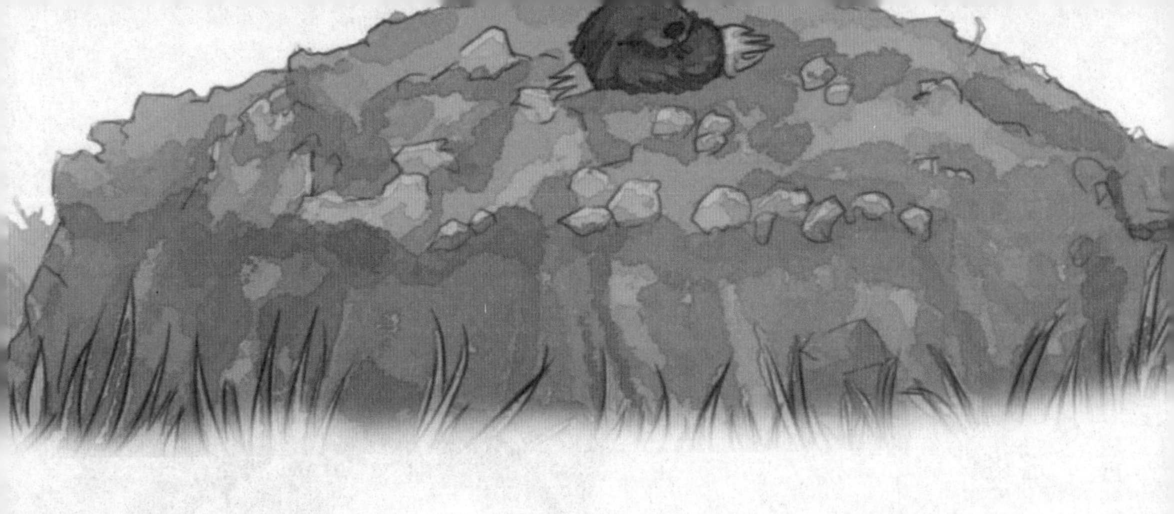

鼹 鼠

有些人以为鼹鼠是啮齿动物，它一面在地下乱刨洞，一面像某些生活在地下的老鼠那样吃植物的根。这可冤枉了鼹鼠，因为它根本不属于鼠类，它像一头穿了一身丝绒般柔软光滑的皮大衣的刺猬。鼹鼠是食虫兽，吃金龟子和其他有害昆虫的幼虫，这对我们是十分有益的。它不会毁坏植物。

假如有人不能原谅它在花园或菜地的地垄上抛撒一堆堆泥土，筑起所谓的鼹鼠窝，从而损坏花朵和蔬菜，那么可以在土里插上一根高高的杆子，顶端安上一个小风车。

风一吹，小风车就开始转动，杆子也会随之抖动，土地就会发颤，鼹鼠在洞穴里听到响声，就会四散逃走。

蝙蝠的回声探测器

一个夏天的夜晚，有一只蝙蝠从敞开的窗户里飞进来了。

“把它赶出去！把它赶出去！”几个女孩子惊慌失措地将头巾盖到头

上，大叫起来。一位秃头老爷爷嘟囔道：“它扑的是窗户里的亮光，怎么会钻进你们的头发里去呢！”

直到几年前，科学家们还没有弄清楚为什么蝙蝠能在一片漆黑的情况下，找到飞行的道路。

他们将它的眼睛蒙起来，鼻子堵住，可是它依然能够在空中躲开一切障碍，连房间里绷紧的一根根极细的线都能躲开——身体灵活地避免落网。

直到发明了回声探测仪以后，谜底才揭开。现在知道了，原来所有的蝙蝠在飞行的时候都从嘴里发出超声波——一种人的耳朵听不见的尖细声音。这种声波能从任何障碍物上反射回来，于是蝙蝠自己的耳朵就收听到了这些信号：“前方有墙！”，或者“细线！”，或者“蚊子！”。只有女人细密的头发不能很好地反射超声波。

秃顶的老爷爷当然没什么好担心的，可是女孩子蓬松的头发的确会被蝙蝠误以为是窗户里的亮光，于是，蝙蝠就很有可能扑过来。

定级风力

在风力小的时候，它是我们的朋友。

夏天，在炎热的中午，如果一丝微风都没有，我们会热得透不过气。完全无风的状态下，烟囱里的烟会笔直地往天空升去。如果风速小于每秒

0.5 米，我们会觉得没有一点风，便将风力定为零级。

软风的风速是每秒 1 至 1.5 米，或者每分钟 20 至 90 米，或者每小时 1500 至 5500 米，这是人步行的速度。烟囱的烟柱往旁边倾斜，我们脸上感觉凉习习的，不再闷气，我们将软风定为一级。

轻风的速度是每秒 2 至 3 米，也就是每分钟 100 至 180 米，或者每小时 7 至 11 千米，大约是人跑步的速度。树叶沙沙作响，我们在风力记录本里将轻风定为二级。

微风的速度是每秒 4 至 5 米，也就是每小时 14.5 至 18 千米，这大约是马匹快步小跑的速度。它使细小的树枝摇摆，欢快地推动纸折的小船前进。我们在风力记录本里将它定为三级。

气象学上的和风是这样的一种风：它能扬起路上的灰尘，激起大海的波浪，摇动树上的粗枝。它的速度是每秒 6 至 8 米，我们将它定为四级。

清劲风吹动的速度是每秒 9 至 10 米，或者每小时 32 至 36 千米。这大约相当于乌鸦飞行的速度。它使树梢沙沙作响，使细小的树干摇晃，使大海涌起波浪，它能吹散小蚊蚋。清劲风被定为五级。

强风已经开始为非作歹了。它猛烈地摇晃林中的树木，吹落挂在绳子上的衣服，刮落头上的帽子，将排球推向旁边，妨碍排球运动。它的速度和以每小时 39 至 50 千米的速度行驶的旅客列车一样。幸好气象学里有十二级的风力分级法，要是按我们的五级分级法，还不够用呢。气象学家将它定为六级。

我们这儿最厉害的风，通常出现在秋季。

捕 猎

我们的国家地域辽阔，当列宁格勒近郊狩猎季节早已过去的时候，北方河流才开始进入汛期，正是打猎的好时节。许多爱好打猎的猎人，这时正赶往北方。

驾舟进入春水泛滥地区

天空乌云密布，今夜像秋夜一样黑。

我和塞索伊·塞索伊奇驾着一艘小船，在陡峭的两岸之间的林中小河顺流而下。我拿着桨坐在船尾，他坐在船头。

塞索伊·塞索伊奇是一位能打任何飞禽走兽的猎人。他不喜欢捕鱼，甚至看不起捕鱼的人。即使是出门打鱼，他也不改变自己的原则：他出去是为了猎鱼，而不是用鱼钩钓、渔网捞或别的渔具捕鱼。

我们来到了汛期浩渺的水域。有些地方，水里耸出一丛丛灌木的梢头。往前是大片茫茫的树影，再往前是一片黑压压的森林。

夏季，这里长满灌木丛的河岸形成了一条狭长的堤坝，隔出一个与小河分离的小湖。湖里有一条窄窄的水道通到小河。不过现在不必寻找这条水道，因为水到处都很深。

船头有一块铁板，上面准备了干树枝和松脂，塞索伊·塞索伊奇擦亮

火柴，点燃了篝火。

水上漂浮的篝火发出红黄色的光，照亮了宁静的水面，也照亮了小舟旁光秃秃的灌木丛的黑枝条。

但是我们无暇观看两岸景色，我正专心致志地注视着火光照亮了的湖水深处。我轻轻划动着船桨，不将它露出水面，小船静静地向前行进。在我眼前浮现的是一个奇幻的世界。

我们已经置身湖上，水底下好像藏着一些巨人，他们彼此交错纠结的蓬乱长发，在无声无息地漂动，这是水藻还是草呢？

眼前是一个黑暗的深潭，深不见底，也许这儿实际上没有那么深，篝火的光亮最多能照到水里两米，然而望着这漆黑的无底深渊，我直感觉心里发毛，谁知道底下隐藏着什么东西呢？

这时一个明晃晃的小球从黑暗的水下浮了上来，起先是慢慢地上升，后来越升越快，越变越大。眼看着它冲着我的眼睛急速飞来，马上就要跳出水面，撞上我的脑门……我不由得把头避向一边。

小球变成了红色，浮出水面就破裂了。原来是个普通的沼气气泡。

我好像乘坐一艘空中飞船，在陌生的行星上飞行。

我们经过几个岛屿，岛上长满了挺拔的密密丛林。是芦苇吗？

一头黑色的怪物，把它那歪歪扭扭的触手向我伸过来。怪物像章鱼，像鱿鱼，不过它的触手更多，样子更难看，更可怕。这是什么呢？

原来是淹没在水里的树墩，这是一根有交错树根的白柳的残株。

塞索伊·塞索伊奇的动作使我抬起了眼睛。

他站在船上，左手举着渔叉——他是个左撇子。他目光炯炯地盯着水里，看起来像个军人。这个满脸胡子的小个儿战士，似乎想用长矛刺死跪在他脚下的敌人。

渔叉的木柄有两米长，它的下端是五根闪闪发光、带有倒齿的钢齿。

塞索伊·塞索伊奇的脸被篝火映得通红，他转过来向着我，扮了个可怕的鬼脸。我把小船停了下来。

猎人小心翼翼地把渔叉伸入水里，我向下望去，只看到这里水深处有一个笔直的黑长条儿，起先我以为那是根棍子，后来才看清，这是一条大鱼的脊背。

塞索伊·塞索伊奇慢慢地把自己的武器向水深处斜伸下去，手里纹丝不动地握着渔叉，人也屏息凝神。

突然，他把渔叉竖直，用力向黑色的鱼背刺去。

他把自己的猎物拖出水面时，湖水一阵翻腾：有一条足有两千克重的圆腹雅罗鱼正在渔叉上拼命挣扎。

我们划船继续前进，过了不久，我发现了一条不大的鲈鱼。它脑袋钻进了水下的灌木丛里,一动不动地停在水中,看样子,它似乎正在深思。

它距水面很近,我甚至能看清它身上的深色纹理。

我看了一眼塞索伊·塞索伊奇。他摇了摇头。我知道,对他来说这个猎物太小了,所以我们放过了它。

我们就这样划遍了整个湖区。水下王国的神奇图像在我眼前一幅幅浮过。当再次把小船停下来,猎人刺死自己水下的野味时,我还舍不得移开自己的视线。

又有一条雅罗鱼、两条大鲈鱼、两条金灿灿的细鳞冬穴鱼从湖底来到了我们的小船底,黑夜已经快过去了。现在我们驾舟在湖面穿行。一段段燃烧着的树枝和通红的炭火落入水中,嘶嘶地响着。偶尔能听见头顶上空看不见的野鸭一阵扇动翅膀的声音。在一座黑漆漆的小树林里,麻雀大小的小猫头鹰用温和的叫声反复叫着,好像在告诉什么人:"我在睡觉!我在睡觉!"灌木丛后方传来一阵唧唧的悦耳叫声,这是小水鸭在叫。

我看见船头前面的水中有一段短木头,就将小船驶向一边,免得撞到它。突然,我听到塞索伊·塞索伊奇怒气冲冲地低喝道:"停住!停住!狗鱼!"

由于激动,他说话的声音甚至变得像在说悄悄话。

他手疾眼快地把系在渔叉柄上端的绳子缠到手上,然后非常仔细地瞄准了半天,小心翼翼地把自己的武器伸进水里。

他使出全身之力向狗鱼刺去。这条鱼竟然拖着我们走了!幸好钢齿扎得很深,它挣脱不掉。

原来这条狗鱼大约有7千克重。

当塞索伊·塞索伊奇好不容易把狗鱼拖进小船时，天色已经差不多大亮了。黑琴鸡叽叽咕咕的响亮叫声从四面八方透过薄雾传入我们耳中。

“好啦！”塞索伊·塞索伊奇乐呵呵地说，“现在我来划船，你来打猎，别错过机会了。”

他把烧剩的树枝抛进水里，我们对换了一下船里的座位。早晨凉爽的微风很快驱散了薄雾，晴空如洗。我们迎来了一个明媚的早晨。

我们沿着一块笼罩着一层绿色薄雾的林边空地划行。白桦白色光滑的树干和云杉深色粗糙的树干从水里直着伸出来。你向远方望去，森林宛如吊在半空中似的。你向近处看去，有两片森林在你眼前浮动：一片树梢向上，另一片树梢向下。灰暗的水面荡漾着奇妙的涟漪，如镜子一般反照出一根根深色和白色的树干，细细的树枝在水中的倒影支离破碎，摇曳不定。

“准备！”塞索伊·塞索伊奇提醒说。

我们驶到一片桦树林边，在水淹的林中空地上行舟。在树梢光秃秃

的枝条上，栖息着一群黑琴鸡。令人奇怪的是，在这些大鸟的重压下，这么纤细的树枝竟没有折断。

明亮的天空映衬出黑琴鸡壮实的黑色身躯，小脑袋，末端拖着两根羽毛弯曲的长尾巴。淡黄色的母黑琴鸡显得更加朴素、轻快一些。

谷地下方的水中，有一排黑色和微黄色的大鸟，头朝下伸长了身子在那里晃荡。我们离它们已很近了。塞索伊·塞索伊奇默默地划着桨，小船沿着谷地前行。为了不让那些谨慎的鸟儿受惊，我从容不迫地端起了双筒猎枪。

所有黑琴鸡都伸长了脖子，朝我们转过了小脑袋。它们感到奇怪：这是什么东西在水上漂？这东西危险吗？

鸟类的思维是迟钝的。现在我们离最近的一只黑琴鸡只有 50 多步了。它心慌意乱地转动着小脑袋：万一有什么意外的话，该往哪儿飞呢？它的两只脚交替地挪着步子，身体下面细小的树枝被压得弯了下去。它惊慌地扇动着翅膀，以保持平衡。

看见伙伴们停在那儿不动，它也就放心了。

我开了一枪。轰鸣的枪声沿水面向树林传过去，又遇到树木的反射，传来一阵回音。

黑琴鸡乌黑的身躯扑通一声跌入水中，溅起的水珠被阳光染上彩虹的七色。鸡群噼里啪啦地扑棱着翅膀，一下子从白桦树上飞走了。

我急忙瞄准飞起的一只黑琴鸡开了第二枪，但是没打中。

但是一早就得到这么一只羽毛丰满的美丽的鸡，难道还不满意吗？

“收获不错！”塞索伊·塞索伊奇祝贺说。

我们捞起湿淋淋、没有生命、低垂着翅膀的黑琴鸡，不慌不忙地慢慢划着小船回家。

一群野鸭在湖水上方疾掠而过，鹬群在尖啸，黑琴鸡在岸上叫声更加响亮、更加欢快了。一轮旭日缓缓升到了森林上空。

云雀在田野上空放声歌唱。虽然我们一整晚没睡，却没有一点睡意。

诱　饵

狗熊常来我们这一带偷鸡摸狗。有时听说它们在一个集体农庄里咬死了一头小牛，有时又听说它们在另一个农庄咬死了一匹母马。

在会上，塞索伊·塞索伊奇说的话挺有道理：

“既然它已祸害到咱们的牲口群里来了，咱们不能坐以待毙，得想想办法了。不是说加甫里奇家的小牛死了吗，把它交给我，我用它来做诱饵。如果熊围着咱们的牲口群打转儿，东张西望的话，那它就会上钩。要是它来了，那就别想碰一下牲口。我已经想好收拾它的办法了。”

在我们这儿，塞索伊·塞索伊奇是个很有本事的猎人。

集体农庄把加甫里奇家的死小牛给了他，说：“你干起来吧，以后我们就放心些了。”

塞索伊·塞索伊奇把小牛装上大车,运到了树林里,放到一片空地上,让它头朝东躺着。

对于打猎,塞索伊·塞索伊奇是把好手。他知道头朝南或朝西躺着的动物尸体,熊是不会碰的,因为它怀疑这是个陷阱。

他在尸体周围用没剥皮的白桦树木搭起一个矮矮的栅栏,离这道栅栏二十步的地方,在两棵并排的树上做了个离地约两米的棚子,夜间猎人可以坐在上面守候野兽。

现在已万事俱备了。不过他没有爬上平台,而是回家睡觉了。

一个星期过去了,他还在家里睡大觉,早晨他腾出点时间,到木栅栏那儿去了一趟,围着它走了一圈,卷了个漏斗形烟卷,抽了会儿烟,就回家了。

我们农庄的庄员们开始取笑他。小伙们嬉皮笑脸地对他说:

"怎么样,塞索伊·塞索伊奇,还是在家里的热炕上睡得香吧?你不乐意在树林里守望,是不是?"

他回答说:

"小偷不来,守夜也是白费劲儿。"

他们又对他说:

"可小牛犊已经发臭啦。"

他说:

"这就对啦。"

不管你说什么,他都不为所动。

塞索伊·塞索伊奇知道事情该怎么办。他还知道熊已经不是第一天

围着牲口群打转了。如果眼皮底下放着一头现成的死牲口，熊不会去扑杀活的牲畜。

塞索伊·塞索伊奇知道熊已经嗅到了小牛犊的尸臭：猎人锐利的眼睛已经发现，在放牛犊的栅栏四周，有熊的爪印。但是熊还没有去动小牛，说明它还不饿，它要吃更美味的食物——要等到动物尸体发出更强烈的臭味的时候。这种毛茸茸的林中野兽的口味就是这样的。

死牛犊躺在林子里已经一个多星期了，可塞索伊·塞索伊奇还是在家里过夜。

终于他从脚印上断定熊已经爬过栅栏，从牛尸上咬下一大块肉吃了。

这天晚上，塞索伊·塞索伊奇带着猎枪爬上了棚子。

夜晚林子里静悄悄的，野兽们睡了，鸟儿也睡了。

但并不是所有的鸟兽都睡了。猫头鹰扑着毛茸茸的翅膀，在空中悄无声息地飞过：它在搜寻草丛里窸窣走动的老鼠。刺猬在林间走来走去，寻找青蛙。兔子在咔嚓咔嚓地啃食白杨苦涩的树皮。一只獾在土里寻找它熟识的草根。而熊也正无声无息地偷偷向死小牛逼近。塞索伊·塞索伊奇困得眼皮都睁不开了：他习惯于在夜间这个时候沉沉酣睡。他现在直打瞌睡。

忽然传来"咔嚓"一声响,他身子一颤!

难道这是幻觉?

不是的。虽然天上没有月亮,但是北方的夏夜即使没有月光也亮得很,他清楚地看见在白色桦木平台边上,趴着一头黑黢黢的野兽。

熊已经到达美食的边上,在大声地咀嚼了。

"别急!"塞索伊·塞索伊奇心里暗想,"我有更好的东西款待你呢,尝尝铅丸子吧。"

于是他端起枪,仔细地瞄准了野兽的左肩胛骨。

骤然而起的枪声像雷鸣似的,震醒了沉睡的森林。受惊的兔子蹦得离地半米高;獾吓得咕噜咕噜直叫,慌忙往自己洞里跑;刺猬缩成一团,身上的刺都立了起来;老鼠溜进了洞穴;猫头鹰悄悄地冲进一棵大云杉的漆黑阴影里。

森林又安静了下来,夜行的野兽又放大了胆子,各自干起了各自的事。

塞索伊·塞索伊奇爬下棚子,走近栅栏边看了看。接着用马哈烟卷了个烟卷,抽了起来。他不慌不忙地走回家去:天快亮了,要睡一觉,哪怕一会儿也是好的!

当整个集体农庄的人都起了床时,塞索伊·塞索伊奇对小伙们说:

"你们套上马车,去森林里把熊拉回来吧!熊伤害不了我们的畜群了!"

射箭要射中靶子

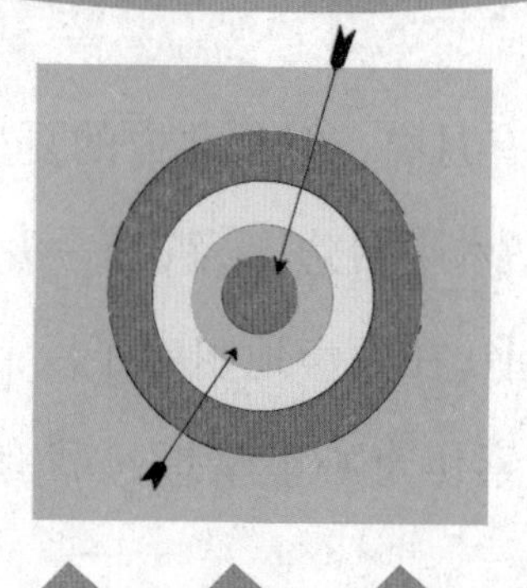

答案要对准题目

1.哪一种甲虫用它出生的月份来命名？

2.蚱蜢用什么东西发出嚓嚓的声音？

3.勾嘴鹬用什么东西发出羊叫似的声音？

4.为什么火红色的鹭鸶被称作“水牛”？

5.蜘蛛有几只脚？

6.甲虫有多少翅膀？

7.什么鸟从南方到我们这里来时一部分路程是步行的？

8.椋鸟窠里孵出了小鸟以后，碎蛋壳哪里去了？

9.什么生物的耳朵生在腿上？

10.什么鸟的叫声像瘦猫叫？

11.青蛙卵和癞蛤蟆卵有什么不同？

12.秧鸡的个儿有多大?

13.什么鸟叫起来像狗叫?

14.哪一种鸣禽最后一批飞到我们这里来?

15.丁香是春天开花还是夏天开花?

16.树林底下,闹闹腾腾;树林中间,有谁打钉;树林上面,烛火通明。(谜语)

17.走路的用得着它,赶车的用得着它,有病的也用得着它。(谜语)

18.白得像雪,黑得像铁,绿得像树叶,打起转来像中了邪,上起树来像我们上台阶。(谜语)

19.网子一面,不用手编。(谜语)

20.又长又细,落到草里,自己躲起,儿子出来游戏。(谜语)

21.我不来时求我来,等我来了躲起来。(谜语)

22.小牛般大没有角,宽脑门儿细眼梢;不让碰,不让摸,牲口群里有了它可不得了。(谜语)

23.刚出世的小娃娃,长着胡子一大把。(谜语)

24.三个朋友在一起:一个跑个不停,一个躺着不动,一个摇摇摆摆。(谜语)

打靶场答案

第一次竞赛答案

1.从3月21日起。

2.脏雪融化得快,因为它的颜色比较深。深颜色吸收阳光多一些。(夏天戴黑帽子最热了。)

3. 软毛兽在春季换毛,脱掉那层又密又暖的绒毛(因为毛的保暖作用减少了)。此外,野兽在春季怀小兽。

4.蝙蝠要等到它们所吃的昆虫出现后,才出现。

5.白山鹑——冬天它是白的,夏天有斑纹。

6. 在雪融化以前,它变成了灰色的时候,或者在地面比白兔先变了颜色的时候。

7.是睁着眼的。

8.小小的鼩鼱。它只有3.5厘米(不算尾巴)。

9.鷦鷯和戴菊鸟。它们的个儿差不多大——比蜻蜓还小些。

10.交喙鸟。

11.这是一棵冬天被兔子啃过的树。冬天,地上的积雪有一米来厚,兔子啃不到下面的树皮。

12.3月21日,是春分;9月21日,是秋分。

13.冰柱。

14.春天太阳的热。

15.雪。雪融化了就流成小溪,淙淙地响。

16.黑马是河,车辕是岸。

17.冬天,大地上积着白雪;春天,大地上开满鲜花。

18.雪。

19.今天。

20.鹿。

第二次竞赛答案

1.龙虾。

2.羊肚蕈和编笠蕈。

3.农民耕地时会犁出许多蚯蚓和甲虫的幼虫以及其他昆虫。秃鼻乌鸦把它们啄起来吃。

4.乌鸦窠又平又浅;喜鹊窠是圆的,有盖儿。

5.不织网捉昆虫的蜘蛛。

6.家燕。

7.在丛林和园子里的树洞里。

8.衔毛回去做窠;还有,啄食老牲口皮里的昆虫和昆虫的幼虫。

9.家鸭和家鹅的祖先是候鸟。春天,野鸭和野鹅飞过的时候,家鸭和家鹅就感到苦闷——它们也觉得想往哪儿飞似的。

10.春天突然涨大水,常常淹掉那些在地上做窠的鸟的卵和幼鸟。

11.什么鱼都禁止打。4 月末,大梭鱼游到春水泛滥的水湾里产卵。它们在水很浅的地方产卵,常常把它们的脊背露在水外面。盗猎的人就在这时候开枪打它们。

12. 最怕冷的是爬虫类。因为它们的血是冷的。天气冷的时候,它们会冻坏。至于鸟类,如果它们吃饱了,通常是不怕冷的。

13.前端。

14.家燕。

15.蜂房,蜜蜂。

16.甲虫。

17.叮人的蚊子。

18.雨水、大地、青草。

19.鱼。

20.土地妈妈。

21.铃兰的花蕾和花。

22.云。

23.牛的四条腿、两只犄角、一根尾巴。

第三次竞赛答案

1.金龟虫(5 月金龟虫和 6 月金龟虫)。

2.蚱蜢的腿上有小刺,翅膀上有锯齿。用腿擦翅膀,就发出嚓嚓的声音。

3.用尾巴。

4.因为雄鹭鸶发出牛叫似的声音。

5.八只。

6.甲虫有两对翅膀。外面一对是硬的厚的,主要作用是保护底下那对飞行用的翅膀。

7.秧鸡。

8.椋鸟用嘴把破蛋壳从窠里衔出去丢到离窠很远的地方。

9.蚱蜢的听觉不是在头上,而是在前脚的小腿上。

10.黄莺。

11.青蛙的卵,像胶冻似的一大团一大团漂浮在水里。癞蛤蟆的卵,附着在一条胶质的带子上,带子附着在水草上。

12.比椋鸟大一点,比鸽子小一点(29 厘米)。

13.雄的白山鹑,在春天的交配期中,发出像狗吠一样的声音。

14.是那些羽毛的色彩很鲜艳的鸟。在我们这里的树上长满了翠绿的嫩叶的时侯,它们才飞来。

15.春天。丁香花谢的时候,夏天就开始了。

16.蚂蚁在蚂蚁洞里的生活很忙碌;啄木鸟啄树像铁匠打铁;夜里,星星在树林的上空闪耀,像点了蜡烛似的。

17.白桦树。走路的人砍下它的树枝做手杖;赶车的人用它做鞭柄;乡村里,给病人喝白桦树液。

18.喜鹊。

19.蜘蛛网。

20.雨。雨落在草里,从草里流出小溪。

21.雨。

22.狼。

23.山羊。

24.河、岸、岸边的矮树丛。

SENLIN BAO
2

森林报·2

[苏]维·比安基/著　智慧轩文化/编

天津出版传媒集团
天津人民美术出版社

前 言

《森林报》是一部森林百科全书，充满诗情画意和童心童趣。

此书在时间上跨越春、夏、秋、冬四季，以报刊形式报道森林，一月一期，共12期。在空间上，以列宁格勒地区的森林为中心，辐射到城市、乡村，直至全苏联、全世界。

书中描写了植物、动物、人类的广阔的生活图景：他们的生活，或平淡，或惊险，或荒诞，引人入胜；他们的生和死、喜和忧、爱和恨，发人深省。

目录

3 辛勤筑巢月（夏季第一月）

4 雏鸟出世月（夏季第二月）

6 结队飞行月（夏季第三月）

森林报

夏季第一月

6月21日至7月20日

辛勤筑巢月——太阳进入巨蟹宫

一年——分十二个月谱写的太阳诗章

6月——蔷薇开花了，候鸟们搬完了家，夏天开始了。现在是一年中白昼最长的时节，在遥远的北方，太阳24小时都待在天上，黑夜已经没有了。在潮湿的草地上，花儿越来越灿烂，已经把草地染成了金黄的海洋。

在这期间，人们在太阳还未落下的黎明时分，采集药草的草、茎和根，以备在突然患病的时候，把储存在它们身体里的太阳的生命力，转移到自己身上来。

一年之中白昼最长的一天——6月22日——夏至过去了。

从这一天起，白昼的时间开始缓慢地缩短了，速度跟春天光明增加的速度一样慢，不过还是显得挺快！于是人们说："夏天已经从篱笆缝里露出来了……"

所有的飞禽都筑成了自己的窝，窝里有了五颜六色的蛋。孱弱的小生命已经从薄薄的蛋壳下透出来了。

各种各样的房子

马上要孵小鸟了，森林里的居民都为自己造好了房子。

《森林报》的通讯员决定去了解一下：那些飞禽走兽、鱼、虫都住在哪里？它们的生活过得怎么样？

好房子

整个森林里，现在住满了动物，完全没有空出来的地方。地面上、地底下、水底下、树枝上、树干中、草丛里、半空中，全都住满了。

黄鹂的房子盖在半空中。它们用大麻、草茎和毛发，编成了一间轻巧的房子，把它像小篮子一样挂在白桦树上。黄鹂的蛋就装在这个小篮子里。说来也真奇怪，风摇动树枝的时候，蛋却不会被打破哩！

盖在草丛里的，有百灵、林鹨、鹀和许多别的鸟的房子。篱莺的窠是用干草和干苔搭成的，上面有个棚顶，门开在侧面，这是我们通讯员最喜欢的。

鼯鼠（松鼠的一种，脚趾间有一层薄膜连接着）、木蠹曲、小蠹虫、啄木鸟、山雀、椋鸟、猫头鹰和许多别的鸟，它们的房子在树洞里。

把住宅盖在地底下的，有鼹鼠、田鼠、獾、灰沙燕、翠鸟和各色各样的

虫儿。

黑水鸡是一种潜鸟。它用沼泽里的草、芦苇和水藻堆成的窠浮在水面上。黑水鸡就住在这只浮窠里，像乘着小船儿一样，在湖面漂来漂去。

河榧子和银色水蜘蛛都在水底下造了小小的房子。

谁的房子最好

我们的通讯员想看看哪所房子最好。但是，这好像并不是一件容易的事情。

雕的窠最大，用粗树枝搭成，架在又大又粗的松树上。

黄脑袋戴菊鸟的窠最小，整个窠只有小拳头那么大。因为它们自己的身体本身就比较小，比蜻蜓还要小！

田鼠的房子盖得最巧妙，有许多出口、入口。不管你费多大的劲儿，也休想在它的洞里捉住它。

卷叶象鼻虫的房子最精致。卷叶象鼻虫是一种有长吻的甲虫。它把白桦树叶的叶脉咬去，等叶子开始枯黄的时候，把叶子卷成筒儿，用唾液粘上。雌卷叶象鼻虫就在这圆筒形的小房子里产卵。

戴领带的勾嘴鹬和夜游神欧夜莺的窠最简单。勾嘴鹬直接把它的四个蛋下在小河边的沙滩上，欧夜莺则把蛋下在树底下枯枝堆里的小坑洼里。这两种鸟，都没怎么费心去建造房子。

反舌鸟的小房子最漂亮。小小的、用苔藓和轻巧的桦树皮装饰的窠被搭在白桦树上。它在花园里捡到的彩纸，也被它用来编窠了。

长尾巴山雀的小窠最舒服。这种山雀还有个名字叫作汤勺儿，因为它的身子很像一只舀汤用的长柄勺儿。它的窠，里层是用绒毛、羽毛和兽毛编的，外层糊着苔藓。整个窠是圆的，像个小南瓜，在窠顶有个小圆门。

河榧子幼虫的小房子最轻便。

河榧子是有翅膀的昆虫。它们停下来的时候，把翅膀收拢，盖在脊背上，恰好盖住全身。但是河榧子的幼虫没有翅膀，全身光光的，暴露在外面。它们住在小河和小溪的底部。

河榧子的幼虫会找到一根和自己身体差不多长短的细枝或者芦苇，把泥沙做成圆筒的形状粘在上面。这就成了它的小窝。

多方便呀！全身藏在小圆筒里，安安静静地睡上一觉，谁都不会发现它。如果想挪动地方，只要伸出前脚，背起小房子在河底爬一会儿，就会到达想去的地方。

有一只河榧子的幼虫，找到一根落在河底的香烟嘴儿，钻了进去，随后带着它到处旅行。

银色水蜘蛛的房子最奇怪。它住在水底，在水草间织上一张蜘蛛网，再用毛茸茸的肚皮，从水面上带来一些气泡，放在蜘蛛网下。这种有空气的小房子就成了它们的家。

还有谁有房子

鱼窠和野鼠窠也被我们《森林报》的通讯员找到了。

棘鱼会建造地地道道的窠。造窠的工作由雄棘鱼来做。它们选择一些分量重的草茎，衔到河里去，因为很重，所以不会漂浮。然后用这些草茎造墙壁和天花板，并用唾液把它们粘得牢牢的。最后用苔藓塞住一个个小窟窿，在窠的墙上开两扇门。

小老鼠的窠和鸟窠一样，是用草叶和撕得细细的草茎编成的。它的窠架在圆柏树的树枝上，离地大约有两米高。

建造房子的材料

林间的房子，建造的材料也各不相同。

歌唱家鸫鸟的窠是圆形的，里面涂上了烂木屑，像一层石灰抹在墙壁上。

燕子们的窠是用泥巴堆砌的，它们用唾沫把泥巴粘得牢牢的。

黑头莺的窠是用细树枝搭建的，它们衔来黏黏的蜘蛛网，把那些树枝粘上。

䴓是一种小鸟，它们常常在笔直的树干上跑上跑下。它们住在洞口很大的树洞里。为了防止松鼠闯进去，它们用胶泥把洞口封起来，只留一个小洞，方便自己进出。

翠鸟的毛绿中带蓝，身上还有咖啡色的斑纹，非常美丽，它们造的窠也非常有趣。它们会在河边挖一个很深的洞，在洞中铺上一层细鱼刺，当作床垫。

借住别人的房子

有的动物不会建造房子，或者懒得建造房子，它们就会借住别人的房子。

杜鹃会把蛋下在鹡鸰、知更鸟、黑头莺或者其他鸟的窠里。

黑勾嘴鹬在树林里找到一个旧乌鸦窠，就当成了自己的房子，在里面孵起了小黑勾嘴鹬。

船砢鱼偏爱没有虾的虾洞，这些小洞在水底的沙岸壁上，船砢鱼就在这些洞里产卵。

麻雀在屋檐下造了个房子，可是被男孩子们捣毁了。后来，它就在树洞里做窝，然而它下的蛋又被伶鼬偷走了，于是麻雀就把窝安在了雕的巢穴里。终于，麻雀可以过上安稳的日子了。雕不会理会它们这些小鸟，而伶鼬、猫、老鹰，甚至是男孩子们，也不敢去破坏它们的窝了，毕竟大雕谁都害怕！

森林公寓

森林里也有大家一起居住的公寓哦！

蜜蜂、黄蜂、丸花蜂、蚂蚁的房子，就是一个大公寓，往往能住下成千上万的房客。

秃鼻乌鸦占领了果木园和小树林，它们将许多窠搭在一起，聚集成了自己的移民区；鸥则占据了沙滩、岛屿和沼泽；而灰沙燕把陡峭的河岸凿出了无数个小洞，在筛子似的河岸上定居。

房子里的东西

鸟儿们的房子里都有什么呢？每种鸟的蛋都不一样。

鸟儿们的蛋不一样,并不是巧合,而是有原因的。

勾嘴鹬的蛋上有很多大大小小的斑点,歪脖鸟的蛋白中带点粉色。

因为歪脖鸟的蛋下在黑暗的树洞里,别人看不见,而勾嘴鹬的蛋直接下在了草墩上,完全暴露着,如果它们是白色的,就很容易被人看到,所以它们的颜色和草一样,有时候你看不见,很可能就一脚踩上去了。

野鸭的蛋也是白色的,但是它们的巢穴在草墩上,而且没有遮掩的东西,所以野鸭在离开巢穴的时候,就留下一点自己肚子上的绒毛,把蛋盖好,以防止被别人发现。

为什么勾嘴鹬的蛋有一头是尖的?为什么兀鹰的蛋是圆的?

这些其实都是有原因的:勾嘴鹬身体很小,只有兀鹰的五分之一大,而它的蛋却很大,如果它的蛋有一头是尖的,那么放起来就很方便了。小小的那头相对着,紧靠在一起,就不会占用很大的地方,否则,它小小的身体就没法孵化那么大的蛋了。

那么,为什么勾嘴鹬身体小,蛋却和兀鹰一样大呢?

这个问题,等到小鸟钻出蛋壳的时候,我们在下一期《森林报》上来解答吧。

狐狸撵獾

狐狸家出了大事！狐狸洞中的天花板塌了,险些把小狐狸压死了。

狐狸见状,忙呼不好！于是决定搬家。

狐狸来到了獾的家里。獾的洞穴非常出色，是它自己挖的。东西各有一个出入口,横竖各有一条分岔路,这些都是为了防备敌人出其不意袭击时逃生用的。

獾的洞穴很大,可以住下两家子。

狐狸请求獾分出一间屋子给它住，獾拒绝了狐狸的请求。因为獾非常爱干净,哪儿脏一点它都不干,所以它不能让一个有孩子的狐狸住进来。

獾把狐狸撵出去了。

“哼！獾居然敢这样对我，等着瞧吧！”狐狸心里想道。

狐狸假装走了,其实它躲在灌木丛后面，等待着时

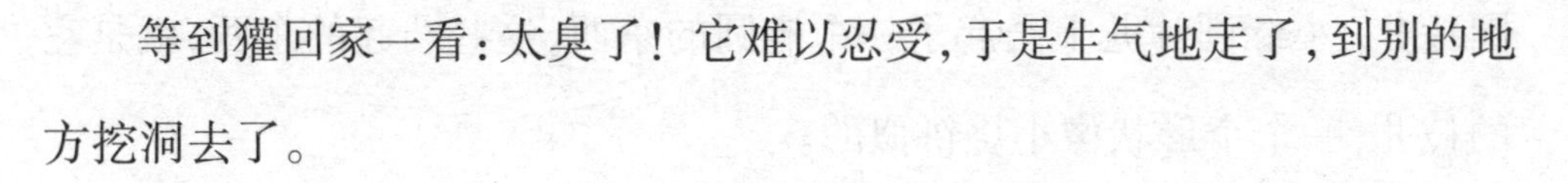

机。

獾从洞里探出头来，看到狐狸走了，就到树林里找蜗牛吃去了。

狐狸一下子跑进了獾的洞穴里，在地上拉了一堆屎，把屋子里弄得臭气熏天，然后溜走了。

等到獾回家一看：太臭了！它难以忍受，于是生气地走了，到别的地方挖洞去了。

狐狸求之不得，于是把小狐狸都叼了过来，在这个獾洞里住了下来。

有趣的浮萍

如果有人问：陆地上最自由的植物是什么？

很多小孩子脑海里浮现出的答案一定是：蒲公英。只要有风，白色绒球上的蒲公英种子就会随风飞到任何地方，飞到哪里，就在哪里扎根；飞到哪里，哪里就是它的家。

那么，水上最自由的植物又是什么呢？

当然是浮萍了。这种生活在池塘里、小河中的植物，像蒲公英一样，能够到处旅行。不同的是，蒲公英的交通工具是风，浮萍靠的是水，它会随着流水四处游荡，流到哪里就在哪里短暂停留，之后再重新上路，不受束缚。

池塘里长满了浮萍。有些人管那叫苔草。其实苔草不是浮萍。浮萍是一种很有趣的植物，和其他植物不一样。它有着细小的根和浮在水面上的小绿圆片儿。小绿圆片儿上凸起了一个椭圆的东西，这些凸起的东西，就是它的枝儿，一个个形状像小烧饼似的。

浮萍是没有叶子的，偶尔会开几朵花，不是很常见。因为浮萍用不着开花。它繁殖起来非常快捷和简单，只要从它的茎上脱落下来一个小烧饼似的枝儿，就又长出了一棵新的浮萍。

浮萍自由自在地生活着，四海为家，快活极了，没有什么能够让它们停留在一个地方。当野鸭游过的时候，浮萍就挂在野鸭的脚蹼上，被带到另一个池塘去了。

神奇的花儿

绿色的草地上，开出了一种绛紫色的花儿——矢车菊。它总是让我想起伏牛花来。因为这两种花都非常神奇，都会变一套小小的戏法。

矢车菊的花，构造非常不简单。它是由许多小花排列组成的花序。它上面有许多蓬蓬松松、像犄角一样的漂亮小花，它们都不结果实，是无实花。

真正的花是当中许多绛紫色的细管子。这些细管子里有一根雌蕊和好几根会变戏法儿的雄蕊。只要轻轻地碰一碰绛紫色的细管子，细管子就往旁边一倒，从它的小孔里冒出一小撮儿花粉来。过一会儿，你要是再碰它一下，它又一倒，再冒出一撮儿花粉来。

这一套神奇的戏法儿可不是白演的，只要有昆虫向它索要花粉，它就会像这样给一点。昆虫们吃了也好，粘在身上也罢，只要稍微带上一点到另一朵矢车菊上面去，就大功告成了。

神出鬼没的夜间杀手

林中出现了一个神出鬼没的夜间杀手，闹得森林里的居民提心吊胆。每天晚上总有动物失踪。小鹿、琴鸡、松鸡、榛鸡、兔子、松鼠，一到晚上就吓得不行，仿佛要大难临头了。灌木丛中的鸟儿、树上的松鼠、地上的老鼠，统统不知道强盗会从哪儿闯过来。神出鬼没的夜间杀手总是在不经意间出现，有时候是从草丛里跳出来，有时候出现在树上，好像杀手不止一个，而是有一大群呢！

獐鹿一家子生活在森林里。一只雄獐鹿和一只雌獐鹿带着两只小獐鹿。几天前的一个夜晚，獐鹿一家在草地上吃草。雄獐鹿站在灌木丛旁放哨，雌獐鹿和小獐鹿们在空地上吃草。

忽然间，一个黑黑的东西“唰”的一下从灌木丛里蹿出来，一下子跳到了雄獐鹿的背上，雄獐鹿被扑倒了。雌獐鹿吓坏了，带着小獐鹿拼命地逃跑了。第二天早晨，雌獐鹿回到草地，发现雄獐鹿只剩下了犄角和蹄子，身体都被吃光了！

驼鹿也在昨天夜里遇到危险了。当它穿过茂密的树林时，看见一棵树上好像挂着一个奇怪的大瘤子。驼鹿在森林里谁都不怕，因为它有一对大犄角，连熊都不敢攻击它。

于是它走到那棵树下，刚要将树上的东西看个清楚，结果，一个可怕的、非常重的东西一下子压住了它的脖子。驼鹿被吓了一大跳。它赶紧猛晃脑袋，才把杀手甩了下去，然后头也不回地跑掉了。

驼鹿最终也没有搞清楚夜里袭击它的究竟是谁。这个森林里是没有狼的，就算是有，也不会上树呀！熊也不会是，那么，这个从树上跳下来的杀手到底是谁呢？

目前，还没有答案。

欧夜莺的蛋

我们的通讯员在森林里发现了一个欧夜莺的窠。窠里有两个蛋，通

讯员走过去的时候，雌欧夜莺从蛋上飞走了。

通讯员并没有动它们的窠，只是把这个窠所在的地点清清楚楚地记了下来。过了一个小时，他们又回到那里去看这个窠，窠里的蛋已经不见了，那么，蛋去哪儿了？这成了谜。

过了两天通讯员才搞明白，原来是欧夜莺把蛋衔到别处去了，它担心人们会再回来伤害它的孩子。

尽职的雄棘鱼

前面我们已经介绍过雄棘鱼的窠。

一旦窠造好之后，雄棘鱼就会挑选一个雌棘鱼带回家。棘鱼太太从一边的门进去产下鱼子，就立刻离开了。于是雄棘鱼只好去找第二任妻子，可是第二任、第三任，甚至第四任妻子，在产下鱼子之后，统统都离开了。雄棘鱼只能独自一人照看自己的孩子们。

河里有许多爱吃新鲜鱼子的其他鱼类，雄棘鱼虽然个子小，却也尽职地保护着自己的窠，不让那些凶残的鱼来吃掉自己的孩子。

前不久，贪吃的鲈鱼闯了进来，雄棘鱼勇敢地冲上去跟鲈鱼搏斗。

棘鱼身上有五根刺，脊背上三根，肚子上两根。战斗时，它就把五根刺都竖起来。它对准鲈鱼的鳃，狠狠地戳去，鲈鱼吓得逃跑了。

原来，鲈鱼虽然身披鳞甲，鳃部却没有保护的东西，所以小个子雄棘鱼就这样保护了自己的孩子们。

杀手被识破了

这天晚上，森林里又出了件谋杀案，被害者是松鼠。我们勘察了一下出事地点，根据凶手在树干上和树底下留下的脚印，终于知道了这个神出鬼没的杀手是谁了。

看到了脚印我们才明白，这个凶手就是北方森林里的“豹子”，也就是非常残暴的林中大猫——猞猁。前不久吃掉獐鹿的是它，令整个森林人心惶惶的也是它。

小猞猁已经长大了。猞猁妈妈带着它们在森林里乱窜，在一棵棵树上爬来爬去，夜里它们的眼睛看得跟白天一样清楚，谁要是在睡觉以前没躲好，那可要遭殃了。

六只脚的鼹鼠

我们的一位森林通讯员从加里宁州发来这样一份报道：

“为了练习爬树，我往地里竖立了一根杆子。在挖土的时候，我挖出了一只小野兽。不知道是什么兽。它的前掌有脚爪；背上有两片薄膜，像翅膀一样；身上长着棕黄色的细毛，像是又短又密的兽毛。这只小兽身长有五厘米，有点儿像黄蜂，又有点儿像田鼠，可是它有六只脚。从这个特点来判断，它该是一种昆虫。”

编辑部的说明

这种与众不同的昆虫，就是蝼蛄。在俄罗斯的南部地区比较多，很少出现在加里宁州。

它的确有点儿像小兽，而且它们有一个走兽般的外号，叫作“赛鼹鼠”。它跟鼹鼠非常相像，前爪很宽，是掘土的好手。不过，蝼蛄的前脚还有个特点，就是长得跟剪刀似的。蝼蛄生活在泥土里，一般在夜晚活动，白天除非温度适宜它才会出来溜达。那天，一定是那个挖坑的人破坏了它的洞穴，打扰了它的睡眠，它不得已才出现了。它在地底下来来往往，就用这一双前脚剪断植物的根。由于蝼蛄会在土壤里挖掘长长的隧道，所以一些植物的幼根遭到了严重的破坏，根茎无法吸收水分和养料，植物很快就会枯萎、死亡。鼹鼠个儿大力气大，这种根，它用强有力的爪子一抓就抓断了，要不然也可以用它那锐利的牙齿咬断。

蝼蛄的两腭上，长着一副锯齿状的薄片，好像牙齿一样。

蝼蛄的一生大半是在地下度过。它跟鼹鼠一样在地下挖通道，在里面产卵，然后在上面堆个小土堆，好像鼹鼠的窝一样。此外，蝼蛄还有两扇软软的大扇子。它飞得特别好，在这方面鼹鼠可赶不上它。

在加里宁州，蝼蛄不多见；在列宁格勒州更少，可是在南方各州，蝼蛄很多。

谁要是想找到这种独特的昆虫，就在潮湿的土里找吧！最好是在水边、果木园里和菜园里找。可以用这个方法捉到它：选定一块地方，每天晚上往那块地方浇水，用木屑把那块地方盖起来，半夜里，蝼蛄自然会钻到木屑下的稀泥里来。

刺猬救人

玛莎一大早就醒来了，急急忙忙地穿上衣服，鞋都没穿就跑到树林里去了。树林里的小山岗上有许多草莓果，玛莎飞快地采了一篮子。在回家的路上，玛莎一路上蹦蹦跳跳，露水沾湿了的草墩是冰凉的，玛莎跳了上去。跳着跳着，一不小心，玛莎脚底一滑，脚好像被什么东西戳得流血了。玛莎痛得大叫起来。

原来，刚好有一只刺猬蹲在草墩下，它的身子缩成一团，小声地叫着。

玛莎哭着坐到了旁边的草墩上，用衣服擦着脚上的血。这时刺猬不叫了。

忽然，一条背上有锯齿状黑条纹的大灰蛇朝着玛莎爬了过来。这是条有毒的蝰蛇！玛莎吓得身体都软了，蝰蛇咝咝地吐着芯子，越爬越近。

就在这时，草墩下的刺猬忽然挺直身子，小腿儿飞奔着向蝰

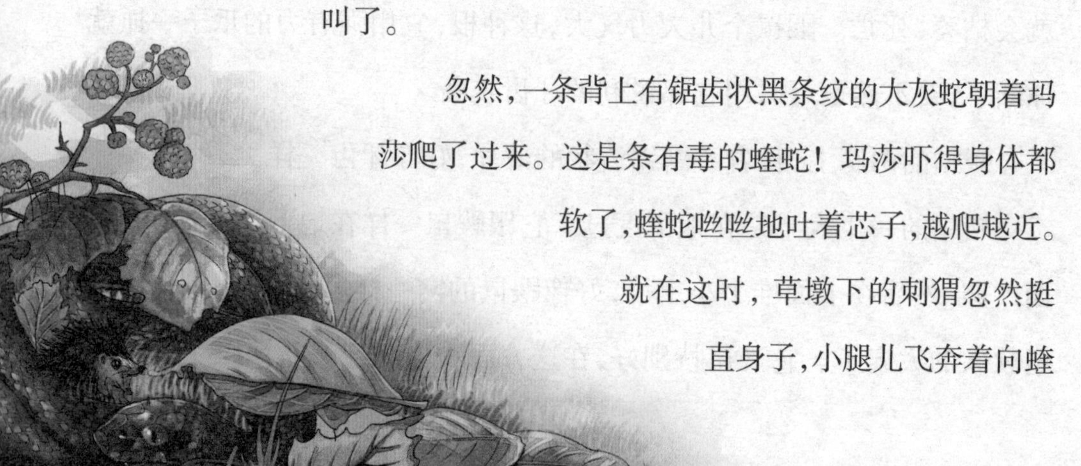

蛇跑去。蝰蛇抬起整个上半身,像根鞭子似的抽过来。

可是刺猬也够敏捷的,它连忙竖起身上的刺迎过去,蝰蛇打到了锋利的刺上,痛得咝咝狂叫,然后转身想逃跑。刺猬可不会这么容易放过它,一下子就从蝰蛇身后扑上去,咬住了它的脑袋,用爪子拍打它的背部。

玛莎这才反应过来,连忙跳起来跑回了家。

回家后,玛莎过了好久才缓过神来。想到那只伤了自己又救了自己的刺猬,玛莎的心情有点儿复杂,但她很想知道谁是"刺猬VS蝰蛇"大战的最后赢家。

蜥　蜴

在树林里的一个树桩旁边,我看见了一只小蜥蜴并把它带回了家。我找到一只大玻璃罐,在里面垫上沙子和小石子,把蜥蜴养在了里面。每天,我都要给它换水、换草,并且给它喂食一些苍蝇、甲虫、蜗牛什么的小动物。蜥蜴每次吃得都很开心。它尤其钟爱那种生长在甘蓝丛里的白蛾子。它的脑袋一转,就能准确地朝白蛾子张开嘴,吐出带着小叉子的舌头,然后一跳,将白蛾子吞进肚子里,活像狗扑向骨头似的。

一天早上,我在罐子里的沙土里,居然发现了十来个长长的、圆圆的、白色的蛋,蛋壳又软又薄。蜥蜴找了个能晒到太阳的角落,开始孵蛋。过了一个多月,蛋壳破了,十几只小小的蜥蜴从里面钻出来,长得和它们的妈妈一模一样。

现在,蜥蜴一家子,正趴在石头上舒舒服服地晒太阳呢!

摘自少年自然科学家的日记

燕子窝

6月25日。一天又一天，我看着一对燕子每天辛辛苦苦地衔来泥巴做窝。窝一点点大了起来。每天一大早，燕子夫妇就开始忙碌起来了，中午休息两三个小时，就又开始修补房屋，一直忙到日落。

有的时候，其他燕子也会飞来拜访它们。如果猫不在家，燕子们就会在房梁上停留一会儿，叽叽喳喳地聊上一会儿。刚住下的燕子，主人才不会赶它们走呢。

现在的窝已经像上弦月一样了，就是月亮由圆到缺、两头尖尖的样子。

我知道为什么燕子窝会做成这种两边不均匀的样子。因为窝是由雄燕子和雌燕子一起做出来的，但是它俩的干劲儿不太一样。雌燕子干活仔细，而且衔泥的次数也比雄燕子多很多，所以它负责的左半边窝，就比右边要大。雄燕子常常飞出去后很久都不回来，可能去和别的燕子玩耍了。它回到窝里的时候，头是朝着右边的，因为它偷懒，所以右边的半个窝，就比左边的短一块。所以，燕子窝的两边不大均匀。

雄燕子这么懒，也不知道害羞！按理说，它的力气应该比雌燕子大呀！

6月28日。燕子停止了衔泥，它们开始衔来干草和绒毛当成垫子铺在窝里。令人意想不到的是，燕子们把全部的建筑工程都考虑周到了。其实，本来就应该让窝的两边不一样长。雌燕子把窝的左边堆到了顶部，雄燕子负责的右半边则故意留出一个缺口，这就成了它们家的大门！要不然，燕子怎么进去呢。看来，我当初责怪雄燕子，是冤枉它了。

今天晚上，雌燕子第一次留在新家过夜。

6月30日。窝做好了，雌燕子一直待在里面不出去。可能是它的第一个蛋已经产下了。雄燕子不时给雌燕子衔回一些小虫子，还经常“啾啾啾”地唱起歌，欢喜得不得了。

那一群燕子又来了，是来恭喜它们的。一只一只地从窝旁边飞过，不停地向窝里张望，在窝前扑扇着翅膀。这时候，女主人将自己的头探出来，说不定它们要亲吻这个幸福的女主人呢！燕子们叽叽喳喳地闹了一会儿，就都飞走了。

猫儿常常爬到屋顶上去，从房梁上向下张望。它是不是也在焦急地等待着窝里的小燕子出世呢？

7月13日。都两个星期了，雌燕子待在窝里几乎没出来过。只是在中午最暖和的时候，它才出来飞一会儿。那时，娇嫩的蛋不会受凉。雌燕子在屋顶盘旋一小会儿，捉几只苍蝇吃，然后飞到池塘边，低低地掠过水面，用嘴吸一点儿水喝。喝饱了又回到窝里。

可是今天，雌燕子和雄燕子开始一起忙碌起来，从窝里飞进飞出的。有一次，我还看见雄燕子嘴里衔着一块白色的蛋壳，雌燕子嘴里衔着一只小虫。原来，小燕子已经孵出来了。

7月20日。天哪！不得了啦！猫儿爬上了屋顶，想去窝里掏小燕子呢！窝里的小燕子害怕极了，啾啾啾地直叫。

就在这关键的时刻，一大群燕子不知道从哪儿飞来了，它们大声叫着，飞到猫儿的身边，都快撞到猫儿的脸上了。猫儿伸出爪子去够这些燕子，结果一不小心扑了个空，扑通一声，从房梁上摔下去了。

没有摔死，也够它受的了。猫儿喵呜了两声，一瘸一拐地走了。

活该！谁让它吓唬小燕子呢！这下它再也不敢了！

小燕雀

我家的院子里，有好几棵大树，还有一些花花草草，它们都长得很茂盛。

一天，我在院子里由各种植物藤蔓交织成的天然凉亭下散步，细碎的阳光透过叶子的缝隙投射在地上，星星点点地闪烁着，有种梦幻的感觉。突然，一个淘气的家伙闯到了我的脚下，原来是只小燕雀。它的脑袋上有两撮绒毛，像犄角似的。它刚飞起来，又掉落在地上。

我捉住了它并且带回家中。我相信它的父母一定会焦急地四处寻找它。于是我把它放在开着洞的窗口。

过了不到一个小时，小燕雀的爸爸妈妈就飞来喂它了。

它就这样在我家里住了一天。晚上，我关上窗户，把小燕雀放到了笼子里。

早晨5点钟，我醒来的时候，看见小燕雀的妈妈蹲在窗户上，嘴里叼着一只苍蝇。我急忙打开窗户，然后躲在屋角暗暗观察。

过了一会儿，小燕雀的妈妈又飞来落在窗台上了。小燕雀叽叽啾啾地尖叫起来——要东西吃呢！这时候，燕雀妈妈才下决心飞进屋里来，蹦到笼子跟前，隔着笼子喂小燕雀。

后来，当它又飞去找食物的时候，我就把小燕雀从笼子里拿出来，放回到院子里去。

等我想起来再去看看小燕雀的时候，燕雀妈妈已经把小燕雀带走了。

金线虫

在江河、湖沼和池塘里，有一种神秘的生物——金线虫，普通的深水坑里也有。据说，如果人洗澡的时候，不小心让它钻到皮肤里去，它就会

在人的皮肤下窜来窜去，弄得人奇痒难耐。

金线虫像一根根棕红色的线，就像是用钳子钳断的一截截金属丝。它非常坚硬，把它放在石头上，用另外一块石头敲它一下，它也像没事一样，还不住地一会儿伸长，一会儿缩短，一会儿盘成个奇妙的团儿。

其实金线虫是一种没有脑袋的软体虫，对人类并没有害处。雌金线虫肚子里装满了卵。它们的卵在水里孵成，成为长着长吻和钩刺的幼虫。这些幼虫会依附在其他水生昆虫的幼虫身上，还要钻到人家身体里去。如果它们的“主人”被其他昆虫吃掉，它们自己也就被消化掉了。如果有幸能进到新“主人”的身体里去，它们就在那里长大，变成没有脑袋的软体虫。

用枪打蚊子

国立达尔文禁猎禁伐区的办公楼和宿舍，坐落在一个半岛上，周围是雷滨海。这是个刚出现的海，极其不一般的海——因为在不久以前，这里还是一片森林。海很浅，有些地方，还有树梢露在水面。这个海里的水是淡水，而且是温热的，所以养育了非常多的蚊子。

这些吸血的蚊子钻到科学家们的实验室、餐厅和卧室里去，以至于大家都无法正常地工作和休息了，饭也吃不下，觉也睡不好。

后来，到了晚上的时候，就会听到房间里有人放起霰弹枪的声音。

发生了什么？其实也没什么，枪是用来打蚊子的，当然子弹筒里装的不是子弹，不是霰弹。科学家们把少量普通打猎用的火药，装在带引信的弹壳里，堵上个结结实实的填弹塞，然后把弹壳里满满地装上杀虫粉，塞上，不叫它漏出来就行了。

就这样，只要一开枪，杀虫药粉就像很微细的灰尘似的，遍布整个建筑物，杀死所有的蚊子。

少年自然科学家的梦

一位少年自然科学家准备在他的班里做个报告，题目为《我们如何与森林和田园里的害虫做斗争》。他在用心地搜集着材料。

他在材料中读到了这样两段："为了用机械和化学方法跟甲虫做斗争，水泵的经费超过了 13700 万卢布。用手捉了 1301 万只甲虫。把这些甲虫装载进火车里，要装满 813 节车厢。""为了和昆虫作战，每一公顷土地上耗费了 20 到 25 人的工作日……"

看完这些，少年自然科学家头都晕了。一串串数字像蛇一样，拖着大尾巴在他眼前晃来晃去，他决定好好睡一觉。

噩梦折磨了他一夜。没完没了的甲虫、幼虫和青虫，从阴沉沉的森林里爬出来，飞也似的穿过田地，把田团团围住，要把田地给毁了。他用手掐死一些虫子，又拖了水龙带用农药水浇它们，可是虫子丝毫看不出减少，只见它们源源不断地涌过来。它们经过哪里，哪里就成为一片荒漠……少年自然科学家一下子被噩梦惊醒了。

到了早晨，发现事情并不是那么可怕。少年自然科学家在他的报告里建议，在爱鸟节那一天，大家要做好许许多多的椋鸟屋、山雀巢和树洞型鸟巢。小鸟捉甲虫、幼虫和青虫的本领，比人可大得多了，而且它们不拿工资，白干活！

请测验一下

据说，如果在无遮盖、周围有铁丝网的养禽场的上方，或者在没有顶的笼子上面，交叉着拉几根绳子，那么猫头鹰或雕，在扑向铁丝网或笼子里的飞禽以前，都一定会先落在绳子上歇歇脚。在猫头鹰看来，这绳子挺坚固，可是只要它一落到绳子上，就会来个倒栽葱，因为绳子太细了，而且拉得很松。

猛禽跌个倒栽葱以后，会头冲下一直挂到第二天早晨——在这种情况下，它们不敢飞，害怕摔死。等到天亮的时候，你就可以去把它们从绳子上取下来。

你可以测验一下，看看这件事是否属实。另外，如果没有绳子，可以用粗铁丝来代替。

钓鱼实验

还有这样一个故事：如果你想从哪个湖或者哪条河里钓鱼，就可以从那个湖或者河里捞出几条小鲈鱼来，养在鱼缸里。这样一来，你就随时可以知道，在那一天，你能不能在那个湖里或者河里钓到鱼。在你想要去钓鱼之前，先给鱼缸里的小鲈鱼喂一点儿东西吃。如果它们很快就过来抢食，那么说明湖里的鱼食欲很好，就可以去钓鱼了。如果鱼儿们不太想吃食物，那么说明气压有了变化，马上要变天气了，也许会有雷雨。

对天气的变化，鱼儿非常敏感，它们可以预测数小时后的天气。如果你想去钓鱼，可以试验一下。

天上的大象

天上来了一只大象，原来是乌云，黑压压的。它不时把长鼻子拖到地上。大象鼻子一触到地，地上就扬起一片尘埃。尘土慢慢积累，最后越卷越大，和天上的大象鼻子连到一起。最终，它们一起向前跑

去了。

“天上的大象”跑到一座小城市的上空，悬在那里不走了。忽然，从它身上洒下瓢泼大雨来，好大的雨呀！屋顶和人们撑在头上的伞都噼里啪啦地响了起来。结果，让雨伞响起来的，居然是蝌蚪、小蛤蟆和小鱼！它们掉在街上的水洼里，乱蹦乱跳。

原来，“天上的大象”似的乌云，在龙卷风的帮助下，从一座森林里的湖中吸起来大量的水，甚至把水里的蝌蚪、蛤蟆和小鱼也一起带起来了，然后又跑到了城里，丢下了这些携带物。

绿色的帮手

如果说大海是孕育生命的摇篮，那么森林也是。白桦树、松树、银杏树、杨树，各种各样绿色的树木，把森林连成了一片绿色的海洋，灰的藤、红的花、黄的果，像在大海中起起伏伏的小船，把蓬勃的生机和美丽的希望带到世间的每个角落。

如果把森林当成朋友，它就会回馈给我们适宜的气候、美丽的风景、甜美的果实，还会成为我们开疆拓土、延续生命的助手；反之，如果你像对待奴仆，甚至敌人那样对待它，那么森林就会毫不客气地反抗甚至进攻。

很久以前，森林非常大，好像漫无边际。

然而，森林里的人们没有善待森林，他们拼命地伐木、滥用土地。

森林被砍光之后，那地方就变成了沙漠和峡谷。

后来，农田的周围没有了森林的保护，大风从沙漠里呼啸而来，沙子把庄稼都掩盖了起来，最后这些庄稼都死掉了。

湖泊的岸边也因为没有了森林的保护，积水开始不断减少，最终干枯，变成了峡谷。

人们没有办法自己赶走大风、

沙子和峡谷，于是又请回绿色的帮手——森林。

没有遮阴的湖泊，周围种上树木，形成森林。森林就挺起自己魁梧的身躯，抵挡住太阳。

呼啸着、从沙漠里带来滚烫沙子的大风，也被建造起来的树林挡住了。树木们像铜墙铁壁一样，保护着农田。

当耕耘过的土地出现塌陷时，在那里种上树木，我们绿色的帮手就能用它那强有力的根，牢牢地抓住土地，将土壤稳稳地固定，防止它们流失。

这场和大风、沙漠还有峡谷的战争，仍然在继续着。

重建森林

季赫温斯基区的好几处森林，以前都被砍光了。现在，那些地方正在重建森林。在250公顷的土地上，种上了松树、云杉和西伯利亚阔叶松。有230公顷的土地，那里的森林被砍伐殆尽。现在，人们将那里的土地都翻松了，让那些砍剩下的树木的种子，落进泥土里，重新发芽生长。

有10公顷的土地，种上了西伯利亚阔叶松。这种树木长得特别粗壮，它们的繁殖，能够增加列宁格勒州里的建筑木材。

人们还开辟了一个林场，用来种植可以当作建筑木材的针叶树和阔叶树。人们还计划种植许多果树和橡胶树。

林木大作战

小白桦和草儿们，还有小白杨，最近都不好过，它们都快被云杉欺负死了。

现在，在人们采伐过的地方，云杉开始称霸了，已经没有树是它们的对手了。通讯员于是搬到了另外一块人们采伐过的空地去了。这片土地是前年伐木工人们待过的地方。

在那里，他们亲眼看见了霸占者——云杉在战争开始前的情景。

云杉的种子非常强大。不过它们也有两个弱点：

首先，它们在土里扎根虽然伸得非常远，却扎得不够深。秋天，在没有遮挡的采伐过的土地上，狂风开始呼啸，许多小云杉因为扎根不深，被狂风刮离了土地。

其次，云杉在幼年时期非常怕冷。小云杉树上刚发出的芽儿，全都被冻死了，有些树枝还没长得足够强壮，也被寒风刮断了。春天到来的时候，云杉侵占的土地上，几乎看不到小云杉了。

云杉不是每年都结种子的。虽然云杉很快就霸占了土地，

但是这个胜利却丝毫都不牢固。在很长时间内，云杉丧失了战斗力。

草儿们就在春天从土里钻出来，刚一出生就打起仗来。

这回，它们要和小白杨、小白桦打仗了。

随着小白杨和小白桦慢慢长高，草儿们被它们不费吹灰之力地抖落下去了。草紧密地包围着它们，反而对它们是有好处的。去年的、已经枯死的草，像一条厚厚的地毯覆盖着它们，腐烂后散发出热量。新发芽的小草，同样把刚发芽的小树苗掩盖起来，使它们免于被霜露冻死。

小白杨和小白桦都长得非常快，很快就把矮小的草儿们狠狠甩在了身后。草儿们很难看到阳光了。

当小树苗们长得够高时，就会立刻伸展枝叶，把草儿们都盖住了。白杨和白桦没有像云杉那样浓密的针叶，不过它们的叶子很宽，树荫非常大。

如果小树生得不是很密，长得很稀疏的话，草儿们倒还可以挺得住。然而，在整片土地上，小白杨和小白桦都是成群结队地长出来。它们战斗力十足，树枝都连接在一起，靠得非常近，简直形成了一个树荫帐篷。草儿们得不到阳光，就接连死去了。

于是，开战后的第二年，白杨和白桦取得了完全的胜利。通讯员们就搬到了第三块被采伐过的土地上去了。

在那里，他们能看到什么样的结果呢？下一期《森林报》告诉你答案。

祝你垂钓成功!

钓鱼是否成功和天气有很大的关系。夏天,刮风打雷的时候,鱼儿们都会游到避风的地方去。比如深坑、草丛之类的地方。如果一连几天天气都不好,那么鱼儿就会游到最僻静的地方去,变得无精打采的。就算给它们鱼食,它们也不想吃。

天气炎热的时候,鱼儿会游到凉快的地方去。比如专找那些有泉水从地下往外冒的,能把水弄凉快的地方。最热的时候,只有凉爽的清晨和热气退去的傍晚,鱼儿才肯上钩。

夏季干旱的时候,湖水的水位会降低,鱼儿们就会游到深坑里去。但是深坑里缺乏食物,所以只要钓鱼的人找到一个合适的地方,通常都能钓到不少鱼,特别是使用鱼饵垂钓。

最好的鱼饵,是麻油饼。把它放在锅里煎一下,然后捣烂,和麦粒、米粒、豆子和在一起,就能够使鱼饵散发出新鲜的麻油味道。鲫鱼、鲤鱼等很多鱼,都非常喜欢这种味道。如果每天用鱼饵喂养它们,等它们对一个地方习惯之后,其他的鱼,比如鲈鱼、梭鱼等食肉鱼,也会跟着它们游到这里来。

阵雨或雷雨,会让水变得凉一些,这

就大大地引起了鱼儿们的食欲。雾散了以后，天气晴朗的时候，鱼也很容易上钩。

通过晴雨表、鱼上钩的情况、云彩和露水等来预测天气的变化，是谁都能学会的简单事情。看到鲜明的紫红色霞光，说明空气中水分含量多，有可能会下雨；看到淡金色的霞光，则说明天气很干燥，会比较晴朗。

除了用普通钓鱼竿钓鱼之外，还可以乘着小船一边划一边钓鱼。事先准备好一根结实的绳子，外加一条假鱼就够了。一个人划船，一个人拉绳子。把假鱼拖在水底或者水中走。食肉型鱼类会以为假鱼是真鱼，然后扑上去一口吞下。这时绳子被扯动了，捉鱼的人就会慢慢把绳子往自己身边拉，这样捉到的鱼，通常是比较大的。

需要注意的是，划船时要慢一些，以防划桨的声音把鱼儿吓跑。

捉 虾

5－8月都是捉虾的好时节，前提是你要很了解虾的习性。

小虾是通过虾子孵化出来的。虾子在产下来以前，怀在雌虾的尾部。一只雌虾能够有一百粒虾子，虾子会在雌虾身上度过冬天。夏天刚来的时候，虾子就会裂开，孵化出蚂蚁大小的小虾来。古时候，一般认为只有最聪明的人，才知道虾在哪里过冬。现在呢，谁都知道虾是在河岸上的小洞穴里过冬的。

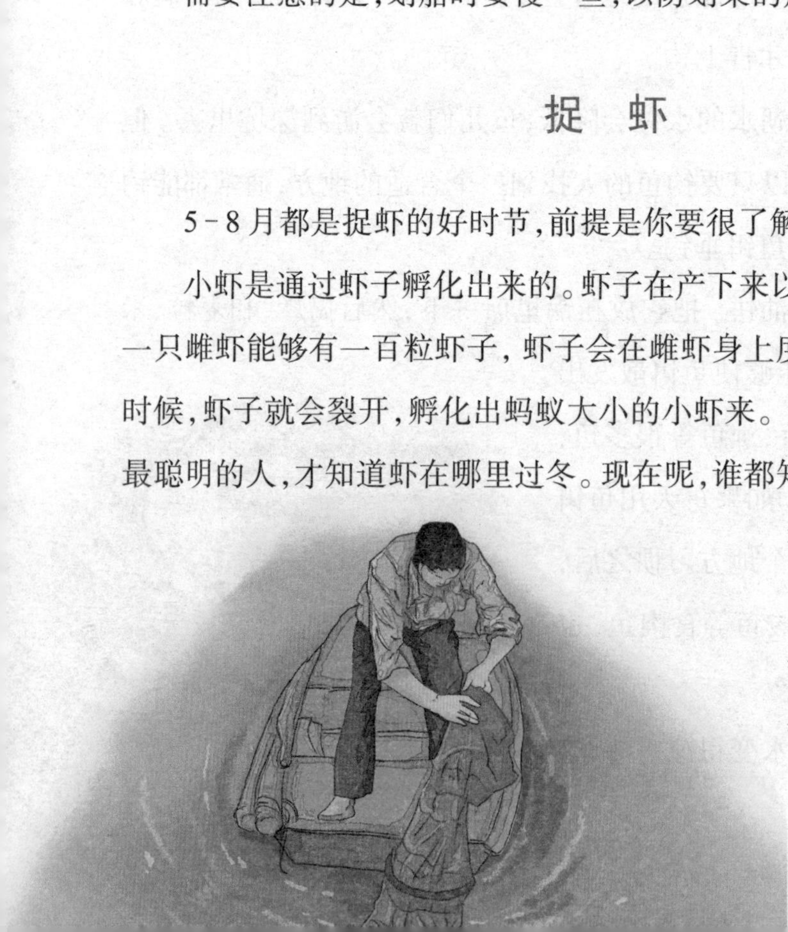

虾在出生的第一年，需要换8次壳。成年后，也要一年换一次。

在脱掉旧的壳之后，虾就会躲在洞里，直到身上的壳长硬了才会出来。不然，很容易被其他鱼类吃掉。

虾是夜猫子，它们白天躲在洞里，晚上才会出来。不过，要是它们感觉有猎物出现，即使是白天，也要从洞里蹿出来捕食。我们常常能看到的从水底里冒出来的一串一串的气泡，就是虾呼出来的气。水中的小鱼、小虫，都是虾的食物。不过，虾最喜欢的，还是腐肉。即使是在水底，虾也能隔着老远就闻到腐肉的味道。

捉虾的人就用小块的臭肉、死鱼、死蛤蟆之类的腐肉，来诱捕虾。趁着晚上虾从洞里出来的时候，将它捉住。

把虾饵系在虾网上。用细绳子把虾网系在竹竿的一端。人站在岸上，等着虾进网。一旦虾进入网中，就很难逃脱出去了。

当一串串气泡接二连三地从水里冒出来时，就要打起精神了！那是馋嘴的小龙虾出洞了，它们正在呼吸。再过一段时间，拎着竹竿把虾网提起来，就能看到被网住的小龙虾了。

还有一些比较难的捉虾的方法。最简单的就是在水浅的地方找到虾洞，然后伸手进去把虾抓出来。有时候会被虾夹住手指头呢！不过这一点儿都不可怕。更何况这个方法，可不是提给胆小鬼们的。

如果你随身带着一口小锅，还有葱、姜和盐，那么你就可以立即在岸边煮开一锅水，然后把虾煮来吃。

在温暖的夏天的夜晚，望着满天星辰，对着篝火，吃上一口新鲜的虾，可真是美极了！

农庄里的故事

黑麦已经开花了，而且长得比人还高了。一只山鸡在田里散步，悠闲得就像是在树林里似的。雄山鸡还带着它的妻子——雌山鸡。它们的孩子跟在身后，像一个一个的小黄球，滚来滚去。小山鸡们已经从窝里跑出来啦！小山鸡边走边跌跤。这一幅农家田园风光画，真是既美丽又温馨。

农庄里的工人们正在割草。有的地方用割草机割，牧草一排排地倒下，整齐地排列起来。菜园的畦垄上，草长得稍微高一些。

这片神奇的土地，孕育着丰富多彩的植物。如今，它们把自己的果实捧过头顶，这是给无私的造物主的忠诚献礼：饱满的草莓爬满了向阳的山坡，红的果、绿的叶、黑的籽，让人忍不住流口水了；长在沼泽里的桑叶悬钩子从白色变成了红色，由红色变成了金黄色，终于成熟了，它们沉甸甸地挂在枝头，绽放出灿烂的笑容；还有森林里的黑莓、覆盆子，都在向着村庄里的孩子招手。

孩子们是经不住浆果的诱惑的，都去采果子去了。

孩子们还想多采一些，可是家里的活儿忙都忙不过来，还得去给菜园子浇水。

农庄资讯

牧草诉苦

农庄里的牧草正在诉苦："农庄的工人欺负我们！我们刚准备开花，小花已经从穗里出来了。结果农庄的工人挥舞着镰刀，开着隆隆作响的割草机，把我们全都齐根割下来了！"

森林通讯员把这件事分析了一下：原来，农庄的工人们需要提前把牧草割下来，给牲口储备好够吃一个冬天的干草，所以他们把牧草割下来晒干了。通讯员们已经确定：人们有充足的理由做这件事情，这件事并没有错。

神奇之水

科学家们研制出了一种神奇之水，它好像拥有先进的雷达探测系统，能够分辨出野草和庄稼。一旦它们被洒到杂草上，杂草很快就死了。

可是这种神奇之水，要是被喷到谷物上，那可真是太好了。谷物们非但不会死，还会活得更加精神。

太阳的牺牲品

炙热的阳光是杀菌消毒的最好药剂，所以“晒太阳”也成了强身健体的好方式。但是，如果在6月正午的太阳下暴晒，这可不是明智的选择。

农庄里，两只小猪在外面玩耍的时候，被日光晒伤了。脊背上起了水泡。农庄工人马上请来了兽医给小猪看病。后来，凡是很炎热的时候，小猪都不允许出门了，即便是和猪妈妈在一起。

失踪的客人

农庄里新来了两位避暑的女客人，然而在不久前的一天，她们忽然失踪了。大家一齐出动，找了好半天，才在离农庄三公里远的干草垛上找到了她们。

原来她们迷路了。早上，她们准备去河里洗澡，记住了自己是从淡蓝色亚麻田里走过去的。中午，她们回家的时候，却怎么都找不到淡蓝色的亚麻田了，就这样，她们迷路了。

这两位客人不知道的是，亚麻在早上开花，到了中午就凋谢，这时候，亚麻田就从淡蓝色变回绿色了，所以，任她们怎么找，也是找不到的。

母鸡疗养地

今天早晨，农庄里的母鸡们动身到疗养地去了。它们这次可是乘汽车去的，当然它们还是待在笼子里。

母鸡的疗养地是在收割过的田地里。原来，麦田收割之后，地上洒落着很多麦粒，农民们没有时间和精力把它们一粒一粒捡起来，又觉得浪费了实在太可惜。为了不浪费这些麦粒，农庄庄员们就把母鸡送来吃麦子。这里成了一个临时的母鸡村。

等母鸡们把这里的麦子都吃完了，就又送它们到另一块地里去。

绵羊妈妈的担忧

绵羊妈妈们非常着急，因为小羊们都长得越来越壮实了。孩子长大了，绵羊妈妈本应该高兴才对，为什么会发愁呢?因为小羊们要被人领走了，不过总不能让三四个月大的，已经成年的小羊还跟在妈妈身边呀！应该让它们习惯过独立的生活。以后，小羊们就单独去吃草了。

浆果旅行

夏天是个突飞猛进的季节，一切生命都在紧锣密鼓地生长；夏天还是个成熟的季节，一场大雨过后，果香就溢满了山野。树林里的浆果踩着6月的尾巴成熟了，红的是树莓，灯笼一样的是醋栗，它们都挂在枝头，得意地笑着。被农庄庄员采摘下来后，它们就将动身从农庄到城里去了。

醋栗不怕路远，它叫着："带我去，我还没熟透呢！到时候我刚好熟透。"

茶果也说："包装得好一些，我能走到目的地。"

然而树莓就没那么幸运了，它叹了口气，说道："还是别带我去了，一直不停地颠簸，会把我颠成果酱的！"

鱼的餐厅

在农庄的池塘里，挂着几块牌子，上面写着"鱼的餐厅"。在这个水底餐厅，没有椅子，只有一张大桌子。

每天早晨，厨房里的人就乘着小船来池塘里喂食了。马铃薯、团子、小金虫等，还有好多好吃的呢。

鱼的餐厅里最大的缺点就是：毫无秩序，只要食物一

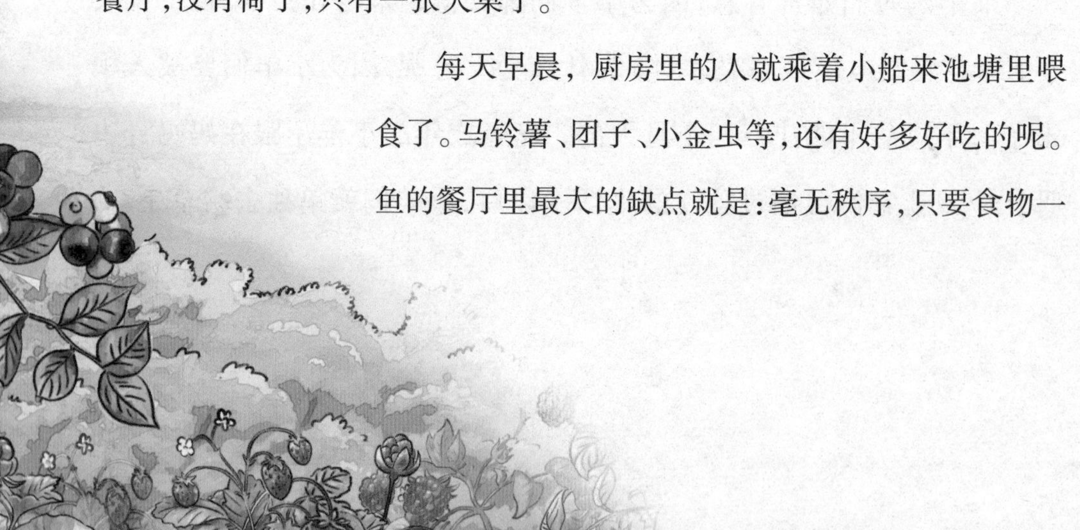

投下去，鱼儿们就像开了锅，统统冲上去抢夺食物，场面非常混乱。

没办法，毕竟至少有400条鱼儿在这里进食呢！

一个少年自然科学家讲的故事

我们的集体农庄在一片小橡树林旁，以前不大有杜鹃飞到这片树林里来。顶多叫个一两声就不见踪影了。可是今年夏天，我却常常能听到杜鹃的叫声。天气炎热的时候，人们会把牲畜赶到附近的橡树林里乘凉。但这天，突然发生了一件惊险的事情。一天中午，有个牧童跑回来叫道："牛疯啦！"

当我们赶到树林里的时候，牛正在乱跑乱叫，还用尾巴抽自己的背。有的甚至还往树上撞。可真吓人！

人们赶紧把牛群赶到别处去了，到底发生了什么呢？

原来这一切都是因为毛毛虫。一条条咖啡色的大毛虫把橡树叶子都啃光了，它们的毛脱落下来，被风吹得到处都是，迷到了牛的眼睛。

杜鹃们都来了，我这辈子从来没见过这么多的杜鹃！除了杜鹃之外，还有金色带黑条纹的美丽的黄鹂和翅膀上有淡蓝色条纹的樱桃红色松鸦，周围的鸟都飞到了我们这片橡树林。

结果，不到一星期的时间，所有的毛毛虫都被鸟儿们吃掉了，这些鸟儿真是我们的好帮手，多亏了它们，不然，所有的橡树都要完蛋了。

狩 猎

不猎鸟也不猎兽

狩猎，不是指打鸟或者野兽，其实是打仗。

夏天，人类可是有很多仇敌的。比方说家里的菜园，虽然常常浇水，却还是会受到其他敌人的侵害。

扎一个稻草人放在那里，并不能解决问题。虽然稻草人能一定程度上赶走鸟儿们，但是效果并不是特别好。

菜园里还有一些敌人，别说是稻草人了，就算是带着枪的人，它们都不害怕。这种时候，只能使用一些小计谋来对付它们了。别看它们小，捣蛋的本领可大着呢。

会跳的敌人

最近蔬菜上出现了一种小黑虫，它们的脊背上有两条白色的纹路。它们像跳蚤一样，在菜叶上跳来跳去，蚕食蔬菜。

这些跳虫是很可怕的，不用几天，它们就能吃光整个园子里的蔬菜。它们把还没长好的嫩菜叶子咬出很多小孔，把叶子啃成花边似的——于

是这片菜园就算毁掉了！萝卜、油菜，还有甘蓝之类的蔬菜，最害怕这种跳虫了。

消灭跳虫

消灭跳虫的战斗正在如火如荼地进行着。准备一个系有小旗子的长矛，小旗子两面涂上厚厚的胶水，只留下下面的一条边儿(大约7厘米宽)不涂胶水。

带着小旗子到菜地里走来走去，在蔬菜上挥挥小旗子，跳虫就会跳上来，然后被胶水粘住。然而这还不算完。

第二天早晨，草上的露水还没干，就得起床，用一面细筛子，把炉灰、烟末或者熟石灰洒在菜上。在集体农庄大面积的田里，这工作不是用手来做，而是从飞机上往下撒。

这些东西能驱除菜园里的跳虫，对于青菜却没有害处。

会飞的敌人

蛾蝶比起跳虫来,是更为可怕的敌人。蛾子和蝴蝶们,会偷偷地在菜叶上产卵,卵会长成虫子,虫子会吃菜叶。

最有害的蛾蝶,白天出现的有:大菜粉蛾(这种蝶很大,白翅膀上有黑斑点)和萝卜粉蛾(颜色和上一种差不多,只是个头小一点儿)。夜里出现的有:甘蓝螟蛾(身体小,翅膀下垂,身子前半部黄得像赭石)、甘蓝夜蛾(全身毛茸茸的棕灰色蛾子)和菜蛾(一种浅灰色的小蛾子,样子很像织网夜蛾)。

对付它们,不需要武器,只要找到它们的卵,用手把卵按碎就行了。另外,也可以往菜叶上撒上炉灰、熟石灰之类的粉末。

还有一种敌人,比上面说的那些敌人还要可怕,它们直接向人进攻。

这种敌人,就是蚊子。在不流动的死水里,有许多小软虫游来游去;还有许多小得几乎看不清的蛹儿,头大得跟身子比起来不相称,头上生着小角。这是蚊子的幼虫和蚊子的蛹。在沼泽里,还有蚊子的卵,有些粘在一起,有些附着在沼泽里的水草上。

两种蚊子

蚊子处于卵和幼虫阶段时,生活在水里。成虫会选择沼泽

或有水的深坑产卵，有的卵浮在水里，有的则附着在离水非常近的草茎上。等它们孵化成软软的幼虫时，就会游到水里，长成蛹的时候也不会离开，直到变成成年的蚊子，它们才会冲出水面，占领无边的夜空。

蚊子的种类也是有所不同的，主要有两种。有一种会叮人的蚊子，人被咬之后，会起个红疙瘩。这种蚊子很常见，并不可怕。然而还有一种蚊子，人一旦被它咬到，就会觉得时冷时热，这种病叫作疟疾。这种蚊子就是疟蚊。

从外观上看，这两种蚊子长得很像。只是雌疟蚊的吸吻旁还有一对触须。它吸血的时候，身上带着的病菌就随之进入到人的血液中，使人患上疟疾。

我们用肉眼是看不出来的，科学家也是用了高倍显微镜观察，才弄明白了事实的真相。

灭蚊大作战

蚊子可不是只用手打就能消灭干净的。

所以当蚊子还是幼虫的时候，科学家们就已经开始消灭它们了。

你可以准备一个玻璃瓶，从水坑里舀一瓶带有蚊子幼虫的水，然后往这瓶水里滴上一滴煤油。慢慢地，煤油就在水面铺开了，蚊子的幼虫就会开始扭动身子。它们想奋力地冲破煤油，却根本无计可施。

最后，煤油把水面封死了，以至于蚊子的幼虫没法呼吸新鲜的空气，所以都被闷死了。

在蚊子很多的沼泽地带，人们就往不流动的水里倒煤油，一个月倒一次煤油，就足以使一个坑里的蚊子死光。

无人知晓的谜

如果你问村里任何一个人："谁是最聪明最勇敢的猎人?"绝大多数人都会回答："当然是猎人塞索伊奇啦！"没错，那个身材矮小，也不够强壮，看上去一点儿也不起眼的猎人，就是我们的英雄塞索伊奇。前不久，他带着一只猎狗，独自深入森林三天三夜，捕杀伤害牲畜的坏蛋。

牧童最先发现了小牛的尸体。平时，牧民们就把牲畜放养在森林空地上。那天牧童离开小牛去提水，等他回到牧场，只见小牛血肉模糊地躺在地上，已经断气了。出事的地方离农场不是很远，竟然有野兽敢到距离人群聚居区这么近的地方行凶，这太不可思议了。

村民和猎人们很快都赶来了。猎人谢尔盖仔细检查了一番，发现除了脖子后边的伤口和乳房被咬掉，尸体再也没有其他伤口。谢尔盖

认为凶手一定是熊，只有熊咬死猎物后，才会等到猎物的肉变臭再食用。猎人安德烈也表示认同这个观点。

于是，他们邀请塞索伊奇和他们一起，在空地旁的树上搭建一个窝棚，等待熊回来拖走它的食物。他们认定，不出两天，熊一定会出现在夜幕中。

但是，仔细观察过现场之后，塞索伊奇拒绝了他们的邀请："不可能是熊，你们不要白白浪费时间了……"他正打算说出自己的理由，谢尔盖和安德烈却表示不屑，并且坚持自己的看法。塞索伊奇没再多说，只是又围着小牛尸体转了几圈，一会儿抬头看看周围的树木，一会儿弯腰观察地面，最后叹了口气，离开了。

当天晚上，谢尔盖和安德烈就藏在新搭的棚子里等候着，而塞索伊奇却背上猎枪，带着猎狗走进了森林里。

就像塞索伊奇预料的那样，熊果然没有来。谢尔盖他们连续等了三天，凉凉的晚风吹得他们直哆嗦，小牛的尸体也发出了腐臭的味道，熊却一直没有出现。他们终于肯承认自己的推测出现了问题。就在他们准备离开的时候，却看到塞索伊奇扛着一个大袋子从森林深处走了出来，猎狗跟在他后面，看上去很兴奋。

谢尔盖和安德烈赶紧围了上去，打量着那个沾着斑斑血迹的袋子，他们相信袋子里装的一定是凶手的尸体。

"快把真相告诉我们吧！"他们焦急地说。

"那天我就想说，熊不会只啃小牛的乳房而不吃牛肉啊！更何况，地上的脚印也不对。"

“那脚印很宽，足足有 25 厘米，还有什么动物能有这么大的脚掌呢?”谢尔盖还有点儿不服气。

“可是，你们难道没有注意到吗?那脚印的脚爪印记并不明显,熊是不会缩着脚趾走路的！”塞索伊奇一边说,一边开始解袋口的绳子。

“是猞猁！一定是猞猁！只有猞猁的脚印是圆的，因为它走路的时候把爪子缩起来了！”安德烈恍然大悟并惊呼起来,好像发现了什么天大的秘密。

与此同时,塞索伊奇打开了袋子,一张带着红褐色斑点的猞猁皮露了出来。

这件事很快传遍了村庄,谢尔盖和安德烈也对塞索伊奇心服口服,大家纷纷称赞塞索伊奇既勇敢又富有智慧。

至于那三天,塞索伊奇和他的猎狗怎样找到并杀死了猞猁,他并没有仔细讲述。而猞猁为什么到离村庄很近的地方袭击小牛，又为什么没有吃掉尸体,也成了无人知晓的谜。

无线电通报

注意！注意！

这里是列宁格勒《森林报》编辑部。

今天，6月22日，是夏至——一年里白天最长的一天——我们要进行一次无线电通报。

呼叫：苔原、沙漠、森林、草原、海洋、山川！请注意！

现在正值盛夏，白昼最长，黑夜最短。请大家谈谈，你们那里现在是什么情况？

喂！喂！
这里是北冰洋群岛

你们说的黑夜是什么样的啊？什么是黑夜，什么是黑暗，我们已经不记得了。

我们这里的白天是最长的，它整整持续了24小时。太阳永远在天上，绝对不往海里落，只是一会儿升，一会儿降。就这样，已经持续将近三个月了。

我们这里的阳光永远都不会暗淡，就像神话里讲的那样，地上的草不是按天生长，而是按小时生长的。花儿越开越多。沼泽里长满了苔藓，甚至光秃秃的石头都被五颜六色的植物给覆盖住了。

苔原苏醒了

真的，我们这里没有美丽的蝴蝶和蜻蜓，没有伶俐的蜥蜴，也没有青蛙和蛇，更没有那些需要冬眠的大大小小的野兽。我们这里的土地永远被寒冰封锁着，就是在夏天最热的日子里，也只有大地表面才开冻。

苔原上空的蚊子成群嗡嗡地飞着，就像是一片乌云一样。可是，我们这里没有著名的捉蚊专家——行动灵活的蝙蝠。它们怎么会住得惯呢？

就算是它们飞来这里，也只能晚上或者夜里出去追捕蚊子！可我们这里，这个夏天都没有暗过，怎么捉呀？

在我们这里的岛屿上，野兽的种类不是很多。只有旅鼠（短尾巴的啮齿类动物，个头和老鼠一般大）、白兔、北极狐、驯鹿。有时候，会从海里游来几只大白熊，在苔原上摇摇晃晃地走过来，找点儿食物吃。

不过，我们这里有鸟儿，而且多得数不清！虽然积雪还停留在所有背阴的地方，但是，已经有大批大批的鸟飞过来了。有角百灵、北鹨、雪鹀、鹡鸰——各种各样的鸣禽。还有鸥鸟、潜鸟、鹬、野鸭、雁、管鼻鹱、海鸟，以及模样滑稽的花魁鸟，还有许许多多稀奇古怪的鸟儿，可能你听都没听说过。

叫声、喧闹声、歌声——整个苔原，甚至光秃秃的石头上，都被鸟巢占领了。有些岩石上，成千上万的鸟巢一排连着一排，甚至连那种只能放下一个蛋的石头都被占据了。真热闹啊，就像一个鸟集市！如果有猛禽想试着接近这个地方，那么立刻就会有一大群鸟儿向它扑去，像乌云一样，叫声惊天动地，鸟嘴像雨点一样啄向敌人——它们是不会让自己的孩子受一点儿委屈的。

瞧！在我们的苔原上多快乐啊！

你一定要问："你们那儿的鸟和野兽都什么时候休息、睡觉呢，难道它们也没有夜晚吗？"

是的，它们几乎不睡觉，因为没有时间睡呀！打个盹儿立刻又要工作了：有的喂孩子，有的要筑巢，有的要孵蛋。所有鸟儿都忙忙碌碌——

我们这里的夏天太短了！到冬天睡觉也不迟，冬天把一年的睡眠都能补回来。

喂！喂！
这里是中亚细亚沙漠

我们这里正好相反,现在一切都在熟睡着呢!

我们这儿强热的阳光把草木都烤干了;我已经记不清,最后一场雨是什么时候下的了。让我奇怪的是,为什么不是所有草木都枯死了呢。

带刺的骆驼草几乎都有半米高了——它将自己的根伸到火热的土地深处去,有五六米那么深,从那里汲取地下水。

别的灌木丛和野草长满了绿色的细毛,却不长叶子,这样,它们的水分就可以少流失一点儿了。我们这儿的树木个头不高,一片叶子都没有,只有绿色的细树枝。

刮风了,干燥的乌云升到沙漠的上方,遮住了太阳。突然间,空气里响起了一阵可怕的喧嚣声,咝啦咝啦的,好像有成千上万条蛇在叫。

可这不是蛇,是无叶树林中的细树枝,被大风一刮,发出呼呼的响声。

蛇正在睡觉,草原蚺蛇也深深地钻到沙子底下去睡觉了,金花鼠和跳鼠最怕这种蛇了。

还有一些小野兽也在睡觉。腿细长的金花鼠，整天都在睡觉。它用一个土疙瘩把洞口堵起来,不让太阳进去,只有早晨的时候才出来找点儿东西吃。现在,它不得不跑出来了,可是还没有晒干的小植物是多么难找

呀！黄色的金花鼠干脆就钻到地底下去了，它要睡很久很久——从夏天到冬天，一直睡到第二年春天才醒来。一年只有三个月在外头，其余时间都在睡觉。

蜘蛛、蝎子、蜈蚣、蚂蚁，都在躲避毒热的太阳。有的躲在石头底下，有的躲在背阴的土里，只有在夜里才出来活动。别的你都看不到，既看不到行动敏捷的蜥蜴，也看不到爬得很慢的乌龟。

野兽都搬到沙漠的边缘去住了，这样能靠水源更近一些。鸟儿早就孵出了宝宝，带着它们一起飞走了。留在这里的只有飞行速度很快的山鹑：它们飞一百多公里一点儿问题都没有，经常飞到离这儿最近的河边，自己先喝个够，再装满整整一嗉囊，急急忙忙地飞回来喂自己的小宝贝们。但是，等雏鸟们学会飞之后，它们就带着孩子离开这个可怕的地方了。

只有人类不怕沙漠。他们已经拥有了先进的科学技术，在那些可以灌溉的地方都挖掘了灌溉渠，把水从高山上引到这里来，让死气沉沉的沙漠变成了绿色的牧场和农田，把这里变成了果园。

这儿没有人，这儿的主人是风——人类的第一大敌人，它会推动干燥

的沙丘，吹起沙浪，赶着它们冲向村里，把房屋都埋起来。只有人类才不怕它：人、水和植物形成了统一战线，强硬地给风划了一条界线。被人类灌溉的地方，树木像墙一样耸立起来，青草把无数的细根扎在沙里，抓住沙子——沙丘再也不能移动了。

是的，夏天的时候，沙漠一点儿都不像苔原。有太阳的时候，所有的生物都进入了梦乡。夜是漆黑漆黑的，只有在黑夜里，那些受尽了无情的太阳折磨的小生命，才能有机会透口气。

喂！喂！
这里是乌苏里原始森林

我们这儿的森林很特别，既不同于西伯利亚的原始森林，也有别于热带密林。这里有枞树，有落叶松，有云杉；这里还有带刺的葎草和野生的葡萄树。

我们这里有许多野兽：驯鹿、印度羚羊、普通棕熊、西藏黑熊、黑兔、猞猁、虎、豹、棕狼、灰狼等。

鸟类有谦逊的灰松鸦、漂亮的野雉、灰雁、普通的野鸭，以及各种各样奇异的鸳鸯。

白天，原始森林里又闷又暗。宽大的树顶形成一个绿色的大帐篷，太阳光根本就穿不透。

我们这儿的夜是非常暗的——白天也是。

现在，所有的鸟儿都已经下了蛋，或者孵出了小鸟。各种野兽的小崽都长大了，正在学习如何猎取食物呢！

这里是库班草原

我们这儿，平坦的田地一眼望不到边，收割机和马拉收割机在上面忙着收庄稼。

收割完的田地上空盘旋着老鹰、雕、兀鹰和游隼。现在没有了阻挡，它们可以好好收拾一下打劫庄稼的敌人——老鼠、田鼠、金花鼠和腮鼠了。现在，隔着老远就能看到，这些家伙从洞里正向外探头探脑呢。现在想想都害怕，在庄稼收割之前，它们偷吃了多少麦穗呀！

现在它们正在寻找散落在田间的谷粒，它们将谷粒装到自己的地下仓库里，储备过冬。野兽也没有落在猛禽后面：狐狸可是个捕鼠专家，可以捉各种老鼠；浅色的草原鸡貂对我们就更有益处了，它们经常无情地消灭一切啮齿类动物。

这里是阿尔泰山脉

在盆地深处,又闷热,又潮湿。早晨,夏日炎炎,露水很快就蒸发掉了。晚上,草场上空飘浮着浓雾。水蒸气升到上面,润湿了山坡,冷却后形成白云,飘浮在山顶上。不信你看,天亮前,山顶上总是云雾弥漫。

白天,艳阳高照,把水蒸气变成了雨滴,从浓云中洒了下来。

山顶上面的积雪不断地融化。只有在那些最白最高的峰顶上,还躺着终年不化的积雪和寒冰——大片的冰原和冰河。在那些地方,天气是那样的冷,甚至连中午的太阳都晒不化那里的冰雪。

从这些山顶上,融化的雪水形成了一股股水流,顺势而下,汇集成一条条小溪,沿着山坡奔腾着,咆哮着,又从岩石上直泻下来,变成了瀑布。这些水一直向着山下的江河里飞驰而去。这已经是一年里的第二次(第一次是春天)了,河水上涨了。河水暴涨,漫出了河岸,在盆地上泛滥。

在我们这儿的山上,一切物种真是应有尽有。下面的山坡上布满了原始森林,往上一些是肥沃的高原草场,拥有独特的草原;再往上是一片苔藓和地衣,就像远方的苔原一样;最上面是积雪和寒冰——永远的冬天,就像北极一样。

在最高的地方,无论是野兽还是小鸟都不能生存。偶尔飞到那里的只有强悍的雕和兀鹰,它们用锐利的眼睛向下张望,寻找可能偶尔存在的小动物。可是低一点儿的地方,就像高楼大厦一样,住满了各种各样的居民。它们各自占着一层,不同的高度住着不同的居民。

最高一层是光秃秃的岩石，雄野山羊住到那儿去了。下面一层是雌野山羊和它的宝贝——小野山羊，还有和雌火鸡一样大的山鹑。在肥沃的高山草场上，一群长着弯弯的犄角的山绵羊——羱(yuán)羊，在那儿吃着草。雪豹也跟着它们去了，为了猎取食物。这里既是旱獭的聚居地，又是鸣禽的家。再往下一些就是原始森林了，里面有松鸡、雷鸟、鹿、熊等。

以前，只有在盆地里才种麦子。现在，我们的耕地越来越向更高的山上扩展了，那里耕地已经不能用马了，而是用长毛的牦牛来耕地。我们付出了很多劳动，要从我们的土地上获得大丰收。请相信，我们的目标一定能实现！

喂！喂！
这里是海洋

我们伟大的祖国苏联三面环海：西边是大西洋，北边是北冰洋，东边是太平洋。

我们乘船从列宁格勒出发，穿过芬兰湾，横渡波罗的海，来到大西洋。在大西洋上，我们经常会碰到许多外国的船只，有英国的、丹麦的、瑞典的、挪威的，其中有商船、游船，还有渔船。这里可以捕捞鲱鱼和鳘鱼。

我们从大西洋来到北冰洋，沿着欧亚两洲的海岸，有一条特别的北方航线，这是我们勇敢的俄罗斯航海家开辟的。以前，人们认为这条路是无法打通的，到处都有厚厚的冰层覆盖，随时都有死亡的危险。可是现在，我们的船长指挥着船队，用力大无穷的破冰船打开一条通道，顺利地航行着。

可是，沿途都荒无人烟，不过，我们依然发现了许许多多奇迹。首先，我们经过了大西洋赤道暖流。在那儿，我们碰到了漂浮着的冰山，它在阳光的照耀下，那么刺眼。就在那里，我们捉到许多鲨鱼和海星。然后，这股暖流转向了北方——极地。在那儿，我们开始能够看到更巨大的冰原沿着水面漂流着，一会儿裂开，一会儿又合上。我们的飞机在上面侦察，通知船只，怎样行驶才能畅通无阻。

在北冰洋的岛屿上，我们看见了成千上万的大雁，它们显得那么无助，翅膀上的硬翎都脱落了，因此飞不起来了。以前，贪婪的人们把它们围起来，直接就能把它们赶到网里面去。我们看见了长着大牙的海象，它们从水里爬出来，趴在冰块上休息。我们还看见各种各样的海豹，还有一种大海兔，能够突然把头上的大皮囊垂起，就像戴了一顶钢盔似的！我们还看见许多可怕的逆戟鲸，它们长着大牙，正在追逐鲸鱼和它的孩子们。

不过，关于鲸鱼的故事，咱们还是下次再聊吧！等到了太平洋再谈，那儿的鲸鱼更多一些。

我们的夏季无线电播报，到这儿就和您说再见了。

下次广播将在 9 月 22 日举行，请届时收听。

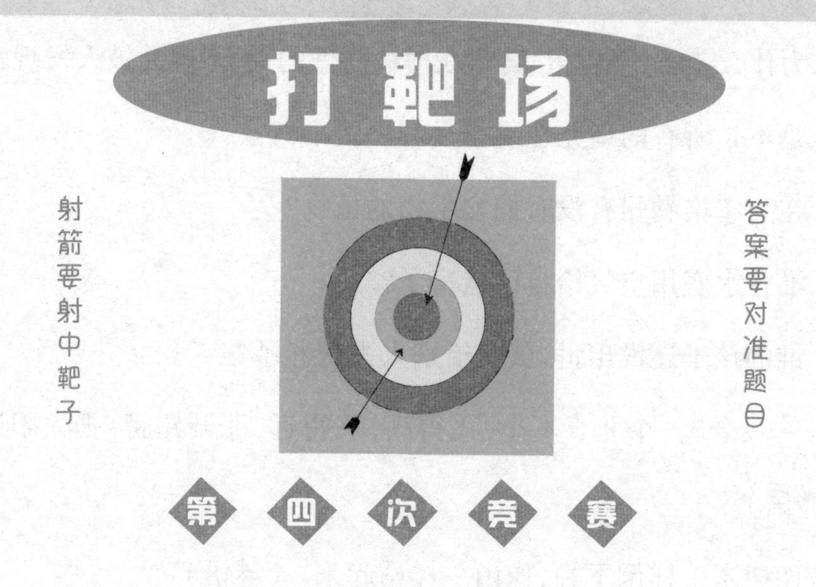

1.对照日历,夏季从哪天开始？这一天有什么特点？

2.哪种鱼会做窠？

3.哪种野兽在草丛里和灌木丛里做窠？

4.哪种鸟不会做巢,只能在沙地上下蛋？

5.蝌蚪先长前脚还是后脚？

6.普通棘鱼身上的刺长在哪儿？一共有几根？

7.金腰燕和家燕做的巢有什么区别？

8.为什么不准用手去掏鸟巢里的蛋？

9.雄萤火虫有翅膀吗？请你在晚上用玻璃杯罩住一个发光的雌萤火虫,这样,会吸引雄萤火虫过来。

10.哪种鸟儿把鱼刺铺在巢里当垫子？

11.为什么燕雀、金翅雀、篱莺在树枝间做的巢，不容易被人发现?

12.是不是所有的鸟儿在夏季只孵一次小鸟?

13.在列宁格勒州有没有捕食生物的植物?

14.谁在水底用空气给自己造房子?

15.谁的孩子还没出世，就交给别人去抚养了?

16.一只老鹰，个儿真不小，飞得高，飞得远，张开翅膀，把太阳遮住。（谜语）

17.像树木一样倒下去，像山一样站起来。（谜语）

18.串串珠宝，挂在树梢，没有它，我们的肚子就咕咕叫。（谜语）

19.一曲一蹦跳下水。（谜语）

20.推也推不开，抬也抬不起，时间一到，立刻就跑。（谜语）

21.没有身体却活着，没有舌头会说话；谁都没有看见过它，但都听过它的声音。（谜语）

22.从来不缝缝补补，却老是把针带在身上。（谜语）

森林报

夏季第二月

7月21日至8月20日

雏鸟出世月——太阳进入狮子宫

目 录

一年——分十二个月谱写的太阳诗章

七月，夏天的太阳，不知疲倦地照射着大地。它命令世界为它低头。稞麦已经深深地弯下了腰，燕麦已穿上了长衫，荞麦却连衬衣都没套上。

绿色植物会进行光合作用，它们依靠这个成熟长大。已经熟透的稞麦和小麦，组成了一片金黄色的海洋。将它们收割，然后储存起来，就是我们一年的口粮。同样的，绿草也被割倒了，为了储存起来作为牲口冬天的食物，现在，它们都被堆成了干草垛。

此时的鸟儿们，也没时间唱歌了，日渐沉默起来。因为它们都有了自己的孩子，小雏鸟刚出生时，身上光溜溜的，毛都没有，眼睛也没有睁开。所以，鸟父母们，就担负起照料小雏鸟的职责。现在水里、空中的食物非常充足，足够大家吃的了。

森林里长满了各种果实。草莓、黑莓、覆盆子还有醋栗，到处都是。北方，有金黄色的桑葚；南方，樱桃、杨梅也长得很好。草地都变成了花花绿绿的，好像穿上了花衣裳。雪白的花瓣反射着阳光，不过它可不敢跟现在的太阳公公开玩笑，会把自己灼伤呢！

森林大事记

森林里的新生命

在城外的大森林里，有一只年轻的雌驼鹿。它刚刚产下了一只小驼鹿。

白尾巴雕也生活在这片森林里，它的巢穴里有两只刚出生的小雕。

黄雀、燕雀、鸫鸟，都孵出了五只小鸟。

啄木鸟孵出八只雏鸟。

长尾巴山雀孵出了十二只雏鸟。

前面提到的棘鱼，鱼卵也已经孵化了，鱼子都变成了小鱼。总共有一百多条呢。

鳊鱼的孩子很多，孵化的小鳊鱼足有好几十万条。

鳘鱼呢，它的孩子更是多得不计其数——大概有几百万条吧！

不管孩子的父母

生孩子容易，养孩子却是个大工程。自然界有很多不负责任的父母，也就多了很多被抛弃的幼

儿。鳊鱼根本不管它们的孩子。当它们的孩子一出生，它们就离开了。小鱼自己过日子,自己找东西吃。如果你也有几十万个孩子,那么你也是管不过来的。

青蛙有一千个孩子,它也是不管孩子们的。

当然,没有父母照顾孩子们,孩子日子肯定是不好过的。毕竟有许多坏家伙爱吃美味的鱼子和青蛙卵。小鱼长成大鱼、蝌蚪长成青蛙的,一定遇到了非常多的危险。好些鱼儿和青蛙在长大之前就被吃掉了。

细心照顾孩子的妈妈

并不是所有的父母都不管自己孩子的。驼鹿还有其他的鸟儿，照顾起自己的孩子来，都是非常细心的。驼鹿妈妈能够为了自己的独生子牺牲生命。凶猛的熊要是想攻击驼鹿宝宝,驼鹿妈妈就会扬起蹄子,对着熊一顿猛踢,让熊再也不敢打小驼鹿的主意。

我们森林报的一位通讯员,在田野里碰到一只小山鸡,它在他眼前一闪而过,然后躲到草丛里去了。

通讯员把小山鸡捉住了，小山鸡害怕得啾啾大叫。山鸡妈妈看见自己的孩子被捉了,赶紧装作受伤的样子,一瘸一拐地往前跑。

通讯员担心它，于是追上去，突然，山鸡妈妈就飞快地逃走了。等通讯员反应过来,回去找小山鸡的时候,小山鸡已经跟着山鸡妈妈跑掉了。山鸡对自己的孩子，可算保护得非常好了。因为它只有为数不多的二十个孩子。

鸟的工作日

天还没亮，鸟儿们就开始工作了。椋鸟每天要工作 17 个小时，家燕每天要工作 18 个小时，雨燕每天要工作 19 个小时以上，鹆鸟每天要工作超过 20 个小时。

这些都是经过验证的，确实如此。它们每天不得不工作这么长时间。

毕竟雨燕每天都要给雏鸟喂食三十多次，才能喂饱雏鸟。椋鸟为了给雏鸟送食物，每天要跑二百多次，而家燕至少要送三百多次，鹆鸟更厉害，要跑四百五十多次。所以，整个夏天，鸟儿们会消灭非常多的虫子，为了养育雏鸟，它们一刻不停地工作着。它们在哺育孩子的同时，又消灭了森林里的害虫，实在值得表彰。

沙锥和鹈鹕的雏鸟

有一只刚从蛋壳里钻出来的小鹈鹕，它的嘴上长着一个小白疙瘩，这是“凿壳齿”，它就是用这个地方撞破蛋壳的。

小鹈鹕长大了可是一种很残忍的猛禽，好多动物见了它都会害怕。不过现在它可是一点儿威胁都没有，全身只有细小的绒毛，连眼睛都没有完全睁开，显得非常娇弱。

要是鹈鹕妈妈不给小鹈鹕喂食，它根本就活不下去。

雏鸟可不都是很娇弱的，也有一出生就很强悍的。它们刚从蛋里出来，就能自己站得稳稳的，还会自己找东西吃。

它们生来就不害怕水，遇到敌人也会自己躲藏起来。

两只小沙锥，刚出蛋壳一天，就已经离开了巢穴，自己找到了一条蚯蚓吃起来了。

这就是为什么沙锥的蛋比较大的原因，就是为了让小沙锥在蛋里长得更大更强壮。

小山鸡也是很强悍的物种，它刚出世就能撒开腿跑。

还有秋沙鸭，它一出生，立刻晃晃悠悠地走到小河边，跳进水里。它天生会游泳、潜水，还能在水面上伸懒腰呢！

相比起来，旋木雀的孩子就娇气了很多。它在巢穴里要待上整整两个

星期，才会飞出来。现在它生气地蹲在树墩上等它妈妈回来喂食呢，妈妈回来晚了，它心里很不高兴。

三个星期过去了，它还是缠着妈妈，让妈妈给它捉青虫吃。

岛上殖民地

小海鸥们此刻都聚集在小岛的沙滩上，它们在那里避暑。

晚上，它们就在沙滩上的小沙坑里睡觉，一个沙坑能睡三只呢。沙滩变成了海鸥们的殖民地。白天，大海鸥就带着小海鸥们练习飞行的技巧，还有捉鱼的本领。

大海鸥们一边教小海鸥飞行，一边保护它们，非常小心。

只要有敌人想袭击小海鸥，它们就会成群结队地朝着敌人飞扑过去，直到把敌人吓跑。所以，连海上最大的白尾巴雕都不敢去袭击小海鸥。

雌雄颠倒的鸟儿

现在，好多人从全国各地给我们写信，告诉我们他们看见了一种很罕见的小鸟。在这个月份里，在莫斯科附近、在阿尔泰山上、在卡马河畔……都有人看见过这种鸟，漂亮又可爱，就像鲜艳夺目的鱼竿上的浮标一样。它们丝毫不害怕人类，就算你走到它们身边，它们也无所顾忌。

在别的鸟都在养育雏鸟的时候，这种鸟却在周游全国。还有一个很奇怪的现象就是，那些漂亮的、毛色鲜亮的鸟儿，全是雌的。别的鸟都是雄的比雌的好看得多，这种鸟却恰恰相反。它们的雄鸟灰不溜秋的，一点儿也不好看。

更奇怪的是，这种鸟根本不管它们的孩子。雌鸟们在草原上找到一个沙坑，把蛋下完就飞走了，而雄鸟则留下来养育雏鸟，这是不是雌雄颠倒了呢？

这种鸟叫作鳍鹬，属于鹬的一种。它们到处飞翔，今天来到这儿，明天又去了那儿。

可怕的丑八怪

森林里的鹡鸰生下了六枚蛋。有一天，趁着鹡鸰夫妇出门捕食，雌杜鹃在它们的巢里生下了一只蛋，临走时还把鹡鸰的蛋挪走了一枚。鹡鸰夫妇没有发现这件事，还是每天孵蛋，期待着孩子们破壳而出的那天。

小小的鹡鸰妈妈在它的巢穴里，孵出了六只光溜溜的雏鸟。其中有五只长得很漂亮，可是有一只却非常丑。那

个丑八怪浑身上下都是粗糙的皮，长着一个大脑袋，眼皮耷拉着，嘴巴特别大，尤其吓人。

刚出生第一天的时候，这只丑八怪安安静静地躺在窠里一动不动，当鹡鸰妈妈回来的时候，它才抬起脑袋，张开嘴巴要吃的。

第二天早上，当鹡鸰夫妻出去找食物的时候，丑八怪就慢慢地动起来了。它低下头去，抓住巢穴，然后用它的大屁股，抵住另一只小鸟，接着用翅膀把那只小鸟夹住，然后挪动身体，将它的兄弟，挤到巢穴边沿。

小鸟个子小，身体非常弱，还未睁开眼，只能任由丑八怪挤它。忽然，丑八怪一个使劲，将小兄弟抬到比巢穴还高的地方，猛地一掀屁股，可怜的小鸟，就被挤出了巢穴。

凶恶的丑八怪自己也差一点儿从窠里掉出来，它的身子在窠边上摇摇晃晃，幸亏它的脑袋重，才收回了身子。

这可怕的勾当，从开始到收场，一共只花费了两三分钟。丑八怪因为这件事，还休息了好一会儿。

鹡鸰爸爸和鹡鸰妈妈一回来，丑八怪就抬起大脑袋，尖叫着张开嘴，望着鹡鸰夫妇，仿佛在说："快点喂我。"

休息了一会儿后，丑八怪趁着鹡鸰夫妇离开的时候，又对另一只雏鸟下手。

这只雏鸟没那么好对付，它拼命地挣扎，从丑八怪的身上滚下来。不过丑八怪力气大，还是成功了。

就这样过了五天，窠里只剩下丑八怪自己了。它的兄弟姐妹们，都被它挤到窠外摔死了。

十二天后，丑八怪长出了羽毛，这时候，鹡鸰夫妇才发现：它们替杜鹃养大了孩子。老两口真是可怜极了！

然后小杜鹃装作非常可怜的样子，向它们讨要食物。鹡鸰夫妇非常善良，不忍心拒绝它，于是每天辛辛苦苦地去给小杜鹃找食物，可它们自己的肚子都填不饱。

秋天终于来了，小杜鹃早已羽翼丰满。它站在鸟巢旁边，最后看了几眼，然后拍动翅膀，飞走了。它再也没有回来，只剩下年迈的鹡鸰夫妇，悲伤地守着那个空巢。

小熊洗澡

有一天，一位猎人正走在小河边，忽然，一阵咔嚓咔嚓的响声在他身边响起，就像是树枝折断的声音，吓得他赶忙爬上了树。

这时，从森林里走出了一只棕色的大母熊，它带着两只小熊，小熊蹦

蹦跳跳的，很是活泼。旁边还跟着一个一岁大的小熊，它是熊妈妈的大儿子，现在已经可以照顾两个弟弟了。

熊妈妈在一旁休息。熊哥哥叼住了一只小熊，把它放进了河水里。小熊很害怕，拼命挣扎。但是熊哥哥没有放弃，一直把小熊浸入河中洗澡，直到洗得干干净净的。

另一只小熊见状，想逃回森林，熊哥哥追了上去，拍了小熊一下，然后把它叼到河里洗澡。结果熊哥哥一不小心，让小熊掉进水里去了，小熊害怕得哇哇大叫。

熊妈妈赶忙过来，跳下水将小熊捞起来。熊妈妈生气地打了熊哥哥一耳光。熊哥哥又累又委屈，嗷嗷地叫了起来，好像在哭。

两只小熊上了岸，洗完澡它们感觉很舒服。天气太热了，它们厚厚的毛大衣需要浸入冷水中凉快一下。

洗完澡，熊妈妈带着孩子又回到树林里去了，猎人这才爬下树回家去了。

浆 果

现在这个时节，许多种浆果都成熟了。人们正在果园里采树莓、红醋栗、黑醋栗和酸栗。

森林里也有树莓，它是一种丛生的灌木。树莓的茎很

脆，要是不小心从树莓丛中走过去，就会听到一阵噼里啪啦的声音，那是树莓茎折断的声音。但是，这对树莓来说并没有什么坏处，毕竟这些茎只能活到冬天。在它们的地下茎上，有很多鲜嫩的芽儿，明年，就轮到它们开花结果了。

越橘要成熟了。它们长在灌木林的旁边，已经红了一半。

越橘也是灌木，浆果长在它们的茎梢上。越橘的果实非常多，压得它的茎都弯下了腰，垂到地上了。

好想挖一棵小灌木，种到家里去。那样种出来的果子是不是会大一些呢？不过，若是限制了它的自由，想来应该不会成功。

越橘可以保存一个冬天，吃的时候，只要把它用开水一冲或者捣碎，它的汁水就出来了。为什么它不会腐烂呢？因为它本身会分泌安息酸，这种物质可以抑制果子的腐烂。

猫咪养兔子

春天的时候，我们家的猫咪生下了几只小猫，但是全都被人抱走了。有一天，我们刚好在树林里捉到了一只小兔子。我们把小兔子放在猫咪身边。

猫咪奶水正多，所以它很乐意喂小兔子。

就这样，小兔子吃着猫咪的奶，逐渐长大了，它们之间非常友爱，睡觉也要待在一起。猫咪不仅喂养小兔子，还教兔子保护自己，免得被敌人欺负。

有一件非常好笑的事情就是：小兔子跟着猫咪学会了和狗打架。只要狗一到我家院子里来，猫咪就会冲上去，用爪子抓它。兔子也跟着它上去，用前爪像打鼓似的捶打狗。狗毛都被打得飞了起来。所以周围的狗，都很怕我们家的猫咪和它的兔孩子。

摇头鸟的计策

树上有个洞，被我家的老猫看到了。于是，老猫就想，这可能是鸟巢吧？里面肯定有小鸟。它想吃小鸟，就爬到树上，探着头往洞里面看。这一看，它吓了一大跳。只见洞底有几条小蝰蛇在来回地蠕动着，蜷缩着身体，还咝咝地叫呢！猫吓坏了，急忙从树上跳下来，撒开腿逃走了。

其实树洞里根本不是什么蝰蛇，只是摇头鸟的幼鸟。这不过是它们的计策，用来吓唬敌人的：脑袋在脖子上转来转去，好像蛇在蠕动，蜷缩身体，还能发出像蝰蛇的叫声。谁不怕毒蝰蛇呀？这样就把敌人都吓走了，自己也安全了。

骗　局

一只大鹈鹕盯上了一只母琴鸡和它的一窝毛茸茸的孩子。

它开心地想着:我的午餐有着落了。

可是,正当它从半空俯冲下去的时候,被琴鸡妈妈发现了。

母琴鸡叫了一声,然后所有的小鸡一瞬间全部消失了。鹈鹕看呀看,一只鸡都没有发现,好像突然间消失了一样。它怎么也找不到那些美味的猎物了,只好灰溜溜地飞走了。这时,又听母琴鸡叫了一声,小琴鸡们就蹦蹦跳跳地出来了。原来,它们哪儿也没去,就趴在地上,身体已经和周围的树叶、草和土地混为一体啦!

可怕的花

蚊子从树林里的沼泽间飞过,飞着飞着,它就想落下来歇歇,喝点东西。它看见了一朵花,绿色的茎,上面还有一个个的小铃铛。茎的下面是一圈红色的叶子。叶子上还有毛毛,露珠在上面一闪一闪的。

于是蚊子就落到了这朵花上。刚把嘴插到露珠里,这黏糊糊的露珠就把它的嘴粘住了。

然后,所有的小毛毛就像触手一样伸长了,一下子捉住了蚊子,然后红色的叶子就闭合起来了。

当它重新张开时，蚊子只剩下了一副空壳，这朵花把蚊子的血吸干了。

这是一种很可怕的花，它的名字叫作毛毡苔，它专门捕食小昆虫。吃植物的昆虫常见，吃昆虫的植物却比较稀奇。在这里要提醒昆虫们，千万别被植物那温柔可爱的表象迷惑，它们可能也是危险的敌人。

水底的打斗

不光是陆地上的动物喜欢打架，水底的孩子也喜欢打架。

两只小青蛙一个猛子扎进了池塘里，看到了一只瘦瘦小小的蝾螈，蝾螈身子细长，有四条短腿儿。

“多么可笑的一个怪物呀！”小青蛙心想，

"应该跟它打一架！"

一只小青蛙咬住大脑袋蝾螈的尾巴，一只小青蛙咬住它的右前脚。

两只小青蛙使劲一拉，蝾螈的尾巴和右前脚被小青蛙扯断了，蝾螈却逃走了。

过了几天，小青蛙又在水底碰见这只小蝾螈。现在，它长得非常奇怪。在原来是尾巴的地方，长出了一只脚爪；在拉断了右前脚的地方，长出来一条尾巴。

蜥蜴也是这样：尾巴断了，能重新长出一条尾巴来；脚断了，能重新长出一只脚来。而蝾螈在这方面的本事，比蜥蜴还要大。不过，它们有时会出现偏差：在它们断肢的地方，会长出个跟原来肢体不相符的东西。

水的帮助

我禁不住想讲一讲这样一种植物——景天（俗称八宝）。我非常喜欢这种小植物，它那厚厚的、灰绿的叶片非常惹人喜爱。叶子长在茎上，密密麻麻的，将茎都遮起来了。景天的花儿是五角星形状的，颜色鲜艳，非常好看。

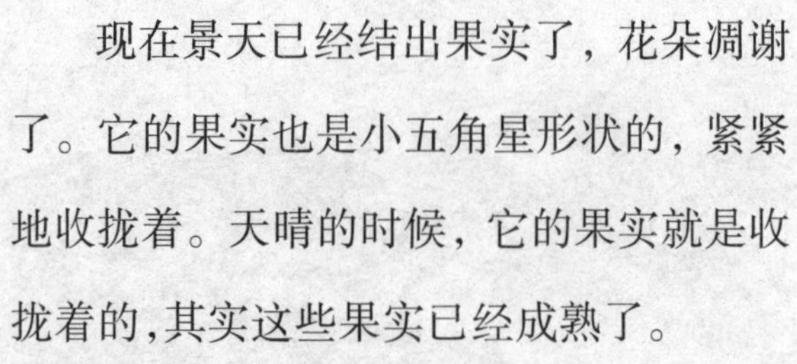

现在景天已经结出果实了，花朵凋谢了。它的果实也是小五角星形状的，紧紧地收拢着。天晴的时候，它的果实就是收拢着的，其实这些果实已经成熟了。

要想让它们张开，只需要去水洼里弄

点水来就行了。只要滴一滴水到五角星的中间，景天的果壳就会自动张开，露出里面的种子来。

景天的种子不像其他植物的种子一样怕水，相反，它们非常喜欢水流将它们带走。只要一接触到水，它们就会顺着水流到处传播。

帮助景天传播种子的，不是风，不是鸟，也不是别的动物，而是水。我已经见到一棵景天，在岩石缝里生存着。正是顺着石壁流下去的水，将它带到那儿去的。

矶　凫(jī fú)

我到湖里去游泳，看见矶凫妈妈正在教小矶凫游泳。矶凫又叫红头潜鸭，是一种深水水鸟。从名字就能知道，矶凫善于潜水，既是为了到水下捕食，也是为了躲避敌人。矶凫像一只浮在水面上的船，小矶凫们正奋力把头往水里扎。小矶凫慢慢潜入水中，到达了它们所要下潜的地方。终于，它们从芦苇荡旁探出头来，然后游进了芦苇荡，我也开始游泳了。

有趣的小果实

荷兰老鹳草是一种很不一样的杂草，它的果实非常有趣。这种植物本身一点儿也不漂亮，很蓬松，它的花儿很一般。现在已经有一半谢掉了，在原来花的位置上，长起了一个

凸起的小嘴。这个小嘴,就是五个小尾巴连接的果实,它们很容易就分开了。这就是荷兰老鹳草的种子,它们的头尖尖的,下面有条小尾巴。尾巴尖儿弯弯的,跟螺旋似的。这根螺旋一受潮就会变直。

如果把种子放在手心里,对它哈一口气,它就会开始旋转,然后发出声音,接着它就变直了。

为什么它要这样做呢,原来是这样一回事。这种子脱落的时候散在地上,用小尾巴勾住小草。天气潮湿的时候,它的种子就会钻到土里去。这种方法是多么的巧妙啊。植物自己把种子播种到土里去。在湿度计发明以前人们就已经开始利用这种草的果实来测试空气中的湿度了。人们把这种种子固定在一个地方,于是它的小尾巴就仿佛是湿度计上的指针,然后测出空气中的湿度。

这到底是什么鸟儿

我在河边散步时,发现了一种奇怪的小鸟,看上去非常像野鸭,但是野鸭的嘴是扁的,它们的嘴却又尖又硬。

小鸟看到我,立刻落在了水面上,我脱掉衣服追了过去。它们好像并不怕人,没有迅速地飞走,而是在水上和我玩儿起了捉

迷藏。它们时而游得很慢，似乎在吸引我过去，但我一靠近，它们又会快速离开。我们就这样忽左忽右地一直游到河对岸，它们突然一个转身，又快速向另一侧河岸游了回去。

最后，我累得都快喘不过气了，它们还是兴致勃勃地游来游去，似乎希望我继续陪它们玩，可惜我实在没有力气了。后来，我又和朋友一起见到了这种水鸟，朋友告诉我，原来它们的名字叫作䴙䴘。

夏末的铃兰

八月五日。小河旁我们家里的花园里，栽着铃兰。大科学家林奈把这种5月盛开的花儿叫作谷地百合花。我最爱这种花，它有着小铃铛似的花朵，非常洁白朴素，它的茎叶非常有弹性。它的叶子鲜嫩而清凉，香气也非常美妙。总而言之，我非常喜欢这种花儿。

于是，春天的清晨，我就喜欢去河边采这种花儿，每天都带一束花儿来养在水里，晚上整个屋子都充满了香味。

在我们列宁格勒一带，这种花儿是开在七月的，所以夏季，我心爱的花儿给我带来了新的喜悦。

有一天，我忽然间发现，它的大叶子下长出了红红的东西，我跪下来一看，原来是它的果实，它的果实是非常坚硬的，呈现出椭圆形，和它的

花一样漂亮。我都想用来做耳环送给我的女朋友们了。

蓝色的和青色的

8月20日。今天我起得很早,往窗外望去,不由得惊叫起来:天啊!草怎么变成了蓝色的。草儿在浓雾里忽闪忽闪的。

如果你把白色和绿色的掺在一起,你就会发现它们变成了天蓝色。所以,草儿之所以变成蓝色,就是因为露珠撒在了鲜绿色的青草上,把它染成了天蓝色。

从灌木丛到板棚间,有一条绿色的小道,棚里放着麦子。一群灰山鸡趁人们不注意,跑到棚里偷吃麦子。灰山鸡是蓝色的,胸口有一道咖啡色的半圆形的花纹。它们用嘴啄着麦子吃,想趁人们来之前吃饱。

不远处, 靠着森林的地方, 还没有收割的麦子也是一片蓝色。一个猎人扛着枪在那儿来回走动。他正在跟踪一群小琴鸡。琴鸡们在琴鸡妈妈的带领下, 从森林里出来, 到庄稼地里找食物。琴鸡在天蓝色的燕麦田里跑过的地方,变成了绿色。因为它们在跑动的过程中,把燕麦上的露水给碰掉了。猎人一直没有开枪,大概是因为琴鸡妈妈带着它的小琴鸡们逃回森林了。

保护森林

如果闪电不小心击中了枯树，那可要出大事了。如果有人在森林里丢下一根没有熄灭的火柴,或者丢下一堆没有燃尽的篝火,那么也糟糕了。

烈日当空、天干物燥的季节,最容易发生森林大火。火灾的发生可能是自然原因导致,比如雷电击中了森林里干枯的树枝,或者长期天气干燥导致地面温度上升引发树木自燃;也可能是人为的,譬如有人把没熄灭的火柴或烟头丢在了干枯的杂草上,或者人们遗留的篝火灰烬中残存着小小的火星。

森林里只要出现一点儿明火,哪怕只是灰烬中的星星之火,都可能引发森林大火。因为森林里可燃物太多,那么多干枯的树枝、落叶、枯草,还有易燃的苔藓,只要一个火苗蹿起来,它就会像毒蛇一样四处蔓延,在强风的作用下迅速攻占整片森林。当一大片树木燃烧起来后，局势就会失控,代价将非常惨重。所以,森林防火,实在太重要了。

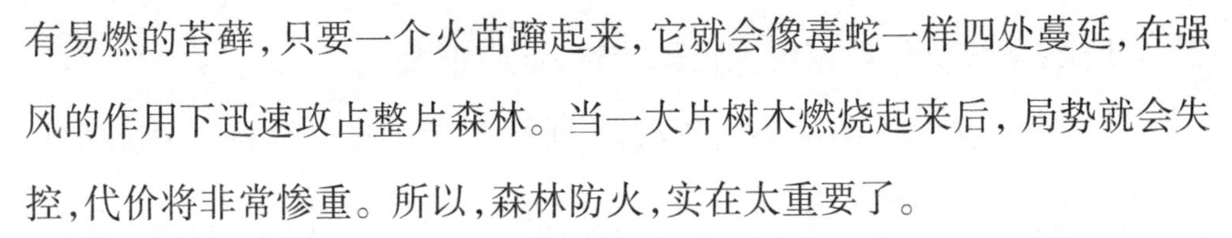

每个人都该有强烈的防火意识,一旦在森林里发现明火,首先要冷静下来判断火情。如果火势很小，自己能够扑灭，就不要迟疑,手里若有铁锹之类的工具,可以用来挖泥土盖住火苗,没有工具也不要紧，折些树枝去扑打也行，切记这些树枝上最好带着些绿色的树叶。如果火势已经开始蔓延,就要赶紧去找人帮忙,更要记得及时报警。

林木大作战（续前）

通讯员们来到第三块被采伐过的地方。这里是伐木工人们十年前砍伐过树木的地方。这里现在还是白杨和白桦的统治地。

胜利者不允许别的植物进入自己的地盘。每年春天，青草长出来之后，就会因为阳光被树木遮挡了而很快死掉。

云杉每隔两三年结一次种子。每次云杉都会去和白杨、白桦打仗，但是还没等云杉长大就死掉了。

小白桦和小白杨也不是一天长一次，而是每一个小时就会生长。它们长得密密麻麻的，后来终于感觉到拥挤了，于是它们之间也发生了争吵。

每棵小树都想在地上和地下为自己多抢一点儿地方，它们越来越拥挤。于是，采伐过的地方树木你推我搡，非常混乱。

强壮的小树比柔弱的小树长得快，无论是根须还是树枝。强壮的树木伸出树枝盖到其他树木的头顶上，那些树木就看不到阳光了，很快就会因此而死掉。这时小草们长出来了，已经不再对高大的树木造成威胁。于是它们得到了一丝生存的空间，树木让它们生活在自己的脚底下，为自己保暖。然而胜利者的种子落到这块阴暗潮湿的土地上时，也没法生长了。

云杉没有放弃，它们仍在每三年派遣新的军队到达这里。胜利者甚至没有发现这小小的动作，对它们来说这根本算不了什么。

小云杉苗终于钻出了地面，虽然它们生活在阴暗潮湿的地方，但是，仍然有一丝阳光。它们长得又矮又细。

刚好这里没有风来吹，它们不会被风从土里拔起来。所以当强大的风吹过来时，白桦白杨被刮得呼呼响，小云杉苗却过得很安稳。

这里很暖和，营养也很充足。小云杉苗感受不到春天刺骨的寒冷。这里的环境，可跟刚采伐完的地方不一样。秋天白桦和白杨的枯枝也落地腐烂了，散发出热量，青草也散发出热量，只需要耐心忍受一年四季的阴暗。

云杉不像其他树木那样喜爱光亮，它们能够忍受黑暗，并且在黑暗中生长。

通讯员们怜悯它们，便转向第四块采伐过的地方去了。

我们期待着他们发来的消息。

农庄里的故事

庄稼到了收获的时候。农庄里的麦田，就像无边无际的海洋。麦穗长得又高又壮。每一个麦穗里都有很多很多的麦粒。这一切都是因为工人们的努力。不久之后这些麦粒就会被送进国家的粮仓。

亚麻也成熟了。农庄里的工人们正在田里拔着亚麻,可不是用手拔,而是用机器拔,非常迅速。女工人跟在拔麻机后面捆亚麻,把割倒的亚麻捆成一束束的,再把它们堆成一垛。不久之后,田里就排列上了一行行整齐的亚麻垛。

山鸡一家只好从麦田里搬到其他刚播种的田里去了。

在菜园里,胡萝卜、甜菜和其他的蔬菜也都成熟了。工人们把蔬菜运到了火车站,通过火车把它们带进城里。在这段时间,城市里的居民就可以尝到新鲜可口的蔬菜了。

农庄里的孩子们就跑到树林里去采蘑菇，采树莓和越橘。这段时间里各处森林里都有一群小孩子。他们在树林里采榛子，然后将口袋装得满满的,谁也休想赶他们出来。

现在成年人可没时间去采榛子,他们忙着割麦子、打亚麻呢。除此之外他们还得迅速地把田耕完,把泥土翻过来,以播种秋天的作物。

重建森林

在卫国战争时期，我国有许多森林被毁掉了。于是人们做起了重建森林的工作。许多中学生就在做这项工作。需要好几百千克的松子，才能培植出新的松林。这三年来孩子们帮助收集了七吨多松子，他们还帮忙保护树苗，防止森林火灾。

人人都有活儿干

早晨天刚亮，工人们就开始干活了。不光成年人在干活，就连小孩子也都在干活儿。草场、田里、菜地，人们都在干活。

孩子们拿着耙子出现了。他们迅速地把干草收拢，然后装上大车，运到农庄里的干草房里。

杂草也因为孩子们的出现而不得安宁。他们在刚播完种的田里将杂

草都清除了。

拔亚麻的时候，孩子们比机器先到了亚麻田。

因为他们需要把田角上的亚麻拔掉，才方便拖拉机转弯。

在割过的麦田里，孩子们同样能找到活儿，他们把收割机落下的麦穗收拢，然后收集起来。

农庄资讯

红旗集体农庄传来了田里的消息："我们这里一切顺利！谷物都成熟了。用不了多久，我们就开始播种了。现在完全不必要为我们操心了，你们不来，我们也能过得去。"

庄员们心想："那可不成。怎么能看都不看呢？现在正是忙的时候呢。"

拖拉机拖着收割机到田里去了，收割机功能非常齐全——收割、脱粒、筛谷，都是它的活儿。

当收割机开进田里的时候，麦子比人都高。可当它出来的时候就只剩下矮矮的茬子了。收割机把麦粒纯粹地分割开来，然后交给庄员们。庄员们把麦粒晒干装在麻袋里，运过去交给政府。

变黄了的庄稼地

我们的记者来到了红旗集体农庄。这个农庄里有两块马铃薯地。一块儿大的,绿油油的;另一块儿很小,已经黄了。第二块地里的马铃薯,叶子都枯黄了,好像快要死了。

为了弄清楚这是什么原因,他向我们汇报了以下情况:

昨天,一只公鸡跑进变黄了的庄稼地里。它把土刨开,然后叫来许多母鸡,请它们吃新鲜的马铃薯。一位女庄员路过,看见这一幕,笑了起来,告诉她的同伴:看来公鸡第一个吃到了我们的早熟马铃薯。大概它知道我们明天要开始收早熟马铃薯了吧。

由此我们可以知道,叶子变黄了的马铃薯,其实是已经熟了的马铃薯,因为熟了,所以它的茎叶变黄了。而那块绿油油的田地,里面种着晚熟的马铃薯。

林间新闻

在集体农庄的树林里，土里面长出了第一个白蘑菇。这个白蘑菇肥肥胖胖的。

它的伞盖上有一个小窝,边缘是流苏样的卷边,湿漉漉的。伞盖上还粘着一根根松针。白蘑菇周围的泥土稍微有点儿耸起来了。如果你挖开这里的土地,你就能发现,还有很多大大小小的蘑菇呢。

鸟的岛

——从远方寄来的一封信

我们的船航行在喀拉海东部。周围是一片汪洋,无边无际。

突然,桅顶上的监视员喊道:“正前方有一座倒立的山！”

“恐怕那是他的幻觉吧！”我一面这样想,一面也爬上了桅杆。

我也看得清清楚楚:我们的船正朝着一个岩石重叠的岛屿开去。这座岛头朝上脚朝下,倒挂在空中。

一块块岩石倒挂在空中,没有什么东西能让它们依偎!

“我的朋友啊,”我自言自语,“是不是你的脑子有问题?”

此时,我突然想起来了:“啊！原来是反射光！”于是我不由自主地笑了起来。这是一种很奇异的自然现象。

在北冰洋上，经常会出现这种现象——又叫作海市蜃楼。船在行驶的时候，你忽然能看见远处的海岸，或是能看见有一条船倒挂在空中，那是它们在空中的倒影，就和在照相机的取景器中看到的影像一样。

过了几个小时，我们到了那岛附近。当然这座小岛并没有像想象中那样，倒挂在半空中，而是稳稳当当地在水中矗立着，周围重重叠叠的岩石也并没有什么不同。

船长测定了坐标方位，看了地图，便说这是位于诺尔德歇尔特群岛的海湾入口处的比安基岛。这个岛被命名为比安基岛，为的是纪念俄罗斯科学家，也就是《森林报》所纪念的那位科学家——瓦连京·利沃维奇·比安基。我猜想，大家一定很想知道这座岛是什么样儿的，岛上都有什么东西吧！

这座岛是由很多岩石杂乱堆积而成的，有巨石，也有板岩。岩石上没有生长着灌木，也不见青草的身影，只稀稀拉拉地开着几朵淡黄色的和白色的小花。在背风朝南的岩石下面，还长满了地衣和薄薄的苔藓。这里的一种青苔，长得很像我们那儿的平茸蕈，柔软又多汁。我从没在其他地方见过这种青苔。在坡势较缓的倾斜的海岸上，漂来了一大堆木头，有圆木，有树干，有木板，它们都是从海上漂过来的，也许是来自几千公里外的大洋呢！这些木头干得很透，甚至屈起手指头轻轻敲敲它们，还能发出清脆的声音。

现在已经是7月底，这里的夏天才刚刚开始。不过，这并不会妨碍那些冰块、冰山，静悄悄地从小岛旁漂过去。它们在阳光下闪闪发亮，照得人睁不开眼睛。这里的雾气很浓，雾低低地笼罩在小岛上以及海面上。若是有船只经过，也只能看得见桅杆，却看不见船身。不过，船只很少经过这里。岛上荒无人烟，因此岛上的动物见了人，一点儿也不害怕。无论是谁，只要随身带点儿盐，就可以往动物的尾巴上撒点盐，轻轻松松捉住它们。

比安基岛是一个真正的鸟儿的天堂。这里可不是鸟儿的闹市，没有上万只鸟儿挤在一块岩石上做窠的状况。多数鸟儿，都自由自在地在岛上随意安排自己的窝。在这里安家的，有成千上万的野鸭、大雁、天鹅、潜鸟以及各式各样的鹬。再住得高一些，在光溜溜的岩石上做窠的，有海鸥、北极鸥以及管鼻鹱。这里有各式各样的海鸥——有浑身雪白、长着黑翅膀的鸥，有体型纤小、粉红色羽毛、尾巴像叉子的鸥，有体型硕大、性情凶猛的北极鸥——专吃鸟蛋、小鸟，也吃小动物。这里有浑身雪白的北极大猫头鹰，还有像云雀那样飞到云霄里唱歌的美丽的白翅膀、白胸脯的雪鹀，还有在地上边跑边唱歌的北极百灵鸟，它们的脖子上生着黑羽毛，就像几绺黑胡子，头上竖起两小撮黑冠毛，就像一对小犄角。

这儿的野兽才真叫多呢！

我带了早点，到海岬边坐了坐。坐下后，我身边有好多旅鼠跑来跑去的。这种啮齿动物个头很小，浑身毛茸茸的，灰色、黑色和黄色的毛相间。

岛上有很多北极狐。我曾在乱石堆中看到过一只，它正悄悄地走向一窝还不会飞的小海鸥。大海鸥忽然之间发现了它，马上一齐扑向它，只听见一片吵闹声后，这个小偷夹着尾巴飞快地逃走了！

这儿的鸟非常会保护自己，也绝不让自己的孩子被欺负。这样的话，

这里的野兽可就要挨饿了。

我开始眺望海面，有许多鸟在那里游来游去。我吹了一声口哨儿，突然间，岸边的水底下钻出几个皮毛光滑的圆脑袋，用一双双乌黑的眼睛好奇地看着我，大概它们在想：“这是从哪儿来的丑八怪！他为什么要吹口哨呀？”

原来这是海豹——一种体型很小的海豹。

在离岸稍远一点儿的地方，又出现一只体型比较大的海豹。再远一点儿，是一些长着胡子的海象，它们的体型就更大了。忽然之间，它们都钻进水里了，鸟儿也大声地叫着，飞上了天空——原来是白熊来了，从水里露出头来，白熊是北极地区最凶猛、最强大的野兽。

我觉得饿了，这才想起伸手拿早点来吃。我明明记得，把早点放在自己身后的一块石头上了，可是这会儿它却不见了。我找了找石头下面也没有。

我跳起身。

有一只北极狐从石头底下蹿了出来。

小偷，小偷！是这个小偷悄悄地偷走了我的食物。包早点的纸还被它衔在嘴里呢！

你看，这里的鸟都把这样一个体面的动物饿成什么样儿了！

狩 猎

现在雏鸟都还没长大，飞都不会飞，那么我们猎什么动物呢？法律禁止在这个时间段内狩猎飞禽走兽。

不过，那些危害小动物的凶猛野兽，现在也是可以捕猎的。法律是允许的。

黑夜的恐怖

夏天的夜晚你要是到外面去转一转，就会听见从树林里传来一阵阵奇怪的声音。忽然几声“嚯，嚯，嚯”，忽然几声“哈哈哈”，非常吓人，任谁听了都会觉得毛骨悚然呢！

有时候甚至感觉有人从楼顶呼呼大叫起来，在黑暗里闷生闷气的，仿佛在那里招呼：

“快走，快走！就要大祸临头了……”

就在这种时刻，在漆黑漆黑的半空里，燃起两盏圆溜溜的绿灯——这是一双凶恶的眼睛。接着，一个无声无息的阴影，在你身边一闪而过，差点儿擦着你的脸儿。这怎么能不让你害怕呢！

就是由于这种恐惧的心理，所以人们才讨厌各式各样的猫头鹰。树林里的鸟，用一种不吉利的声音，一个劲儿对人们说：

“快走！快走！”

就算大白天，要是打一个黑乎乎的树洞里突然探出一个有一双黄澄澄的眼睛的脑袋，钩子似的尖嘴巴，发出很响很响的“吧嗒吧嗒”的声音，也很容易吓人一大跳呢！

如果在半夜时分，家禽们突然骚动起来，鸡、鸭、鹅都一起乱叫起来，咯咯咯、嘎嘎嘎地吵成一片。那么在第二天的早上，当主人发现家里的小鸡数量不对了时，他一定是会怪在鸮鸟的头上的。

白日打劫

不光是夜晚，就算是大白天，猛禽也闹得集体农庄庄员们不得安宁。

老母鸡稍微麻痹大意了一会儿，它的小鸡就被鹰抓走了一只。

一只公鸡刚跳上篱笆，鹰一把就把它抓走了！鸽子刚从屋顶上飞起，不知从哪儿来了只游隼，一下子冲进鸽群。只要一爪子下去，就只看见绒毛四散飞舞，它抓住了那只鸽子，然后一下子就飞得无影无踪了。

万一猛禽叫集体农庄庄员们碰上，那个对猛禽咬牙切齿的人，才不去仔细研究哪个是好鸟哪个是坏鸟呢——他只要看见一只有钩形的嘴和长爪子的猛禽，就会立刻把它打死。他要是认真地大干一番，把周围一带所有的猛禽都打死或赶跑，到时候后悔都来不及了，田里的老鼠将大批地繁殖起来，金花鼠会把整片的庄稼都吃光，兔子会把整片菜园里的菜都啃光。

不会算计的庄员在经济上会受到很大的损失。

谁是朋友，谁是敌人

首先要好好地学会辨别有益的和有害的猛禽，才能不把事情闹得那么糟，那些伤害野鸟和家禽的猛禽，是有害的；那些消灭老鼠、田鼠、金花鼠和那些对我们有害的啮齿动物和蚱蜢、蝗虫等害虫的猛禽对人类是有益的。

不管它们的模样有多么的可怕，它们也都是益鸟，只有我们这里那些体型很大的鸟——大角鸮和圆脑袋的大鸮鹰是害鸟，不过，它们也常常捉啮齿动物吃呢！

白天飞出来的猛禽里，最讨厌的是老鹰。在我们这里老鹰有两种：大个儿的游隼和小个儿的鹞鹰。

很容易把老鹰和其他猛禽区分开来：它们是灰色的，胸脯上有杂色的条纹；小小的脑袋，低低的前额，淡黄的眼睛，翅膀圆圆的，尾巴长长的。

老鹰是一种非常强悍、凶恶的鸟，就算是比它们大的动物，它们也敢往上扑，甚至肚子饱的时候也会毫不犹豫地杀死别的鸟类。

鸢的尾巴是分叉的，根据这种尾巴的特征，很容易把它辨认出来。它比老鹰弱得多，它不敢扑个儿大的飞禽猛兽，只是到处张望，看哪儿有一只笨头笨脑的小鸡可以抓走，或者哪儿有腐烂的动物尸体可以啄食。

还有大隼也是害鸟。

它们的翅膀是尖尖的、弯弯的，像两把镰刀，它们比什么鸟飞得都快，而且常常猛扑那些高飞的鸟，这样免得在扑了空的时候，猛一下撞在地上，撞破胸脯。

那些小隼鹰，最好不要去惊动——它们中间有一些是非常有益的，例如红隼。

常常可以看到在田野的上空，有这种红隼在飞，它们悬挂在天空中，好像有根看不见的线，把它挂在云堆下似的。它抖动着翅膀，在搜寻草丛里的老鼠、蚱蜢等。

雕对我们是害多利少。

怎样猎猛禽

在巢旁打它们

那些对人们有害的猛禽一年四季都可以狩猎，法律是允许的。有各式各样狩猎猛禽的方法。

狩猎猛禽最方便的方法，是在它们的巢旁打它们。不过，这种打法是很危险的。

硕大的猛禽为了保护雏鸟，会狂叫着向人扑来。人们不得不在离它很近的地方开枪。枪要打得快、准、狠，要不然你的眼珠子可要难保了。不过，它们的巢穴都很难找到。雕、老鹰、游隼都把它们的住宅安置在难以攀登的岩石上，或者茂密的森林里高大的树木上。大角鸮和大鸮鹰的巢做在岩石上，或者筑在稠密的丛林里的地上。

偷 袭

雕和老鹰常常落在干草垛上、白柳树上，或者孤零零地伫立在枯树上，寻找可以捕捉的小动物,它们可不让人走近它们。

这就得偷袭了,这就是从灌木丛或者石头后悄悄地爬过去打枪,必须用远射程的来复枪,用小子弹。

带个帮手

猎人去打白昼飞出来的猛禽时,常常带上一只大角鸮。

头一天,他在附近一处小丘上,把一根木杆插在土里,木杆上安一根横木。离这根木杆几步远,把一棵枯树埋在土里,再在旁边搭一个小棚子。

第二天早晨,猎人带着大角鸮来到这里,把它放在木杆的横木上,系好,自己躲在旁边的小棚子里。

用不着等多久,只要老鹰们看见这个丑八怪,它们马上就向它扑过来,大角鸮夜里经常出来打劫,所以仇敌很多,都想报复一下它。

它们打着盘旋,向大角鸮一次次扑将过来,落在枯枝上。系在木杆上的大角鸮,只好竖起浑身的羽毛,眨巴眨巴眼睛,张着钩形嘴,一点儿办法也没有。

猛禽正在怒气冲天的时候,顾不上注意小棚子。这时候,你就开枪打吧!

黑夜打猎

最有趣的,是黑夜打猛禽。不难发现老鹰和其他大型猛禽飞去过夜的地方。比如说,在没有岩石的地方,雕就在孤零零的大树上打盹儿。

猎人挑一个没有月光的黑夜，来到这样的大树旁打猎。

雕正在沉睡，所以猎人可以来到树下，出其不意地打开藏在身边的强光灯（手电筒或者电石灯），突然，一道亮眼的光对着雕照过去。雕被这亮光照醒了，眯着眼睛，迷迷糊糊的。它什么也看不见，不明白是怎么回事，像发昏似的待着，一动也不动。

猎人从地下望上去，却看得清清楚楚。他瞄准了，这才开枪。

夏猎开禁了

从7月底开始，猎人们就等得不耐烦了，幼鸟已经长大了，可是政府还没有规定今年夏季狩猎的日期。

猎人好不容易盼到了这一天——报上的公告说：从8月6日起开禁，允许人们在林子里和沼泽地里打飞禽走兽。

每个猎人都早就准备好了弹药，把猎枪检查了一遍又一遍。8月5日那天，人们下班以后，各个城市的火车站里到处挤满了扛着猎枪、牵着猎犬的人。

火车站上啥样的猎犬都有！短毛猎犬和光毛猎犬的尾巴都是直直的，像条鞭子似的。各种颜色的狗都有：白色带着黄色斑点的，黄色带着杂色斑点的，棕色带着杂色斑点的，浑身是白色，眼睛上、耳朵上，以及全身带着大黑斑的，深褐色的，浑身乌黑、长得油光闪亮的。有长毛短尾的谍犬——有毛色发白，带着闪青灰色光的小黑斑点的，也有白色带着大黑斑的；有“红毛”的长毛猎犬——有浑身黄红色的，浑身火红色的，也有几乎是纯红色的；还有体型很大的猎犬，它们显得高大笨拙，行动迟钝，它们的毛色是黑的，带着黄色斑点。这些都是专门为了夏季打刚出窠的野禽而驯养的猎犬——它们都经过专业训练，只要一嗅到野禽的气味，就会站住脚步，一动也不动，等着主人走过去。还有一种矮小的猎犬，它们的毛很长，腿很短，长耳朵几乎耷拉到地上，尾巴短短的，这是西班牙猎犬。它们不会站定指示野禽的方向，不过带着这种狗在草丛里或是芦苇丛里打野鸭，或者在灌木丛里打松鸡，那是非常方便的。无论飞禽在水里，在芦苇丛里，还是在茂密的灌木丛里，都会被这种狗给撵出来。如果飞禽被打死了，或是被打伤了，无论它落到哪儿，都会被这种狗衔回来交给主人。

多数猎人都会乘近郊火车出外打猎，每一节车厢里都有猎人的身影。大家都会望着他们，欣赏他们的漂亮猎犬。只听得整个车厢里的人都在那里谈论着野味、猎犬、猎枪和不俗的猎绩。猎人们都觉得自己简直要变成英雄了，他们时不时地抬起眼睛，

得意扬扬地望着这些“平常人”——那些没带猎枪和猎犬的乘客们。

6号晚上和7号早上,火车又把那些猎人载回城里。不过,可不是每个人都满载而归。好多猎人的脸上露出了沮丧的神情,他们垂头丧气地把干瘪瘪的背包挂在肩上。

“平常人”们微笑着看向这些昨日的英雄们。

“打到的野味在哪儿呀?”

“留在林子里了。”

“飞去别处送死了。”

这时,有一个猎人从一个小站上车了,一进车厢就得到了一阵赞美声。原来他的背囊鼓鼓的。他谁都不看,只顾着找座儿——人们连忙给他让座,他就大模大样地坐下了。他邻座的那个人眼尖心细,对着全车厢的人说道:“咦!……你这野味儿怎么全长着绿脚爪呀!”然后就很不客气地揭开了背包的一角。

里面露出了云杉树枝的梢儿。

真难为情呀!

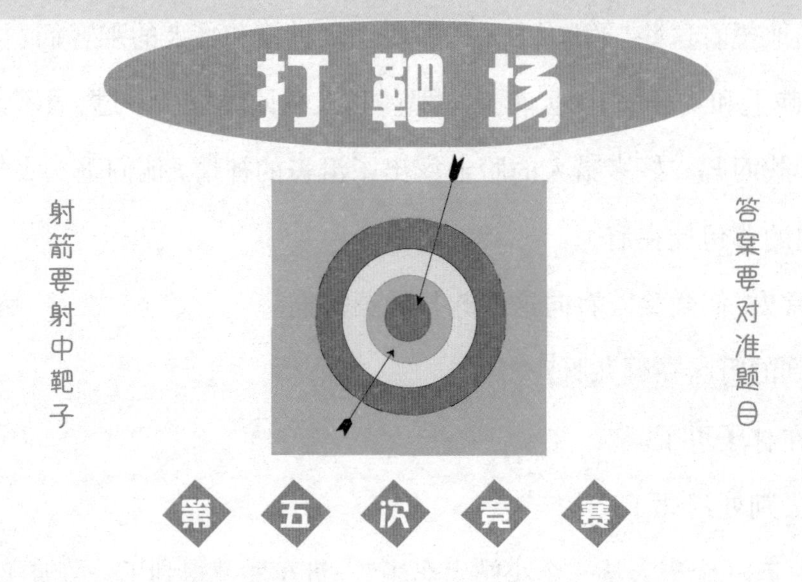

第五次竞赛

1.鸟儿什么时候有牙齿？

2.假如一头牛没有尾巴，一头牛有尾巴，哪一头牛肚子会吃得更饱一些？

3.早晨，田地里的亚麻是淡蓝色的，快到晌午的时候，为什么就变成了绿色的？

4.一年里面哪一季度猛禽和猛兽能吃得最饱？

5.什么动物生两次死一次？

6.什么动物在成长以前要生三次？

7.当人们形容对人毫无影响的事情时，为什么总说“好像鹅背的水”？

8.为什么狗觉得热了就吐出舌头，马觉得热的时候却不吐舌头呢？

9.哪一种鸟的雏鸟不认得妈妈？

10.哪一种鸟的雏鸟，像蛇一样从树洞里发出嘘嘘的声音？

11.根据秃鼻乌鸦的嘴，可以区别出老鸟和小鸟。怎么区别？

12.哪一种鱼会照顾它的孩子，当它们还没长大的时候？

13.蜜蜂在蜇了人以后，它自己怎么样了？

14.刚生下来的蝙蝠吃什么？

15.中午，向日葵的花朝什么方向？

16.野牛公公在山上跑，野牛婆婆在山缝里跑；一个不住眨眼，一个高声大叫。（谜语）

17.几个小老头子，戴着一色的红帽子，谁要走进他们，就得弯下身子。（谜语）

18.坐的是一根细棒子，穿的是一件红衫子，凸出亮晶晶的小肚子，肚子里装满了小石子。（谜语）

19. 来自灌木丛里，声音嘘哩嘘哩，忽然毒剑抬起，照你脚上就击。（谜语）

20.躺在地上睡觉，早晨就不知去向了。（谜语）

21.眼睛生在角上，房子背在背上。（谜语）

22.花赛天仙似的美，爪子像魔鬼的一样尖锐。（谜语）

森林报

夏季第三月

8月21日至9月20日

结队飞行月——太阳进入处女宫

一年——分十二个月谱写的太阳诗章

8 月是闪光的月份。夜里闪光飞驰而过，无声地照亮了森林上方的天空。为了让人们早点习惯即将到来的飒飒秋风，原本炙热的阳光变得越来越温和。

草地换上夏季最后一次盛装。鲜花的颜色越来越深了，变成了蓝色和紫色。阳光开始削弱，草地即将告别，它只能将微弱的光芒收集起来。

果实开始成熟了，蔬菜和水果都长得硕大无比。即使是晚熟的浆果也开始成熟了，就像树莓和越橘。长在沼泽地的红莓和树上的花果也成熟了。

那些不喜欢灼热阳光的东西，在避开阳光的阴凉里开始繁衍了。它们就是菌菇。

树木也停止了长高和变粗。

森林里的新规矩

森林里的小孩子们都已经长大了，开始从窝里爬了出来。

春天，那些成双成对住在自己固定地盘上的鸟儿，现在却带着孩子在林子里游荡起来了。

森林里的居民开始了互相拜访。

就连那些非常凶猛的飞禽走兽，也不那么严格地守卫着自己的地盘了。因为到处都是食物，什么都够吃。

貂、黄鼠狼和白鼬在树林里转悠来转悠去，可以轻而易举地找到吃的。那些呆头呆脑的小鸟和刚出世的小兔子，还有粗心大意的小老鼠，都是它们的盘中餐。

鸟儿们成群结队地从树木上飞过去。

每个群体有每个群体的规矩，下面让我们来看看吧。

我为大家，大家为我

谁一旦发现了敌情，就发出尖叫警示大家，以便于大家四下逃走。如果有一只鸟落难了，那么大家就会成群结队地去恐吓、攻击敌人。

动物们多了沟通和互助，这样的森林更加和睦、融洽，更像一个大家庭。看那些成群的鸟儿，展开翅膀在树木间穿梭，互相追逐嬉闹，这场景多么友爱！

成百对眼睛，成百双耳朵，同时警戒着敌人；成百张尖嘴准备好了打退敌人……加入鸟群的雏鸟当然越多越好。

在鸟群里，雏鸟都要遵循一个法则：向老鸟们学习。

如果老鸟们不慌不忙地吃麦子，那么你也吃；如果老鸟们抬起头不动了，你就该装死；如果老鸟们赶紧逃跑的话，你就应该跑得更快。

教学场地

鹤和琴鸡有一块专门的教学场地，以供自己的孩子学习。

这块教学场地在树林里，小琴鸡们聚集在那里，学习琴鸡爸爸的本领。

琴鸡爸爸咕噜咕噜地叫，小琴鸡们也跟着学。琴鸡爸爸如果啾啾地叫，小琴鸡们也开始啾啾地叫。

小鹤们排着队伍，飞到教学场地上来。它们需要学习如何在飞行中排成人字形。这是它们必须要学会的事情，只有这样才能在长途飞行中节省体力。

飞在人字形最前头的，是身强力壮的老鹤。它要非常有气势，带领全队，冲破天空。如果它飞累了，就退到队伍的

末尾，其他有力气的老鹤就会来代替它。

小鹤跟在领队的后面飞，一只接着一只，脑袋接着尾巴，尾巴接着脑袋。它们按照节拍挥动翅膀。身体强壮的鹤飞在前面，身体弱一些的就跟在后面。它们形成一个三角形冲击气浪，就像小船用船头破开海浪前进一样。

咕尔，嘞！咕尔，嘞！

这是发命令，嘱咐大家听命令："注意啊，到目的地了！"

鹤一只跟着一只地落到地上。这是田野中的一块空地，小鹤们在这儿学习跳舞、体操：它们跳啊，旋转啊，跟着节拍做出各种灵巧的动作，舒展着双腿。还得做一种难度最大的练习：用嘴将一块小石子抛出去，再用嘴把它接住。

它们就是这样为长途飞行做准备的……

会飞的蜘蛛

蜘蛛没有翅膀，那么它们是怎么飞的呢？

蜘蛛们有自己的小窍门，让它们变成飞行员。

蜘蛛会从肚子里吐出一根细丝来,挂在灌木丛上。有风来的时候,会吹动细丝左右飘动。但是这根细丝很坚韧,是吹不断的,跟蚕丝差不多。

蜘蛛蹲在地上,吐出一根丝,在树枝和地面之间游走。蜘蛛把自己也绕进蛛丝里了,整个身子都被蛛丝包裹住了,就像蚕茧一样。

蛛丝越来越长,风越来越大了。

蜘蛛在地上站稳,用脚牢牢地勾住。

一、二、三,蜘蛛迎风爬过去,咬断了挂在树枝上的那一头。

一阵风吹来,蜘蛛已经离开地面了,它飞了起来。

赶紧将身上的蛛丝解开!

然后蜘蛛就随着风不断地上升,飞过了草地、河流……它俯瞰着大地,在哪儿降落呢?

蜘蛛看到现在自己下方的院子,赶紧停下了脚步。因为一群苍蝇正在粪堆上飞舞呢。它把自己的蛛丝推离身体,用腿把自己盘成一个小球,然后小球慢慢地降落了!

着陆成功!

蜘蛛安稳地落在了草地上,开始了自己的家庭生活。

当这样的事情发生时,表示秋天快要到了。空气中飞舞着银光闪闪的蛛丝。

森林大事记

一只山羊吃光一片树林

这可不是个笑话,真的有一只山羊吃光了一整片树林。

这只山羊是看树林的人买的,他把它带回树林里去,拴在草地上的一根柱子上。结果在半夜里,山羊挣脱绳子逃走了。

这周围全是树木,山羊能到哪儿去呢?幸亏这里没有狼。

看树林的人找了它三天都没有找到,第四天这只山羊居然自

己回来了。它咩咩咩地叫着,仿佛在说:“你好,我回来了。”

晚上，隔壁一个看树林的人急急忙忙地跑了过来。原来山羊把他看守的树林里的树苗全都啃掉了,整片树林都吃光了。

树苗在很小的时候,完全没办法保护自己。所以,随便一只动物,都能够把它从土里拔出来吃掉。

山羊看上了细小的松树苗,因为它们是那样的漂亮,下面有一根纤细的小红柄,上面是软软的绿叶子,像一把把扇子似的。可能是因为山羊觉得它们非常好吃。

山羊当然不敢碰大松树,松针会把它戳得遍体鳞伤。

捉强盗

成群结队的柳莺在林子里到处飞。从这棵树飞到那棵树，从这丛灌木飞到那丛灌木,它们把每一棵树、每一丛灌木的角落,上上下下、里里外外、仔仔细细地搜寻了一遍。把树叶背面、树皮上、树缝里的青虫、甲虫或是蝴蝶、飞蛾,都找出来吃掉。

“啾咿！啾咿！”有一只小鸟惊慌地叫了两声。所有小鸟马上开始警觉了,只见树底下有一只凶恶的白鼬,正偷偷地往树上爬。它在树根之间若隐若现,一会儿露出乌黑的后背,一会儿消失在倒在地上的枯树间。它细长的身子像条蛇一样扭动着；它狠毒的小眼睛在黑暗中喷出火花般的凶光。

“啾咿！啾咿！”各处的小鸟都叫了起来，这一群柳莺都匆匆忙忙从这棵大树上飞走了。

白天还好说,只要有一只鸟能发现敌人,其他鸟就都可以逃脱了。到了夜晚,小鸟躲到树枝下睡觉,这时敌人可没睡觉！猫头鹰扇动着软软的翅膀,无声无息地飞了过来,看准小鸟的位置,就用爪子猛地一抓！睡得迷迷糊糊的小鸟,吓得四处乱窜。可还是有两三只被强盗的利爪抓住了。天黑的时候,可真是不妙！

此时,小鸟们继续钻进森林深处。这些身子轻盈的小鸟儿,穿过层层树叶,钻进最隐僻的角落。

在茂密的丛林中央,杵着一根粗大的树桩子。树桩子上长着一簇奇形怪状的蘑菇。

一只柳莺飞到蘑菇跟前,想看一看那儿有没有蜗牛。

忽然之间,那蘑菇的灰茸茸的帽儿自己升起来了,只见那帽子下面有一双闪亮的圆溜溜的眼睛。

这时,柳莺才看清,这是一张像猫脸似的圆脸,圆脸上有一张像钩子一样的弯嘴巴。

柳莺大吃一惊,连忙闪到一旁,尖叫起来:“啾咿！啾咿！”整个族群骚动起来了,可是没有一只小鸟飞走。大家聚在一起,将树桩团团围住。

“猫头鹰！猫头鹰！救命！救命！”

猫头鹰气得嘴巴一张一合的,“啪啪啪”地响着,好像在说:“哼！你们还主动找上我啦！不让我睡个好觉！”

有很多小鸟听见柳莺的警报,从四面八方赶了过来。

快捉强盗啊!

体型很小的黄脑袋戴菊鸟，是从高大的云杉上飞过来的。灵巧的山雀是从灌木丛里跳出来的,它们都勇敢地加入了战斗,在猫头鹰的眼前不住地盘旋,冷嘲热讽地冲着它叫着:

“来啊！你来碰我们呀！来啊！你来捉我们呀！尽管来吧！捉住我们啊！大白天的,你倒是试试看！你这该死的夜游神,你这强盗！”

猫头鹰只有把嘴巴弄得吧嗒吧嗒直响的份儿，眼睛一眨一眨的——大白天的,它能有什么办法呢?

鸟儿络绎不绝地飞来。柳莺和山雀的喧嚣声，引来了一群勇敢又强壮的林中老鸦——长着淡蓝色翅膀的松鸦。

这可吓坏了猫头鹰,它扇动着翅膀,赶紧溜之大吉。还是快逃吧,保住性命要紧,再不逃走,会被松鸦啄死的。

松鸦紧紧跟在它后面,追啊,追啊,一直把猫头鹰赶出了森林。

柳莺可以安心地睡一晚了。如此大闹一场之后，猫头鹰很长一段时间都不敢再回老地方了。

草　莓

在森林边上,草莓红了。鸟儿们找到红色的草莓,衔着飞走了。它们会把草莓的种子带到很远的地方去,但是有一部分草莓的后代,仍然留在原地,和它们的母亲并排长在一起。

看,这一颗草莓旁边已经长出了新的藤蔓。藤蔓的梢上,长出了一棵

新的草莓苗。那儿也有一棵,在同一根藤蔓上,有三丛草莓呢。第一丛已经扎根了,其余两丛还没有发育好。藤蔓向着草莓妈妈爬去,要是想找到带着子女的植株，就得在野草稀疏的地方找。比如说这一株：中间是母体,周围一圈都是它的孩子,一共有三圈,每圈都有五棵。

草莓就这样一圈一圈地向外长着,占据着土地。

抓住猫头鹰

不管白天还是夜晚,森林里的小鸟必须打起精神,时刻对危险保持警惕。

白天,成群结队的黄篱莺在茂密的灌木丛里穿梭,在树枝间、草地上寻找肥美的虫子。然而,就在它们寻找猎物的同时,自己也成了其他动物眼中的美食。此时,一只凶狠的貂就埋伏在树上,等着某只小鸟被同伴落下。貂浑身黑色，趴伏在树干上不易被发现。黄篱莺一直没有发现它的存在,貂有些得意忘形,轻轻晃动起尾巴,眼里的凶光也越来越亮。

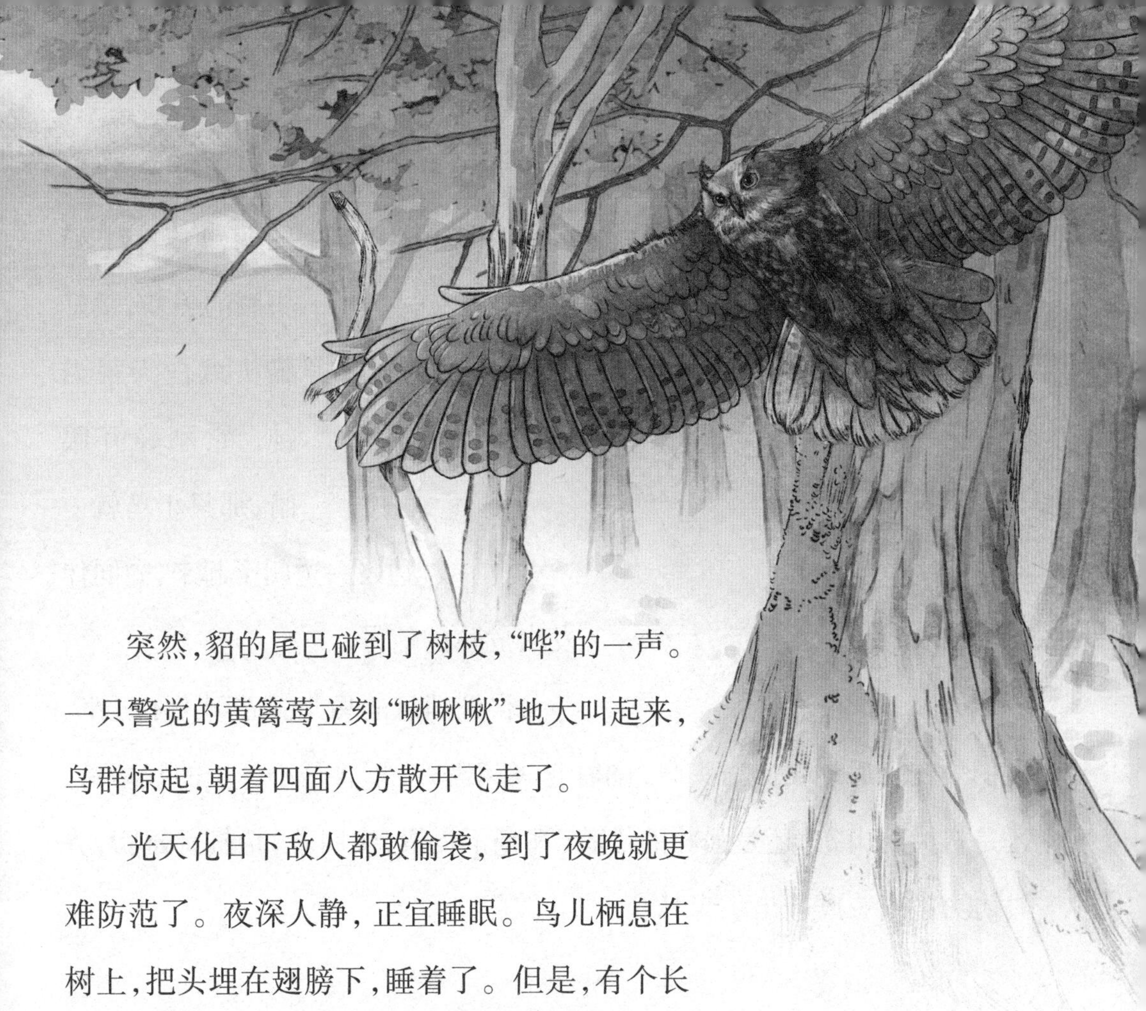

突然,貂的尾巴碰到了树枝,“哗”的一声。一只警觉的黄篱莺立刻“啾啾啾”地大叫起来,鸟群惊起,朝着四面八方散开飞走了。

光天化日下敌人都敢偷袭,到了夜晚就更难防范了。夜深人静,正宜睡眠。鸟儿栖息在树上,把头埋在翅膀下,睡着了。但是,有个长着猫脑袋、钩子嘴、大翅膀的家伙可没工夫睡觉。它睁着圆溜溜的眼睛,四处张望,终于发现了一只睡得很香的小鸟。它看准时机,冲过去伸出爪子捏住了小鸟的喉咙。可怜的小鸟,只发出了一声痛苦的呻吟,就莫名其妙地丢了性命。

那个丑陋的凶手就是猫头鹰。猫头鹰一般在夜间活动,以鼠类为食,偶尔会捕食小鸟。它行动敏捷,让人防不胜防,小鸟们都对它深恶痛绝。难怪那只出现在白天的猫头鹰会成为众矢之的,被群鸟围殴。

它本来正躲在茂盛的树叶下休息,但露在外面的圆耳朵把一只小鸟

吸引了过来。小鸟的叫声惊醒了猫头鹰的美梦，幸好猫头鹰白天很迟钝，它刚睁开眼睛，那只小鸟就一边飞一边叫了起来，向同伴发出危险的信号。

得到消息的鸟儿们立刻飞了过来，它们争先恐后地飞向猫头鹰，围着它飞翔盘旋，不管是小个子的戴菊鸟，还是机灵的山雀，还是强壮的松鸦，都毫不畏惧，尖叫着，拍打着翅膀，齐心协力把猫头鹰赶出了森林。

被吓死的狗熊

有一天晚上，猎人很晚才走出森林，回到村庄里。当他到达燕麦田边时，一看：有一团黑乎乎的东西在那儿转来转去。那是什么东西呢？

难道是走失的牲口？

猎人仔细一看，天啊！居然是一只大狗熊。

大狗熊趴在地上，用两只前爪抓住一束麦穗，压在身底下吸着呢。看来燕麦很对它的胃口。

猎人并没有带枪弹，身边只有一颗小霰弹。但是猎人并不害怕，他是一个勇敢的小伙子。

他心想,不管打不打得死它,先放一枪再说,不能看着狗熊糟蹋粮食,必须得治治狗熊。于是他装上霰弹，朝狗熊放了一枪。正好在狗熊耳朵边炸开。

狗熊完全没有预料到,所以它被吓坏了,一下子蹿得老高,往麦田边的灌木丛里逃走了。

猎人看见狗熊这么胆小,心里笑了一下,然后就回家去了。

第二天,猎人想过去看看。于是他来到燕麦田边,看见田里的麦子给狗熊糟蹋了很多。他居然还看见了熊粪,一直通到了森林里,原来昨天那只狗熊吓得拉肚子了。

他顺着痕迹,找了过去,只见那只狗熊居然躺在那儿死了。

没想到一枪就吓死了一只狗熊。狗熊还是森林里最强大、最可怕的野兽呢!

夏天下雪

8 月的太阳虽然温和，不过偶尔也会发脾气。就像现在，虽然已是傍晚，但被灼热的阳光烘烤了一天的空气还是很烫。不远处的湖面上,却飘洒着纷纷扬扬的雪花。雪

花又大又密集，络绎不绝地从空中降落下来，打着转儿，转着圈儿，落在树叶间、草丛里、湖面上，像给大地盖上了一层厚厚的棉絮。

8月飞雪已经够奇怪了，更怪的是，这些雪花竟然不会融化！

其实，从天而降的根本就不是雪，而是一群昨天才从湖底爬上来、今天就要死去的短命昆虫——蜉蝣。

在进化为成虫之前，蜉蝣的幼虫生活在河流或湖泊底部的淤泥里，终年不见阳光，它们又丑又脏，以泥巴或水苔为食。幼虫生长得很慢，有的要在水下生活长达三年的时间才能爬到岸上，蜕掉外皮，长出翅膀。成熟的蜉蝣身体细长柔软，翅膀轻薄透明，呈折扇状，伸开的尾巴像三根又细又长的线，飞到空中。

蜉蝣是名副其实的"短命鬼"，它们有"朝生暮死"的特点，也就是说蜉蝣的生命只有几个小时到一天。在有限的生命里，它们会展开翅膀到处飞翔，似乎在欣赏世上美丽的景色。到太阳快落山的时候，它们就会回到水边，轻轻降落在水面上，产下虫卵，然后安静地死去。

遮天蔽日的蜉蝣一起飞向湖面时，那情景确实很像下雪。蜉蝣用数百天的生长换来了一天的飞舞和后代的延续，让人不得不感叹生命的珍贵！

可以吃的蘑菇

一场雨过后，蘑菇长出来了。

最好的蘑菇是松树林里长出来的白蘑菇。白蘑菇就是美味的牛肝菌，它们长得很粗壮，肉质肥厚。它的伞盖是深咖啡色的，气味很好闻。

牛肝菌长在林间的小道上，野草丛里，有时候甚至长在车轱辘碾过的小坑里。当它还很小的时候，模样非常好看，像个小线团。但是总是黏黏的，所以上面常常会粘上树叶或者干草。

在同一个松树林里，还长着松乳菇。它们是棕红色的，远远地就能看见它们，而且到处都是，非常多。长大的松乳菇几乎跟小碟子一样大，伞盖也给虫子咬得都是洞，旁边还有点儿发绿。最好的是中等的松乳菇，比五戈比硬币稍大一点，它们的边缘往上卷着。

云杉林里也有很多蘑菇，白蘑菇和松乳菇长在这里，就和长在松树林里不太一样了。白蘑菇的伞盖稍微黄了一些，伞柄更细，长得更高一些。松乳菇则变成了蓝色，略微带着一点儿绿色，伞盖上还有一圈圈纹理，就像树的年轮一样，和松树林里的松乳菇完全不一样了。

白桦和白杨树下也有自己的蘑菇，叫作“桦下菌”和“杨下菌”。但是其实桦下菌离白桦树很远，倒是杨下菌和白杨树离得很近，因为它只能生长在树根上。杨下菌非常漂亮，无论是伞盖还是伞柄，都像经过精雕细琢的一样。

有毒的蘑菇

不光是可以吃的蘑菇，有毒的蘑菇也在雨后冒出了很多。能吃的主要是白蘑菇，而有毒的主要是毒鹅膏。一定要当心！它蕴含着非常厉害的毒素，吃下一小块毒鹅膏，比被蛇咬一口还要致命。

中了这种蘑菇毒的人是很难救活的。

幸好我们可以很容易地分辨这种蘑菇。它与其他蘑菇有一个最大的区别：它的伞柄仿佛是从大肚子瓦罐的细颈里脱离出来的。

毒鹅膏菌很像蛤蟆菌，它甚至被有些人称为白蛤蟆菌。如果将它们画在纸上，很难分辨。它们的伞盖上都有着白色的纹理，伞柄上像是有一条小领子似的。

还有两种很致命的毒蘑菇。它们常常被误认为是白蘑菇。这两种蘑菇就是胆汁菌和撒旦菌。

它们的伞盖里面不像白蘑菇那样呈现白色或者淡黄色，而是红色的。如果把白蘑菇的伞盖掰开，它依旧是白色的。但是这两种毒蘑菇把伞盖掰开后开始变红,后来就变黑了。

得白化病的野鸭

在诺夫哥罗德州和加里宁州交界处的皮罗斯湖上，我多次见到了一只白色的野鸭。

它躲在一群纯灰色野鸭的中间,垂着头安静地浮在水面上,雪白的身影倒映在河水中,被阳光镀上了一层闪亮的光晕,在浑身灰色的同伴中,它像位高傲的公主,既优雅又娴静。

多次观察后,我确定“野鸭公主”是一位黑色素缺乏症患者,由于血液里缺乏色素染色体,所以它的羽毛乃至皮肤颜色都比同类浅,这种情况会跟随它一辈子。它大概病得很重,所以通体雪白,不像其他野鸭都披着灰白外袍。

和动物打交道几十年,我从来没有见过得这种病的任何动物,我迫不及待地想把这只野鸭捉到我的实验室。原以为,捉住它并不是一件多么困难的事情,因为它的颜色太显眼了。对于长期生活在沼泽和湖泊上的野鸭来说,灰色是它们的保护色。但不管隔多远,总能一眼发现那团白色。

事实证明我的想法太幼稚了,白野鸭虽然没有保护色,但同伴就是它的天然屏障,它总是安静地待在鸭群正中间,根本无法靠近,也没办法开枪瞄准。我不相信,难道它能每天24小时全待在队伍里吗?它总要飞离伙伴,去捕食或者晾晒一下翅膀吧?

我要做的,就是耐心等待时机。

终于有一天,我发现白野鸭和其他三四只野鸭一起飞离了水面,朝着我所在的方向飞了过来。机不可失!我迅速举起猎枪,瞄准它的翅膀,射击!肯定万无一失了吧。

让我大吃一惊的是,就在子弹即将穿透白野鸭的翅膀时,距离它最近的一只灰色野鸭突然扑过来，挡住了子弹。我张开的嘴巴还没闭上，白野鸭和其他野鸭已经逃走了。

那个夏天，我多次在那片野鸭集结地见到它，只是每一次，这位“公主”身边总有几位“灰色骑士”，像贴身保镖一样保护着它。直到它们离开皮罗斯湖，我也没能捕捉到它。

后来，我再也没见到过这只白色的野鸭。

绿色的朋友

应该种什么

你们知道应该种什么树来造新林吗?

我们知道,我们还选择了 16 个乔木树种和 14 个灌木树种,去种到祖国各地。

主要的乔木树种和灌木树种有:橡树、白杨、白桦、榆树、松树、桉树、苹果树、梨树、野蔷薇等。

这方面的知识孩子们都已经了解了,以便在采集树种时,能够选择正确的树种。

植树机器

因为需要种植的树木实在太多了,光靠两只手可是无法完成的。

这时候我们需要植树机器来助我们一臂之力。树机是人类智慧的结晶之一。人们发明了各种各样的植树机器,它们能撒种子、种树苗甚至栽种成材的大树。有的机器除了种树,还会挖掘池塘、平整土地甚至保护苗圃。

新建的湖泊

列宁格勒州有很多河流、湖泊和池塘，所以那里的人夏季也不是很热。而克里米疆区的池塘都非常少，更别说湖泊了。倒是有一条小河流过这里，但是每到夏天，因为雨水少，蒸发量又很大，小河水位就会下降，旱情严重时甚至会露出河床。人们甚至稍稍卷起裤腿就能蹚过去。

这里的果园和菜地也因为干旱吃了不少苦头。

不过现在，它们就不用担心缺水了。为了保证庄稼、蔬菜和果木能正常“饮水”，当地人修建了一个蓄水量高达 500 万立方米的人工湖。

这个湖足以供给我们菜地的灌溉，还可以养殖鱼类和水禽呢！

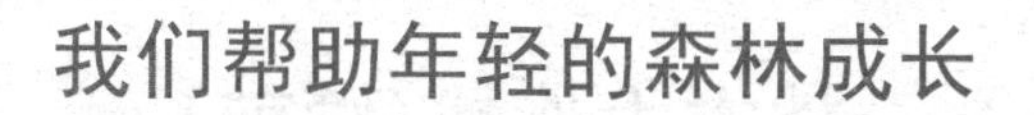

我们帮助年轻的森林成长

我们国家的人们，他们在伏尔加河、第聂伯河和阿姆河上修建水电站。将伏尔加河和顿河连起来，植树造林，建造防护带，以阻止风沙侵袭农田。

所有的苏维埃人都投身建设共产主义社会。广大的中小学生都希望能够对这项伟大事业有所帮助。每一个少先队员都记得曾经在同学面前的宣誓:一定要成为合格的公民。

几十万棵年轻的橡树、杨树沿着伏尔加河排列着,从这边一直到那边,占据了整个沙漠。现在树木还小,面临着许多敌人:害虫、啮齿动物和风暴。

学校的共青团员和少先队员决定帮助年轻的树木解决这些问题。

一只椋鸟能够在一天之内消灭两百克蝗虫,如果这些鸟能够到这里来居住,那么一定会给树木带来很多好处。于是我们给森林里的树木制作并悬挂了350个鸟舍。

黄鼠和其他啮齿动物也会给年轻的树木们带来巨大的危害。于是我们和农村的孩子们一起捕捉黄鼠。在黄鼠的洞穴里灌水,然后用夹子捕捉它们。

我们区的农庄庄员们将在防护带上补种树苗,于是我们在夏季采集了一吨重的树种。在学校里建起了苗圃,培育橡树、枫树和其他树木。我们还和农村的孩子们一起组建巡逻队,保护林带。

虽然这一切并不是什么大事,但如果全国每个人都能这样做,那么一定会取得巨大的成绩。

林木大作战(续前)

我们的通讯员来到了第四块开采过的土地上,将了解到的情况发给了我们,这片土地是三十年前被砍伐的。

当那些比较弱小的白桦和白杨死于其他强壮的树木手下之后，在树林底层活下来的，只剩下了云杉。

当云杉在阴暗的底层静静地生长时，白桦和白杨一刻也没有停止斗争。它们一直在演绎着一个古老的故事：谁长得快，谁就能打败敌人，掌握胜利。

战败者理所当然地倒下了，慢慢枯萎了。于是，阳光透过树荫之间的洞，透进了森林的下层空间，照耀到了云杉的头顶。

云杉被突如其来的阳光吓到了，它们开始生病。

久而久之，云杉慢慢地习惯了阳光。

它们慢慢地恢复过来了，长出了新的针叶。然后迅速向上生长，在连白桦和白杨都来不及填补空隙的时候，占据了一席之地。

这些幸运的云杉首先和高大的白杨、白桦战斗起来了，其他的云杉也紧跟着它们的步伐，将自己的针叶插进了各处空隙之中。

这时我们发现：骄傲的胜利者白杨、白桦，竟然让如此强大的敌人，在自己眼皮底下生长壮大起来了。

我们的通讯员见证了交战双方的可怕。

一阵阵强大的秋风开始刮了起来。所有的一切都被它改变了。阔叶的林木用自己的枝叶抽打云杉，就连一向胆怯的白杨，也跟着开始了与云杉的厮杀。

但是白杨显然不适合这样的战斗，它们的手臂缺乏韧性，极其容易折断，所以云杉并不害怕它们。

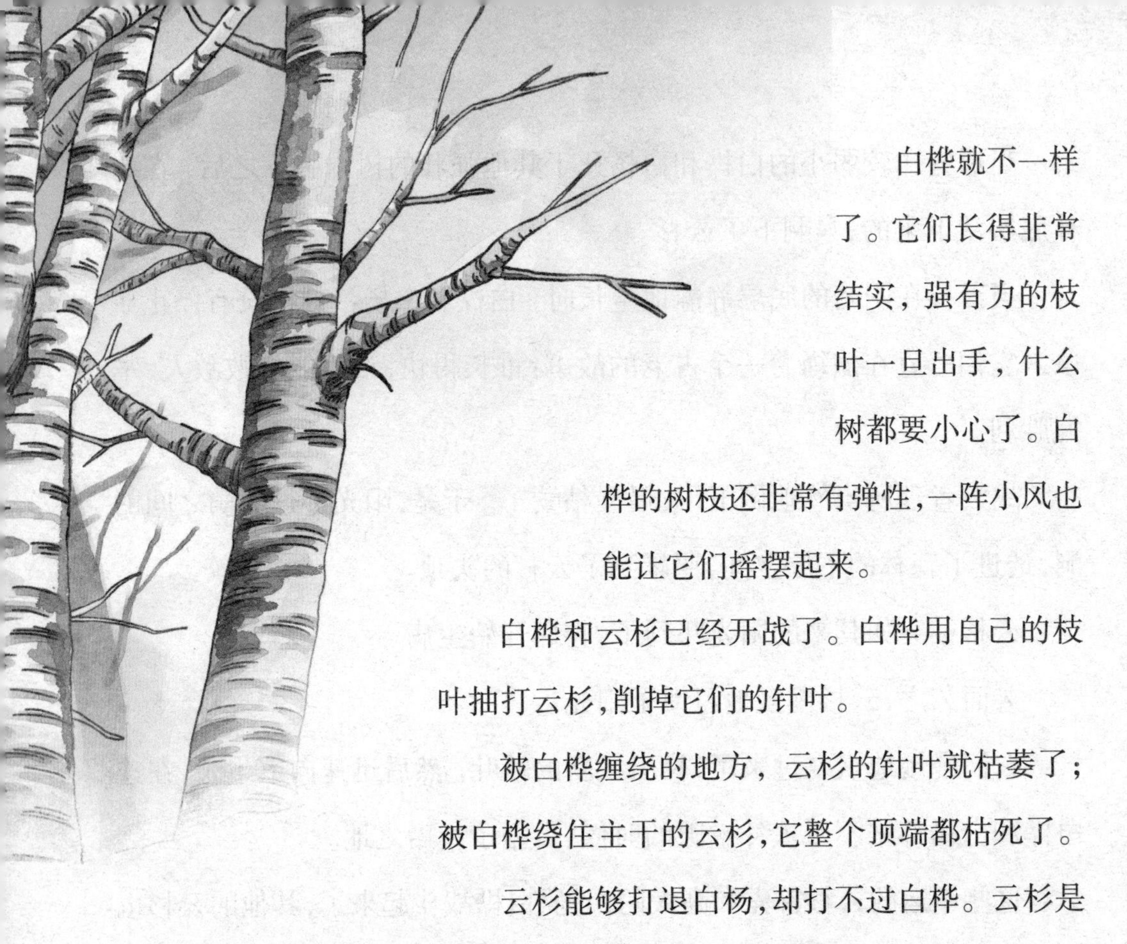

白桦就不一样了。它们长得非常结实，强有力的枝叶一旦出手，什么树都要小心了。白桦的树枝还非常有弹性，一阵小风也能让它们摇摆起来。

白桦和云杉已经开战了。白桦用自己的枝叶抽打云杉，削掉它们的针叶。

被白桦缠绕的地方，云杉的针叶就枯萎了；被白桦绕住主干的云杉，它整个顶端都枯死了。

云杉能够打退白杨，却打不过白桦。云杉是一种坚硬的树木，它们无法使自己的枝干弯曲，所以不能抽打白桦。

林木之间的战斗结果如何，我们的通讯员无法在这块土地上看到。如果想看到结局，就要在这里居住多年。所以他们决定出发去寻找更久以前的采伐地，那里应该有结果。

至于结果如何，请看下期《森林报》。

帮助复兴森林

我们少先队参加了植树造林工作，正在收集各种树种，再将这些树种交给集体农庄以及护田造林站。我们在校园里开辟了一个小小的苗圃，栽种了橡树、枫树、山楂、白桦、榆树等。这些树种都是我们自己采集来的。

园林周

政府决定每年都在我国各地的农村和城市里举行一次园林周。中部和北部各州，园林周在10月初举行；南方各州，园林周在11月初举行。

第一届园林周，于筹备十月革命30周年纪念会之时举行。各地集体农庄当时都新开辟了好几千个花园。国营农场、农业机械站、学校、医院等机关的大院内，公路和大街两旁，集体农庄庄员、工人、职员的私宅四周的空地上，当时都新栽了好几百万棵果树。以后每逢园林周，国家苗木场老早就培育好几千万棵苹果树苗和梨树苗，还有无数棵浆果树苗和装饰植物的苗木。没有果园的地方，也着手开辟果园了。

集体农庄生活

我们这儿各个集体农庄的庄稼都快要收割完了，最忙的时候到了。我们将收获的第一批最好的粮食交给国家。各集体农庄都先将自己的劳动果实上交国家。

大家收割完黑麦，就收割小麦；收割完小麦，就收割大麦；收割完大麦，就收割燕麦；收割完燕麦，就该轮到收割荞麦了。

各集体农庄到火车站的路上都很热闹，一辆辆大车上都满载着新收获的粮食。

拖拉机总是在田里轰鸣着：秋播作物已播完了，此时正在翻耕土地，准备来年的春播。

夏季的浆果已经过季了，不过果园里的苹果、梨和李子都熟了。林子里长出很多蘑菇。在铺满青苔的沼泽地上，越橘也红了。农村里的孩子们在用棍子打落一串串沉甸甸的花楸果。

山鹑一家老少可遭殃了：

它们刚从秋播庄稼地搬到春播庄稼地不久；现在，又得从这块春播庄稼地转移到另一块春播庄稼地里。

山鹑全家躲进了马铃薯地。那里没有谁会去惊动它们。

不过，此时人们又来挖马铃薯了。马铃薯收割机一发动，孩子们将篝火燃起，在地里搭起锅灶，就在那儿烤马铃薯吃了。每个孩子的小脸儿都抹得脏兮兮的，活像一群黑小鬼，看着可吓人了！

灰山鹑离开了马铃薯地。它们的幼鸟终于长大了。现在允许猎人打山鹑了。

得找个藏身、觅食的地方啊！可是去哪儿找呢？各处的庄稼都收割了。不过，这时候秋播地里的黑麦已经长得非常高了。这下有地方寻找食物了，也有地方躲避猎人敏锐的眼睛了。

“神眼人”的报告

8月26日，我赶着一辆大车向外运送干草。走着走着，我就看到有一只大猫头鹰在一堆枯树枝上歇着，两个眼睛紧盯着枯树枝堆。我觉得这事很奇怪，猫头鹰为什么离我这么近都不飞走呢？我停下马车，下去走了几步，捡起一根树枝，扔向猫头鹰。猫头鹰吓得飞走了。它刚一飞走，就有几十只小鸟从枯树枝堆底下飞出来。原来它们藏在那里，躲过了它们的敌人——猫头鹰。

农庄资讯

迷惑战术

在只剩下像鬃毛一样的麦秆的田地里,杂草隐藏了起来,杂草可是田地的敌人呀！它的种子落到地上，长长的根藏在地下。它们在等着春天的来临。春天一到,人们翻耕完土地,就种上马铃薯,那时杂草就会翻身,开始阻碍马铃薯的发育。

人们决定使个小计，迷惑一下杂草。他们把松土用的粗耕机开到田里。粗耕机将杂草种子翻到了土里,将杂草根茎切成一段一段的。

杂草还以为春天来了呢,因为那时天气暖和,土又松又软的。于是它们就生长起来了。草种发芽了,一段段根茎也发芽了,田里绿意盎然。

这可把人们乐坏了！等杂草长出来后，到秋末我们就把地再翻耕一遍，把杂草翻个底朝天。这样等到了冬天它们就会冻死的。杂草啊，杂草！你们休想再欺负马铃薯!

一场虚惊

林中的鸟兽们都惊慌失措的样子:森林边上来了一批人,他们在地上铺了很多干枯的树枝。这也许是一种新式的捕鸟捕兽器啊！林中动物们的末日来了！

其实这是一场虚惊——这批人并没有恶意。他们是集体农庄庄员。他们在铺亚麻，铺成薄薄的一层，一行又一行整整齐齐，亚麻留在这里慢慢地经受雨水和露水的浸润。经过这样的浸润后，想取亚麻茎里的纤维就很容易了。

瞧这兴旺的家庭

五一集体农庄的母猪杜什加生了 26 只小猪。我在 2 月里才祝贺过它呢，那会儿它生了 12 只小猪。好一个兴旺的家庭！孩子太多了！

公 愤

黄瓜田里群情激愤，黄瓜们在抱怨着：“为什么庄员们三天两头就来咱们这儿一趟，把咱们的嫩黄瓜都摘走了？让它们安安稳稳地成熟，该多好！”

可是人们只留下一小部分黄瓜当种子，其余的黄瓜都是在最嫩的时候被摘走的。未成熟的小黄瓜嫩而多汁，非常好吃。成熟的黄瓜，就不能吃了。

帽子的样式

在林中空地上以及道路两侧，有棕红色蘑菇和油蕈探出头来。松林里的棕红色蘑菇是最好看的——火红火红的，矮矮胖胖又结结实实，帽儿上带着一圈一圈的花纹。

孩子们都说，棕红蘑菇菌帽的样式是从人这儿学去的——它们的菌帽真的很像草帽。

油蕈倒是不一样。它们的菌帽跟人的帽子不太像。别说男人了，就是年纪轻轻的姑娘，为了赶时髦也不会戴这种帽子的。油蕈的帽儿黏黏的，实在无法让人产生好感啊！

一无所获

一群蜻蜓飞到曙光集体农庄的养蜂场里捉蜜蜂。蜻蜓有点败兴：奇怪啊，养蜂场里怎么会没有蜜蜂啊？蜻蜓们可不知道，原来在 7 月中旬以后，蜜蜂就搬到林中盛开的帚石南花丛里了。

等到帚石南花谢了，它们在那儿酿好黄澄澄的帚石南蜂蜜后，就会搬回来了。

狩 猎

带上猎狗去打猎

8月的一个清新早晨，我和塞索伊奇结伴去打猎。我的两条西班牙短尾猎犬——吉姆和鲍依兴奋地叫着，直往我身上跳。塞索伊奇有一条很漂亮的长毛大猎犬叫拉达，它将两只前脚搭在自己的矮小主人的肩膀上，舔了一下主人的脸。

“去，你这个淘气鬼！”塞索伊奇用袖子擦了擦被狗舔过的地方，假装生气地说道。

这时，三条猎犬已经离开我们，去刚割过草的草场上飞奔了。漂亮的拉达迈着矫捷的大步子狂奔着，只见它那黑白相间的身影在碧绿的灌木丛中忽隐忽现。我的那两条短腿猎犬，像是受了委屈似的汪汪叫着，拼命想追赶拉达，可就是追不上。

让它们尽情撒个欢儿吧！

我们来到一簇灌木丛旁。

我吹了下口哨，唤回了吉姆和鲍依，它们俩在我身边走过来走过去，嗅着一棵棵灌木和一个个长满青苔的草墩子。拉达则在我们前面往来穿梭着，一会儿从我们左边闪过，一会儿又从我们右边蹿过去。拉达跑着跑着，突然间站住不动了。

它好像撞到一道看不见的铁丝网，僵在那儿一动不动，保持着刚才狂奔时的那个姿势：头微微向左歪，脊背有弹性地弯着，左前爪抬起，尾巴伸得笔直笔直的，像根大羽毛似的。

不是撞到什么铁丝网，而是一股野禽特有的气味让它止住了奔跑。

"您打吧！"塞索伊奇建议我。

我摇了摇头。我把我的两条狗叫了回来，让它们躺在我脚边，免得它们添乱，把拉达发现的猎物给赶跑了。

塞索伊奇不慌不忙地走到拉达跟前站住，把猎枪从肩上拿下来，扣上了扳机。他并没有忙着指挥拉达往前跑。他大概和我一样，也爱欣赏猎犬指示猎物时那个动人的画面——那个努力克制着自己的满腔激情和兴奋的优美姿势吧！

"前进！"塞索伊奇终于下达了命令。

拉达却一动也不动。

我知道有一窠琴鸡藏在灌木丛里。塞索伊奇又命令狗前进，拉达刚前进了一步，"噗噗噗"一阵响，有几只棕红色的大鸟从灌木丛里飞了出来。

"前进，拉达！"塞索伊奇又重复了一遍命令，同时端起了枪。

拉达快速往前跑，绕了半圈，又站住不动了，这次是停在另一簇灌木丛旁。

那里能有什么呢?

塞索伊奇又上前去,吩咐它道:

"往前走!"

拉达钻进灌木丛,然后绕着跑了一圈。

在灌木丛后面,悄悄飞出一只棕红色的鸟儿,个头不太大。它有气无力地、笨拙地挥动着翅膀。两条长长的腿好像受了伤似的,拖在身后。

塞索伊奇把猎枪放下,气冲冲地唤回拉达。

原来那是一只长腿秧鸡。

这种生活在草地上的野禽,在春天的牧场上发出刺耳的尖叫声,那时猎人倒还爱听这种声音;可是在狩猎的季节里,猎人们可就讨厌它了:它们在草丛里乱钻,让猎犬们没法指示方向——猎犬一闻到它的气味,刚把姿势摆好,它却在草丛里偷偷地溜走了,让猎犬白费力气。

不久后,我就和塞索伊奇分头行动了,我们约好在林中的小湖边见面。

我沿着一条狭窄的溪谷走着,满眼葱茏,溪谷两侧是杂木丛生的高岗。咖啡色的吉姆与它的儿子——黑、白、棕三色相间的鲍依,跑在我的前面。我得时刻准备着放枪,眼睛总得盯住它们俩,因为这种猎犬不会做伺服动作,它们随时可能惊动野禽。它们穿梭在每一丛灌木里,一会儿隐没在茂密的草丛里,一会儿又出来。它们那半截子尾巴,一刻不停地摇着,像螺旋桨似的。

是的，不能让这种猎犬有一根长尾巴：如果它的尾巴很长，那么当尾巴打在青草或是灌木上时，那该有多大的动静啊！而且它们的长尾巴不被灌木丛撞得磨破皮才怪呢！因此，当这种猎犬的幼崽出世三周时，它们的尾巴就会被剁掉，以后也不会再长了。留下的短短的半截尾巴，刚好一把就可以抓住。这截尾巴是以防万一它掉进沼泽地里，人们可以抓住它的半截尾巴，拖它出来。我目不转睛地瞅着这两条猎犬，自己也弄不明白，怎么这种时候还能同时看见周围的一切美好景色，发现无数美妙的新奇事物。

我看到——太阳已经爬上树梢，青草和绿叶间闪着万道金光；我看到——草丛和灌木上的蜘蛛网闪着银光；我看到——松树干曲折盘旋，好像一把巨椅——只有童话中的森林之魔才配坐的椅子。可是，森林之魔在哪里呢？那个“椅座”上倒是积起了一汪水，有几只蝴蝶在周围翩翩起舞。

两条猎犬过去喝水，我的喉咙也变干了。我脚边一片有卷边的阔叶草叶上，滚动着一颗晶莹的露珠，就像一颗价值连城的金刚钻。

我小心翼翼地弯下腰——可别碰到露珠呀！我轻轻摘下这片叶子，连同这一滴露珠——世上最纯净的一滴水。这滴水精心地吸收了朝阳的全部喜悦。

毛茸茸、湿漉漉的草叶一碰到我的嘴唇，清凉的水珠就滚到了我干燥的舌尖上。

吉姆忽然狂吠起来：“汪，汪，汪汪汪！”我当即丢下曾给我解渴的那片阔叶草，任它飘落在地上。

吉姆汪汪地叫着，沿着溪边跑。它的短尾巴甩得更快、更有力了。

我急急忙忙向溪边走，想赶到狗的前面。可已经来不及了——一只刚才一直没被我们发觉的鸟，此时轻轻扇动着翅膀，从一棵盘曲的赤杨树后面飞走了。

它在赤杨树后径直往上飞呢——原来是一只野鸭。我慌里慌张地来不及瞄准，举枪就放，霰弹穿过树叶，击中了野鸭。野鸭一头栽进溪水里。

这一切太突然了，简直就像我压根没开过枪似的，而是用魔法击中了它，我脑子里刚转了这么一念，野鸭就掉下来了。

吉姆已经游过去，把战利品衔上岸来了。吉姆顾不得先抖落自己身上的水，它把野鸭紧紧地叼在嘴里（野鸭的长脖子一直耷拉到地上），送到我手里。

“谢谢你啊，老伙计！谢谢你啊，亲爱的！”我弯下身子，抚摸了一下吉姆。

可它却在这时抖起身上的水来了，水星子溅了我一脸。

“嗨！这个没礼貌的家伙！躲开！”吉姆这才跑了。

我仅用两个手指就把野鸭的嘴巴尖捏住了，拎起它来掂掂分量。好家伙！真够沉的！

可是它的嘴巴挺结实，禁得起这么重，都没有折断。如此看来，这是一只成年野鸭，不是今年新孵出来的。

我的两条猎犬，又汪汪叫着往前跑了。我急忙把野鸭挂在子弹袋的背带上，紧追几步，一边跑，一边重新装上子弹。

狭窄的溪谷从这里逐渐变得开阔起来，有一片沼泽直通高岗的斜坡脚下，只见无数个草墩和遍地的苔草。

吉姆和鲍依又钻进草丛。它们会在那儿有什么新发现吗？

此刻好像全世界都在这片小小的沼泽地里了。我身为猎人唯一的愿望，就是想快点看到两条猎犬在草丛里嗅到了什么，会有什么野禽飞出来呢？可别把它放跑啊！

我的两条短腿猎犬隐没在茂盛的草丛里，不过它们的耳朵像大翅膀似的，在草丛里扑扇着，原来它们在做“搜索跳跃”——跳起身来，搜索附近的猎物。

只听见“噗”一声——活像把皮靴从沼泽地里往外拔时听到的那种声响——草墩子上飞出一只长嘴沙锥。它飞得低低的，快速地曲折前进着。

我瞄准它开了一枪，可它还在飞。

它在空中盘旋了好几圈，然后伸直双腿，落在我

身旁的一个草墩子上。它站在那儿,用长嘴巴支着地,好像一把剑插在地上。

离我这么近,而且老老实实地待在那儿,我倒不太好意思打它了。

这时，吉姆和鲍依跑回我身边了。它们又把长嘴沙锥撵起来了。我用左枪筒射击,还是没打中!

哎呀！真不像话！我打猎30年，少说也打过几百只沙锥了，可是一见野禽飞起来,心里还是会发慌。这回又操之过急了。

唉,又有什么办法呢！现在我得找几只琴鸡了,要不塞索伊奇看见我的猎物后,又该瞧不起我、笑话我了。城里人把沙锥当成珍稀野味儿,乡下人可不把它当回事儿——这么小的鸟,都不够塞牙缝的!

在高岗后面的什么地方，传来塞索伊奇的第三次枪响。估计到这会儿,他至少已经打到5千克的野味儿了。

我蹚过小溪,爬上陡坡。此处居高临下,能看到西边很远的地方:那儿有一大片被砍伐了的林中空地;再过去一点儿就是燕麦田了。喏,那不是拉达一闪而过的身影吗！那不是塞索伊奇吗!

啊！拉达站住了!

塞索伊奇走过来了,瞧！他放枪了——“砰！砰！”连发两枪。

拉达过去捡猎物了。

我也不该闲着了。

我的两只猎犬钻进密林了。我有这样一个狩猎原则：如果我的猎犬钻进密林,我就顺着林间小路走去。

林中空地非常宽阔，如果你看到鸟儿飞过，尽管开枪吧。只要猎犬把鸟儿往这边撵就行了。

鲍依汪汪直叫，吉姆也跟着叫了起来。我急忙往前走。

我已经走到猎犬前边了。它们还在那儿磨蹭什么呢？一定是有琴鸡。我知道琴鸡总是自己飞到高处去，引得猎犬总跟着到处跑。

“嗒，嗒，嗒，嗒，嗒！”果然有一只琴鸡冷不防飞出来了，它浑身乌黑，黑得就像一块焦炭。它沿着林间小路疾飞而去。

我端起双筒枪，紧随其后，双管齐发。

琴鸡却拐了个弯儿，消失在几棵高大的树木后了。

难道我又没打中吗？不可能啊！我瞄得挺准的……

我吹了个口哨，唤回我的两条狗，钻进那个林子里找那只消失的琴鸡。我找了一会儿，两条猎犬也找了一阵，可都没找着。

唉！真让人恼火，今天真倒霉！可是对谁撒气呢——猎枪是地地道道的好枪，子弹是自己亲手装的。

我再试一试，也许去小湖边运气能好点。

我又回到了林间空地上。离空地大约半公里处就是一个小湖。此时我的情绪坏透了，两条猎犬也不知道跑哪儿去了，怎么唤也不回来。

去它们的吧！我一个人去。

可此时鲍依不知又从什么地方钻了出来。

“你跑到哪儿去了？你想干什么啊——你以为自己是猎人，我倒成了你的助手，只管替你放放枪，是吧？那好啊，你把枪拿走，你去放枪吧！怎么？你不会吗？喂！你为什么四脚朝天躺在地上啊？想道歉？想得美！往后你得听话呀！总而言之，你们这种短腿猎犬都是蠢东西。长毛大猎犬可不像你们那么笨，它们可会指示猎物。

“要是带上拉达打猎，一切就简单多了。我也能百发百中的。野禽在拉达跟前，就像是被绳子拴住了似的。那样的话，打中它能有什么困难呢？”

走过几棵大树后，前面就是银色的小湖了。我的心中又充满了新的希望。

湖岸边长满了芦苇。鲍依已经“扑通”一声跳进湖里，一边向前游着，一边把高高的绿色芦苇碰得东倒西歪。

鲍依大叫了一声，一只野鸭从芦苇丛里飞了出来，“呷呷”地叫着。

野鸭刚飞到湖心上空，我就开了一枪打中了它。它的长脖子一歪，“啪嗒”一声掉进湖里，肚皮朝上地浮在水面上，两只红鸭掌在空中乱划。

鲍依向它游过去，正要张开嘴咬住它时，野鸭突然钻到水下，不见了。

鲍依被它弄得莫名其妙：这是跑到哪儿去啦？鲍依在原地转啊转啊，可野鸭还是没有出现。

忽然鲍依也一头钻进水里去了。这是怎么一回事儿？是被什么东西给绊住了？沉到湖底去了？这可怎么办？

野鸭浮出水面了，慢慢向湖岸游了过来。它游的姿势很特别：身子侧着，头浸在水里。

啊！原来鲍依衔着它呢！野鸭挡住了它的小脑袋，所以看不见。真是太棒了！它竟潜到水中将猎物叼了回来。

“真能干呀！”塞索伊奇的声音传来。他悄悄地出现在我身后。

鲍依游到湖岸边的草墩子旁，爬了上去，把野鸭放下，抖了抖身上的水。

“鲍依！你可真不害臊！马上叼起野鸭，送到我这里来！”

它真不听话——竟然对我不理不睬！

这时吉姆不知从哪儿跑了过来。它游到草墩子旁，生气地对儿子怒吼了一声，然后叼起野鸭就给我送来了。

吉姆抖了抖身子，钻进了灌木丛。它又带给我一个意外的惊喜——从灌木丛里叼出了一只死琴鸡！

怪不得半天没露面呢，原来是去林子里找琴鸡了！没准它一直在追踪那只被我打伤的琴鸡，找到它后，又衔着它跟在我身后足足跑了将近半公里路。

有两条这样的狗，在塞索伊奇面前，我是多么自豪啊！

吉姆真是一条忠实的老猎犬！它老老实实、尽心尽力地为我服务了11个年头，从没偷过懒。可是狗的寿命很短暂——这是它最后一年跟我出来打猎了吧！以后，我还能找得到像它这样的朋友吗？

当我坐在篝火旁喝茶的时候，这些念头都涌上了心头。身材矮小的塞索伊奇，手脚麻利地把他的猎物挂在白桦树枝上：两只小琴鸡与两只沉甸甸的小松鸡。

这三条狗蹲在我身旁，贪婪地盯着我的一举一动，看能不能分给它们一小块吃。

当然有它们的份儿：它们干的活儿都很棒，真是好样的狗。

已是正午时分。天蓝蓝的，高高的，头顶上的白杨树的叶子抖动着，发出一阵阵窸窣声。

此刻真是太美妙了！

塞索伊奇也坐下来心不在焉地卷着纸烟。他在沉思着什么。

太好了！看起来，我马上就能听到他狩猎生涯中的另一件趣事了。

现在正是打新出窠的鸟儿的时候，每个猎人都要使尽心计，才能猎得机警的鸟儿。不过，如果他没有事先了解野禽的生活习性，光凭心计是不行的。

猎野鸭

猎人们早就注意到了：小野鸭刚会飞的时候，野鸭们就开始成群结队地飞行了。一个白天加上一个黑夜，它们会飞行两个来回，搬两次家，从一个地方搬到另一个地方。白天，它们躲在茂密的芦苇丛里睡觉，只要太阳一落山，它们就从芦苇丛里钻出来，开始了飞行。

猎人就在那儿等着它们。他知道野鸭们会飞到田里去，已经等了好久了。他站在岸边，藏在灌木丛里，眼睛盯着水面，等待日落。

在太阳落下的时候，红霞把天空烧红了，明亮的晚霞衬托出一群群野鸭的黑影。它们朝着猎人飞过来了，猎人非常方便地就能瞄准。他出其不意地在灌木丛中朝着野鸭开枪，打中了好几只。

他开了一枪又一枪，直到天完全黑下来，他才停了下来。

就这样，晚上，野鸭就在麦田里吃麦子，白天又飞回芦苇丛里。

猎人就在它们的必经之路上等着它们。

一群群野鸭正冲着他的枪口飞过来。

好帮手

一群小琴鸡正在林间空地间觅食。它们一直挨着林子溜达，万一有什么事情发生，它们能够很快逃回林子里去。

它们在吃浆果。

一只小琴鸡听见草丛里有沙沙的脚步声，然后抬起头一看，草丛里探出一张可怕的兽脸。那张脸有着厚厚的嘴唇，两只眼睛死死地盯住趴在地上的小琴鸡。

小琴鸡缩成了一团，两只小眼睛瞪着两只大眼睛，在等待着接下来会发生什么。只要那只畜生往前一挪，小琴鸡就扇开翅膀飞上天去了。有本事到天空中去抓它吧！

时间过得很慢，那个畜生还在那儿看着，小琴鸡也缩在那儿没动。

突然有人命令了一声："往前走。"然后那只畜生就飞扑过来。小琴鸡连忙扑扇翅膀，像一只箭似的飞回了森林。

"砰"的一声，火光一闪，小琴鸡一个跟头栽倒在地。

猎人把它捡起来，又带着狗往里面走去。

躲在白杨树上的鸟儿

高大的云杉林黑乎乎的，悄无声息。

太阳刚刚落山，猎人在寂静的森林里从容不迫地走着。

前面突然发出一阵响声，就像是一阵风吹进了树木之中，前面是一片白杨树林。

猎人停下了。

又没有声音了。

然后又响起来了，就像是噼里啪啦的大雨点落在树叶上。

"吧嗒，吧嗒，吧嗒……"

猎人蹑手蹑脚地走着，完全没有脚步声。白杨树林近在眼前。

“吧嗒,吧嗒,吧嗒……”

隔着浓密的树叶,什么都看不见。

猎人站着不动了。

现在,要看谁的耐性比较大了。那个躲在白杨树林里的东西,要和猎人一较高下。

过了半天,什么声音都没有,安静极了。

后来,又响起来了:“吧嗒,吧嗒,吧嗒……”

哈哈!这回你可露出马脚来了。

一个黑黑的家伙正蹲在树枝上啄食着白杨树叶柄呢!

猎人举起枪,瞄准了,开枪!这只粗心大意的松鸡,就这样掉落在地。

原来,松鸡正趁着夜深人静,啄食白杨树叶的叶柄。它大概没有想到,天都这么晚了,居然还会有猎人到树林里来。

猎人捡起松鸡,又擦了擦猎枪,心满意足地离开了。

骗　局

发生在白杨树林里的，是一场公平的战斗。因为松鸡藏得隐蔽，猎人来得神秘，他们彼此考验着对方的耐性和警惕性，最后，松鸡失败了。猎人走在云杉林中的小路上，林子里静悄悄的。

“扑棱，扑棱棱！”

一群琴鸡，足有九只，从脚下飞到天空中去了。

猎人还来不及举起枪，琴鸡就已经飞到云杉树梢上去了。

不过不用费劲地去寻找它们，猎人已经看清楚了它们的落脚点，躲到了小路旁的云杉后面。

他从衣服的口袋里掏出了一支短笛，然后开始了演奏。

真是狡猾的猎人啊！原来他是要用短笛模仿琴鸡妈妈的叫声。当小琴鸡藏起来之后，只有得到妈妈发出的安全信号，它们才会出来，否则，小琴鸡就会一动不动地待在树枝上或草丛里。

“琴鸡妈妈”的叫声很快就传到了小琴鸡的耳朵里，那声音在对它们说：“孩子们，出来吧！现在安全了！”可怜的小琴鸡就这样上当了。

最开始，只有一只琴鸡从树上飞了下来，它循着声音传来的方向，朝那棵小云杉跑去。还没跑到跟前，只见一个黑洞洞的枪口从树后伸了出来。这次，小琴鸡没来得及逃跑，就被猎人一枪击中了。

猎人继续吹响笛子，其余本来已经听到枪声的笨蛋琴鸡居然还是跑了出来，白白送了性命。

打靶场

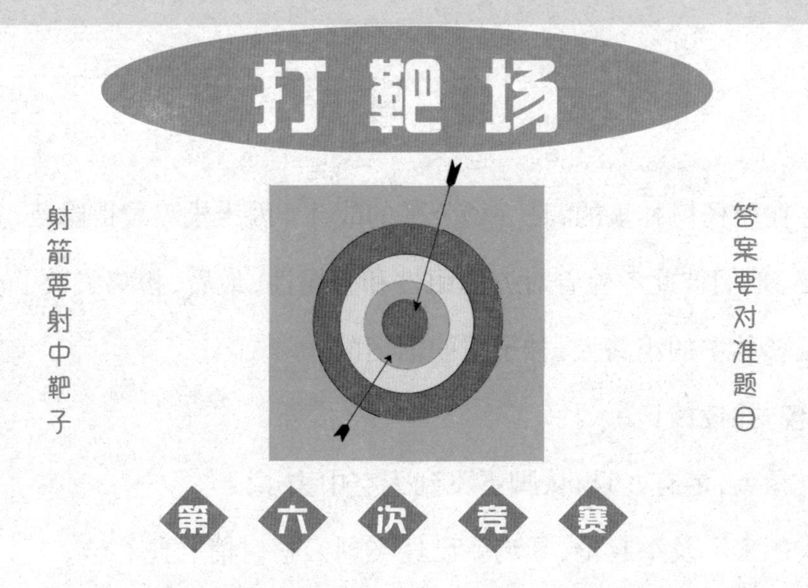

第六次竞赛

1.一条鱼在水里游,你知道它有多重吗?

2.蜘蛛埋伏在一边,怎么会知道它的网子捉住了小虫子?

3.哪种野兽会飞?

4.小鸟白天看见猫头鹰的时候,采取什么行动?

5.剪刀不离手,可不是裁缝;猪鬃随身带,可不是鞋匠公公。(谜语)

6.什么时候蜘蛛会飞行?怎么飞行?

7.哪一种昆虫(成虫)没有嘴?

8.家燕和雨燕晴天飞得很高,天气潮湿的时候,挨近地面飞,这是为什么?

9.为什么家鸡在下雨以前用嘴理羽毛?

10.怎样根据蚂蚁窠的情况来知道天快要下雨了?

11.蜻蜓吃什么?

12.哪一种可怕的野兽爱吃树莓?

13.夏天最好在什么地方观察鸟儿们的脚印?

14.我们这儿最大的啄木鸟是什么颜色的?

15.小小身体,分作三样,各在一方:躯体横在场上,脑袋摆在桌上,脚儿还在田里放。(谜语)

16.吃它的脑袋,穿它的皮,丢了它的肉体,它是什么东西?(谜语)

17.身穿黑袍,性子暴躁,惹它它就咬;换上红袍,老实极了,咬它它也不叫。(谜语)

18.一个农人,矮小身材,身穿黄蓑衣,腰束黄丝带,躺在地上,不能起来,只等人来把他抬。(谜语)

19.一个真我,一个假我,隔得老远,互相谈话,假我是喇叭,却能把话答。(谜语)

20.没有人吓唬它,也不知它抖个啥?(谜语)

21.瞎子也能认得出的一种草,是什么草?

22.什么东西在麦田里生长,却不能放在嘴里吃。(谜语)

23.蹲在那里瞪大眼睛,嘴里说的不是人话;出生在水里,居住在地上。(谜语)

打靶场答案

第四次竞赛

1.6月22日。这是一年中白天最长的日子。

2.鲸鱼。

3.小老鼠。

4.住在沙岸上的鸥和沙锥。

5.后脚。

6.一共5根刺:3根长在背上,2根长在肚子底下。我们这儿还有10根刺的棘鱼。

7.家燕巢的入口开在顶上,金腰燕巢的入口开在旁边。

8.因为鸟儿看见巢里的蛋被人动过了,就会丢下那个巢。

9.有。

10.翠鸟。

11.因为这些鸟儿会把自己的巢伪装起来:把做巢的那棵树上的青苔,装点在巢外面。

12.并不全是这样,有许多鸣禽(燕雀、金翅雀、篱莺)孵两次小鸟,也有几种鸟(麻雀、鸸鸟)一个夏天孵三次小鸟。

13.有的。在有苔的池沼里，长着一种毛毡苔。要是有蚊子、飞蛾和其他昆虫落到它那圆圆的、黏黏的叶子上去，就会被它捉住吃掉。在河水和湖水中，有一种狸藻，小虾、小虫、小鱼爬进它的捕虫囊，就会被它捉住。

14.银色水蜘蛛。

15.杜鹃。

16.乌云。

17.刈草：刈下草儿，堆起草垛。

18.麦穗。

19.青蛙。

20.影子。

21.回声。

22.刺猬。

第五次竞赛

1.雏鸟出蛋壳以前，嘴巴上面有一小块硬疙瘩，雏鸟就用这东西敲破蛋壳。这个硬疙瘩叫作“雏齿”。雏鸟出壳以后，这个硬疙瘩就脱落了。

2.牛吃草的时候，用尾巴驱赶走环绕它、叮它的虫子。牛要是没有尾巴，就没法子撵牛虻和牛蝇了，吃草的时候不得不常常摇脑袋和转移地方。这样，它就吃得少了。

3.亚麻开淡蓝色的小花，到中午小花就闭上了。

4.夏季，那时节到处有软弱无助的雏鸟和野兽崽子。

5.鸟类。

6.许多种昆虫都是这样的,比如蝴蝶:先是卵,卵变成青虫,青虫变成蛹,蛹变成蝴蝶。

7.因为鹅的羽毛上有一层油脂,不会被水沾湿,水落在鹅背上,就会往下流去。

8.因为狗没有汗腺,马有。狗伸出舌头,是为了让自己凉快一点。

9.杜鹃的雏鸟。杜鹃产了蛋,就丢下不管了,让别的鸟去喂养。

10.摇头鸟

11.小秃鼻乌鸦的嘴巴是黑的,老秃鼻乌鸦的嘴巴是洁白的。

12.棘鱼。

13.蜜蜂蜇过人以后就会死去。

14.吃雌蝙蝠的奶。

15.向太阳,正对南方。

16.闪电和雷。

17.红色的蘑菇——黄馒头。

18.野蔷薇的浆果。

19.蝰蛇。

20.露水。

21.蜗牛。

22.蔷薇。

第六次竞赛

1.它的体重,正等于它身体所排去的水的重量。

2.蜘蛛在一边埋伏着,一只脚紧紧地抓住一根绷紧的蜘蛛丝,丝的另一头粘在蜘蛛网上。苍蝇什么的一落在网上,网就会震动起来,于是那根细丝也就扯动蜘蛛的脚,让它知道有猎物落网了。

3.蝙蝠。我们林子里有一种松鼠(鼯鼠),脚趾间有膜,也能滑翔几十米远。

4.它们成群结队,高声大叫着向猫头鹰冲过去,直到把它赶跑才罢休。

5.虾。

6.在晴朗的秋天,风把蜘蛛丝卷起,同时就把幼小的蜘蛛带了上去,在空中飞行。

7.蚍蜉。

8.燕子一边飞,一边捕食小蝇、蚊子和其他飞虫。晴天空气干燥,这些虫儿飞得很高。潮湿天,空气里充满水分,变得沉重,这些虫儿就不能飞得很高。

9.家鸡感觉到天快下雨了,就把尾尻腺所分泌的脂肪抹到羽毛上。尾尻腺在鸡的尾部。

10.在下雨之前,蚂蚁藏进蚂蚁洞里去,把所有的洞口都堵上。

11.各种飞虫,如苍蝇、蚍蜉、河榧子。

12.熊。

13.在稀泥和淤泥上,或在河岸、湖岸、池岸边。许多鸟儿飞集到这里来,它们都留下清晰的脚印。

14.身上的羽毛是黑的,头上的冠毛是红的。

15.麦穗:横在场上的是麦秸,摆在桌子上的是麦粉做的面包,留在田里的是麦根。

16.大麻。大麻皮可以搓绳子,茎芯子没有用。脑袋就是大麻籽,可以榨油。

17.虾。

18.一捆捆麦秸。

19.回声。

20.白杨。

21.荨麻。

22.矢车菊。

23.青蛙。

SENLIN BAO
3

森林报·3

[苏]维·比安基/著　智慧轩文化/编

前言

《森林报》是一部森林百科全书，充满诗情画意和童心童趣。

此书在时间上跨越春、夏、秋、冬四季，以报刊形式报道森林，一月一期，共 12 期。在空间上，以列宁格勒地区的森林为中心，辐射到城市、乡村，直至全苏联、全世界。

书中描写了植物、动物、人类的广阔的生活图景：他们的生活，或平淡，或惊险，或荒诞，引人入胜；他们的生和死、喜和忧、爱和恨，发人深省。

目录

7 候鸟辞乡月（秋季第一月）

8 仓满粮足月（秋季第二月）

9 冬季客至月（秋季第三月）

森林报

秋季第一月

9月21日至10月20日

候鸟辞乡月——太阳进入天秤宫

一年——分十二个月谱写的太阳诗章

9月皱着眉头，伴随着萧瑟的秋风，森林里仿佛是有谁在哭泣，乌云挤满了天空。秋季的第一个月到来了。

和春季一样，秋季有条不紊地开展它的活动，只不过进行的顺序与春季相反，秋季的工作从空中开始。树叶在头顶上渐渐开始变色——变黄，变红，变褐。它们得不到充裕的阳光，绿油油的树叶一下子就失去了昔日的光彩。叶柄连着树枝的地方开始变得干枯，这是枯萎的征兆。即便在无风的日子里，树叶也会自然脱落。看！一片金黄的桦树叶在这儿落下；一片赤红的白杨树叶在那儿飘落，在空中荡漾着，然后无声无息地在地面上滑过。

清晨睁开眼睛，你惊奇地发现身披白霜的小草，你便用日记记录着："秋来了！"从这一天起，再准确地说，是从这一夜起，毫不留情的秋风便开始收刮树叶，夏季的盛装很快就消失不见。

雨燕呢？那些在这儿和燕子一起度夏的候鸟，想要趁着朝去暮来的夜色踏上那遥远的旅途。天空里空荡荡的，河水也变得冰凉：人再也没有勇气去河里洗澡了……

忽然间，好像又舍不得那热烈的夏，天回暖了——晴朗无风，显得很宁静。细长的蛛丝在空中摇曳，不时还泛着银光……田野里生机勃勃，庄稼欣喜地炫耀着那可喜的嫩绿。

“夏婆婆又回来了！”村民们满脸喜悦地说，望着眼前喜人的秋苗乐开了花。

林子里的居民都在为漫长的寒冬做准备。花儿、草儿、树、动物们，它们的“种子”或躲藏起来，或暖暖和和地裹着厚厚的衣裳，停下了手里的工作，安静地等待明年春天的到来。

可是，这儿还有一只不知道消停的兔妈妈，她刚刚产下一窝小宝贝！这就是“落叶兔”。这个时候，地上长出了一簇簇的伞状小蘑菇，夏季真正离开了。

候鸟离家的日子悄然而至。

和往常的春季一样，我们的编辑部又收到许多来自森林的电报：每分每秒都有故事，每天都有新闻。就像候鸟回家的那段日子一样，小鸟们开始离家了，这次是从北到南。

秋季就这样来了。

森林里传来的第四份电报

那些羽毛光鲜亮丽的鸟儿都消失了。我没看见它们离开的状况，因为它们是趁着夜色飞走的。

许多鸟儿都喜欢夜晚飞走，因为这样更安全，在飞行的必经之路上，等待多时的猎鹰和其他的狩猎者不敢轻易上前，而鸟儿恰好能在黑夜里认清前进的方向。

在漫长的海上路途中能看见成群结队的野鸭、潜鸭、大雁等。这些长着翅膀的家伙仍对这儿有些眷恋，便短暂地歇歇脚。

海湾的淤泥岸上，印上了一些十字印记，不知道是哪个淘气包的杰作，于是，我们在布满小十字和圆点的泥岸上建了一个小棚，想一探究竟。

森林大事记

离别的曲子

白桦树上的叶子，已掉落了许多，树干上的椋鸟窝早已被抛弃，形单影只地留在那光秃秃的树干上，时不时晃来晃去。

不知怎么的，两只椋鸟飞了过来。雌的溜进了屋里，煞有介事地忙活着；雄的歇在枝头哼着小曲，止不住地环顾四周，它的声音很小，就像只想哼给自己听。

雄鸟唱完歌的时候，雌鸟急忙从窝中飞出，要回到它们的群体中去，雄鸟也紧随其后。就是今天，就是这个时候，它们要踏上飞往远方的路途了。

这次它们是来和小屋告别的。夏季，它们在这里养育子女的回忆涌上心头，它们不会忘记这儿，来年春季再回来。

晶莹剔透的清晨

9月15日，天空分外晴朗。和以前一样，一清早，我就跑到花园去。

今日，天空一碧如洗，万里无云。站在外面，我感受到了丝丝寒意。不远处的乔木、灌木及草丛间挂满了细细的、泛着光的蜘蛛网。

每张网的中央都蹲着一只或大或小的蜘蛛，有些蛛丝上还缀满了晶莹透亮的小露珠，蛛丝被绷得紧紧的。

我留意到，在两棵小云杉的树枝之间张着一面银光闪闪的蜘蛛网，缀在蛛丝上的露珠为它增添了几分姿色。假若你轻轻一碰，它就会像水晶一般坠落，“叮叮当当”地碎了。蜘蛛网上还蜷着一个小球，仔细一看，原来它就是这张网的主人呀！在略带寒意的清晨，它像是屏住了呼吸，一动也不动。也许是因为太早了，也许是苍蝇还没飞到这儿，无事可干，蜘蛛正好呼呼大睡。也不知道它是冻僵了，还是冻死了。

于是，我用指头小心翼翼地戳了它一下。蜘蛛丝毫不动弹，如一颗小石子立刻掉到地上，可刚一落地，我看到它立马跳了起来，急忙跑开了。它真会装！

谁知道它会不会再回到这张网上呢？它还能找到这张网吗？或许它会重新织一张？可是重新织一张得耗费多少力气呀！来回奔跑，固定住接头，一圈圈地编织，这些都不是那么容易的！

草丛里，有一颗细小的露珠在草尖抖动着，犹如长长睫毛上悬挂着的一滴眼泪。清晨的微光照在上面，折射出了星星点点的光辉。这种美丽让我觉得分外惊喜。

路旁仅剩的几朵野菊花耷拉着脑袋，身穿花瓣裙子，等着太阳出来温暖它们。

清晨略带寒意的空气让人觉得干净、纯粹，又好像很容易就破碎。五彩斑斓的树叶、水晶似的露珠、纤弱而又泛着银光的蛛丝和小草看起来是那么赏心悦目。还有那样蓝的溪流，我在夏季是永远看不到它的。我能找到的最难看的东西，是像落汤鸡一般湿漉漉的、粘在一起甚至残缺了一半的破碎的蒲公英花。还有一只暗淡无光、灰不溜秋的夜蛾子，它的脑袋好像被鸟儿啄破了。想想它们在夏季多么威风！就说蒲公英吧，数以万计的小降落伞曾戴在它的头上。小灰蛾的脑袋也威风得像个大将军，光溜溜的，既干燥又平整。

顿时，我为它们感到难过。于是，我把垂死挣扎的灰蛾放在蒲公英花上，让它们躺在我的掌心里，再凑到温暖的太阳光下。很快，它们俩就稍稍恢复了一点儿生气，蒲公英头上粘成一团的灰色小伞渐渐变白、变轻、变得挺拔起来。灰蛾的翅膀也突然有了生气，变成毛茸茸的青烟色。这两个原本丑陋可怜的小家伙，晒晒太阳，一下子也变得好看了。

就在林子附近的某一个地方，一只黑琴鸡在嘟囔着什么。

啼叫声让我想起了它们春季的表演，我向一丛灌木走了过去，打算从树丛后面偷偷靠近它，想看看它在秋季是怎样做的。

可我刚走到灌木丛前面，它警觉地叫唤一声，就立马飞走了。我猛地打了个哆嗦——它几乎是从我的脚底下飞出的，况且叫唤声也很大。

原来它就停在我的身边，而我却以为那声音是从灌木那边传来的。

就在这时，如远方号角般响亮的鹤鸣声在空中回荡，鹤排着整齐的队伍正从森林的上空飞过。

它们正在离开这里……

游水越冬

草地上的小草已经快枯死了，奄奄一息地垂向地面。秧鸡是一种行走飞快的鸟，它也已经踏上了遥远的迁徙征途。

潜鸭和矶凫是在漫长的海上旅途中出现的“潜水健将”，它们总是潜入水下捕食鱼类。飞翔不是它们的强项，游泳才是。它们游过了湖泊，又游过海湾。

它们的身体结构非常特别，只需要稍稍低头，用力划动带蹼的脚掌，身体便潜到了水下深处。而野鸭为了能一下子沉入水下，得先飞离水面，利用飞起的高度再下沉。在潜入水下这项竞技上，潜鸭和矶凫似乎略胜一筹。在水下潜行就好像在家里一样，在那儿，它们游泳的速度甚至能赶上鱼类，因此很难受到伤害。

可如果是在天上飞行，就远不如在水中那样迅速、灵活。为什么要让自己冒险呢？只要可以，游水走完整个旅途似乎更悠闲。

林间公驼鹿的战斗

傍晚时分，森林里传出了低沉而嘶哑的声音。两头长着犄角，体型巨大无比的公驼鹿来势汹汹，一场恶战一触即发。

驼鹿们站在林间空地上，准备大干一场。

它们两眼充血，虎视眈眈地瞅着对方，用蹄子刨地，气势汹汹地摇晃着看似笨重的犄角，毫不犹豫地向对手冲去。两对巨角是它们战斗的有力武器。犄角间相互碰撞，发出“嘎嘎”的撞击声和劈裂声。立刻又借着力量用硕大的身躯把对手压得死死的，想一下扭断它的脖子。

战斗持续了好几个回合，一会儿分开，一会儿又扭打到一起。一下子用犄角对抗，一下子又用身体将对方压住，过一会儿又立起腿来猛踢。

战斗的时候，森林里就一直回荡着沉重的撞击声。它们的犄角又宽又大，像树杈一样，因此公驼鹿被称为犁角兽。

成王败寇几乎适用于所有战斗，战败的一方只得从战场仓皇溃逃，那些没来得及逃跑的，几乎都是在对手可怕的致命击打下倒地，直至鲜血流干。

接下来便是属于胜者的时刻，“欢呼声”响彻整片森林。

战斗证明了公驼鹿的实力，没有角的母驼鹿则是这场战争最直接的奖励。当然，公驼鹿还成了一方霸主。现在，这个地盘上已经没有其他公驼鹿生存的空间了，就连年轻的小公驼鹿也不允许存在。它不能容忍它们，只要一看见，便用威严的怒吼声驱赶它们。

最后的浆果

沼泽地上，越橘果已经熟了。它们在一个个泥炭草墩上生长着，浆果则直接躺在青苔上。我老远就能看见它们，可究竟长在什么上，却不清楚。但是，只要我们凑近一看，就会发现极细的茎在青苔垫上伸展开了，点缀在茎的两边的叶子，小小的、硬硬的、亮亮的。

它就是一棵完整的越橘。

越冬之旅

每个夜里，都有鸟儿踏上越冬的旅程。它们有条不紊地上路了，显得很从容。有时，它们还会在一个地方停留较长的时间，不像春季那般匆忙，这种对家乡的眷恋之情，在漫长的越冬旅途中流露出来。

越冬迁徙的次序和春季飞来时的次序恰好相反，身着五彩外衣的小鸟最先离开；最后走的，是春季来得最早的鸟儿。谁体力好，谁有忍耐性，谁耽搁的时间长，谁就留得久些。如苍头燕雀、云雀、海鸥中，许多都是年幼的先飞走，燕雀中的雌鸟也不如雄鸟强壮而有耐心。

大部分鸟儿直接飞往南方，到法国、意大利、西班牙、地中海或非洲过冬；还有一些鸟儿向东飞，经过乌拉尔、西伯利亚，再转向到达印度过冬；有的还飞往美国过冬。

等风来

乔木植物、灌木植物和草本植物都在着急地安顿后代。

翅果在枫树的枝条上已经开裂了，只要风儿轻轻一吹，种子就会随风落到土地里。

大蓟也和枫树一样等着风儿，它将高高的茎秆儿上的淡灰色的丝状茸毛露在外面；香蒲也不甘示弱，把裹着棕褐色外衣的梢头伸到沼泽地里；山柳菊也露出了毛茸茸的小球。在晴朗的日子，只等微风轻轻一拂，种子便随时都可以飘向四方。

还有许多像大蓟一样的草本植物，它们也都准备好了最丰满的果实，长短不一，形状各异。在收割完庄稼的田地里，在田埂上，在沟渠边，还有植物正等待长着四条腿或两条腿的动物，一旦其从身边走过，就能将种子带到远方。就拿牛蒡来说吧，它准备好了许多有棱有角的种子；鬼针草也准备了黑色的三脚果实，那些家伙粘到人的袜子上，而且常常抓得牢牢的；拉拉藤，它那圆形的小果实像个小无赖，一旦抓住行人的衣服，想扯下它们，你不揪掉一小撮毛下来，它可不会轻易松手！

秋季的蜜环菌

森林里一片死寂，毫无生气可言。林子里到处都湿漉漉的，腐烂的气味充斥着它，仿佛要溢出来一般。林子里的蜜环菌是唯一让人感到欣慰的东西。它们的生命力很旺盛，在树墩上、树干上、地面上，到处都是它们的身影，有些一簇簇地拥在一起，有些又散落着，像是在集市上一般，看着它们让人觉得很开心。

看着赏心悦目,采摘的过程自然是美好的。花不了几分钟,你就能摘满一小篮精心挑选过的伞盖儿。鲜嫩的蜜环菌的伞盖儿还未打开，样子看上去像戴着婴儿帽、裹着白色围巾的小家伙。等长大以后,帽子的边沿都翘了起来,白色的围巾则变成了领子。

伞盖是由毛边的鳞状物组成,颜色是浅褐色的,也有人说是其他颜色,总之它看起来是很舒服的。小的菌菇伞下的菌褶是白色的，老了以后就变成淡黄色了。

可是你们注意到了吗？当嫩菌在老菌的伞盖的庇护下成长时，嫩菌菇的伞盖上面仿佛长出了像霉点般的粉末，这是从老菌的伞盖下面撒出来的孢子。

如果你想吃蜜环菌,还得认准了,集市上常常有一些鱼目混珠的有毒的菌菇出售。它们也是长在树墩上，但伞盖上没有鳞状物，颜色异常鲜艳;伞盖下面没有领子,褶子普遍是黄色或淡绿色,而孢子是乌黑的。

森林里传来的第五份电报

我们已经查明,是滨鹬在淤泥岸上留下了十字形印记和圆形小点。

它们把布满淤泥的岸当作可以美餐一顿的地方,于是停下脚步,顺便补充体力。滨鹬迈着长长的腿在岸上踱来踱去,然后将细长的嘴巴伸进淤泥里,捉出可供饱餐的活物,十字印和小圆点就这样留下了。

我们还给一只在我家屋顶上住了一整个夏季的鹳的脚上套了带有"Moskwa.Ornitolog.KomitetA.No.195"字样的铝质脚环,那个意思是"莫斯科鸟类学委员会A型195号",然后把它放了。如果它飞到越冬地被抓住了,我们就能从报上得知它究竟在哪儿越冬。

林中树叶的颜色已经变了,叶子脱落了一地。

都市新闻

野蛮的强盗

在列宁格勒伊萨基耶夫斯基教堂广场上，光天化日之下，一起野蛮的袭击事件就在路人的眼前发生了。

一群鸽子从广场上飞起来，这时一只硕大的隼从伊萨基耶夫斯基教堂的圆顶上冲下，猛地扑向最外围的一只鸽子。鸽子的绒毛一下子飞扬在空中。

路人们看见受惊的鸽群慌乱地飞躲到一幢大房子的屋檐下；大隼则不管它们，只顾用利爪擒着到手的猎物，用力地飞到教堂的圆顶上。

我们的城市上空常常有迁徙的游隼飞过。教堂圆屋顶和钟楼上是这些有翅膀的野蛮强盗观察猎物的最佳据点。

夜空中的呼唤

在城郊，几乎每晚都有让人不安的事发生。

院子里一有响动，人们就迅速起床，把头探到窗外看看究竟是什么在

作怪。

楼下院子里传来家禽拍打翅膀的声音，鹅和鸭子都不停地叫唤着。是不是被黄鼠狼攻击了，或者是狐狸跑到院子里了？

可是在城市这样紧闭着铁大门、由坚硬的石头围城的院子里，它们哪能进得来呢？

主人还是仔细检查了院子的每一个角落，把禽舍又重点巡视了一遍。没有什么异常的，也没有谁能偷偷通过坚固的锁和门闩进来。一定是它们做了噩梦。这不现在已经安静了吗！

于是主人又躺回床上入睡了，可刚安静了一个钟头，禽舍里又哄哄闹闹的。惊慌、恐惧，家禽一片混乱。这究竟是怎么回事？出了什么问题？主人打开窗，仔细倾听着窗外的动静。

星星在黑洞洞的天空闪烁，露出金色的光芒，四周万籁俱寂。

然而就在这时，一片黑影在高空掠过，遮蔽了空中闪烁的星星，还传来时断时续的叫声。

禽舍里的鸭和鹅仿佛被唤醒了一般，原本早已忘却了自由的它们似乎现在有一种想要一跃而起的冲动。它们踮着脚掌，不停地扇动着翅膀，伸着长脖子悲伤而忧郁地叫着。

在漆黑的夜空里，那些自由生长的野生兄弟姐妹们似乎也在用啼鸣声做着回应。它们正一群接一群地从砖石房屋上空飞行而过。那夜空里时断时续的叫声便是从野鹅和黑雁的喉部发出的。

“走吧！走吧！离开寒冷！离开饥饿！离开吧！”

啼鸣声渐渐地听不见了，但是禽舍里早已经失去飞行能力的家禽还在不停吵闹。

森林里传来的第六份电报

寒冷的早霜袭来了。有些灌木的叶子好像被刀削过似的。树叶像雨点般纷纷飘落。

蝴蝶、苍蝇、甲虫都各自躲藏起来了。候鸟中的鸣禽，慌慌忙忙飞过一片片丛林和小树林。它们的肚子已经饿了。只有鸫鸟不抱怨没东西吃，它们成群结队向一串串熟透的山梨飞扑过去。寒风在光秃秃的森林里呼啸，树木都酣睡了，森林里再也听不到鸟儿的歌声了。

仓 鼠

我们在挖土豆的时候，突然有什么东西吱吱地叫了起来。不一会儿，小狗听到动静便跑了过来，在这附近蹲坐着，用鼻子仔细地嗅。可那小东西还在不停地叫唤。于是，狗开始用爪子刨地，它一面刨一面示意我们地下有东西，汪汪叫着。狗刨出了一个小土坑，已经能见到小家伙的头部，又花了一会儿工夫把它拖了出来。惊慌失措的小兽咬了小狗一口，狗一下就把它扔出好远的距离，狂吠着恐吓它。这是一只和小猫差不多大的小兽，毛是不纯净的灰蓝色，其间还夹杂着黑色和白色，人们叫它仓鼠。

忘了采菌菇了

9月里，我和同学们到林子里采菌菇。在采集的过程中，我们捉弄了四只脖子短短的、一身灰毛的黄尾榛鸡。

后来，我在树墩上看到一条风干了的蛇。从树墩的洞里还发出嗞嗞的声音，我感到很害怕。我想，那儿肯定是个蛇窝，于是就急忙跑开了。

当我走进沼泽时，我见到了有生以来从未见过的情景。七只鹤从沼泽里飞上天，它们就像七只绵羊。这样的情景我只在学校的挂图上见到过。

我的伙伴们都采集了满满的一篮菌菇，一直在林子里东奔西跑的我根本顾不上采集。林子里到处都回荡着小鸟的啼叫声，它们在我的头顶上飞来飞去。

我们在回家的路上还遇到了一只兔子，除了脖子和后脚是白色的以外，它完全就是一只灰兔。

我再一次经过有蛇窠的树墩的时候，警觉地绕得很远。许多大雁正从我们村的上空飞过，嘹亮的歌声就在天空回荡着。

喜鹊

春季的时候，我们村里几个淘气的小孩儿捣毁了喜鹊的家，我便向他们买了其中一只小喜鹊。就一天的时间，它就和我熟了。第二天，它已经敢直接站在我手里吃吃喝喝了。“魔法师”是我给它起的名字，它也习惯了，我一唤它，它就会答应我。

等它会飞翔的时候，它就喜欢飞到厨房对面的门上停着，这样它可以清楚地看到厨房桌子抽屉里的情况，那里面常常放着一些吃的。只要你一拉开抽屉，它立马就钻进去了。你要是在它没吃好的时候拖它出来，它还不乐意呢！

我打水的时候，一喊它，它就飞到我的肩膀上跟我走。

我们吃早餐的时候，它最爱凑热闹。抓一块儿糖，啄一块儿小面包，或者把爪子扔到牛奶里。

最可笑的是，它还想帮着我锄草呢！在我去菜园里给胡萝卜除草的时候，它也像我一样，但是它可不知道究竟哪个是胡萝卜，哪个是杂草。

都躲起来了

天气变得更冷了。火热的夏已经离开了我们。

血液仿佛都要冻住了，动物们一整天都昏昏欲睡，行动迟缓。

一整个夏天都住在池塘里的长尾巴的蝾螈，如今一次也见不到了。

现在它们早就爬上了岸，慢慢爬到森林里去了，蜷在一个腐烂的树墩里。

青蛙和它不同，它们潜藏到水底，钻进了更深处的水藻和淤泥里。蛇和蜥蜴钻进树根下温暖的苔藓里。鱼儿成群结队在水下的深坑里。

蝴蝶、苍蝇、蚊子、甲虫都钻进缝隙了，有着巨大城堡的蚂蚁将所有的路口通通堵了起来，一心一意地在城堡的最深处紧紧拥在一起。

它们即将遇见最困难的日子，可热血的兽类和鸟类却不是很害怕，有吃的就行了。食物就像是它们身体的供热器。可是越冷的时候饿得越快。

蝴蝶、苍蝇、蚊子都藏起来了，蝙蝠失去了聊以果腹的食物。迫于无奈，它们也只能躲藏起来。在树洞里、阁楼上，用爪子把身体倒挂着，用翅膀裹住身体，冬眠就开始了。

青蛙、蛤蟆、蜥蜴、蛇和蜗牛都躲起来了，刺猬和獾也不敢出洞。

候鸟开始离家了

如果我们能像上帝一样，从高空俯瞰国家辽阔无际的土地，这该是多么美妙！秋季，搭乘气球升到大约三十公里的高空，白云仿佛都在脚下，但那时你仍然无法看到祖国的边疆在哪儿。如果有幸遇上晴天，广袤的大地显得无比壮阔。

从高空向下看，你会觉得整个大地都在移动，数也数不清的、密密麻麻的鸟群在森林、草原、山丘、海洋上方运动。

候鸟都飞离家乡，去往遥远的越冬地了。

当然也有些鸟儿例外，像麻雀、鸽子、红腹灰雀等，它们依然留在了原地。除了雌鹌鹑以外，所有的母野鸡也待在这儿。还有老鹰和大猫头鹰。

在冬季,就算是留在这儿的猛禽也百无聊赖,大部分的鸟还是飞走了,像这样,迁徙活动一直会持续一整个秋季,直至河水冻住了为止。

各有去处

你们是否以为所有的鸟都是从北向南飞行呢? 才不是呢!

不同种类的鸟,飞走的时间和方向都不相同。不过它们大都选择在夜晚离开,因为这样比较安全。有些鸟自北而南飞,有些鸟自东向西飞,也有的自西向东飞,我们这儿还有一些直接飞往北方。

我们的特派记者用无线电报或者无线电广播告诉了我们它们飞行的方向和旅途中的具体情况。

自西向东飞

红色的朱雀群里传来了"嘁咦!嘁咦!"的交谈声。

还在 8 月份,它们就从波罗的海沿岸、从列宁格勒州和诺夫哥罗德州开始了自己的旅程。它们从容不迫,充足的食物让它们看起来非常悠闲,毕竟这不是回老家去哺育下一代。

我们看见它们飞过伏尔加河及乌拉尔一座不算高的山岭,又看见它们到了西伯利亚西部的草原的情景。它们还越过了满是桦树的丛林,它们一直朝着太阳升起的地方前进。

虽然它们成群结队地飞行，而且还有专门巡逻的鸟儿，但它们还是尽量将飞行的时间安排在夜晚。白天休息、觅食。就算是这样，仍然会有不幸的事情发生。常常会有落单的鸟儿成为猎鹰的囊中之物。西伯利亚有非常多雀鹰、灰背隼等这样的猛禽，它们飞翔速度极快。每当小鸟从一片树林向另一片树林飞行的时候，有许多鸟都会被抓走。夜晚相对安全一些，因为夜间猫头鹰的数量要比白天里的猛禽少太多。

朱雀要越过阿尔泰山脉和蒙古沙漠飞往炎热的印度越冬。在这样艰辛的旅途中，又该有多少鸟儿命丧黄泉！

Φ-197 357 号小环的故事

1955 年 7 月 5 日，北极圈外白海边的干达拉克沙自然保护区。

一只小小的北极燕鸥的脚上，被我们俄罗斯一位年轻的科学家套上了编号为 197　357 的铝环。

1955 年 7 月，当那只小鸟刚学会飞时，它便和大部队聚集着踏上了越冬的旅途。它们先向北飞，之后往西。接着又向南，途经白海、科拉半岛和整个非洲海岸。最后越过好望角，接着向东飞向了印度洋。

1956 年 5 月 16 日，编号为 197 357 的北极燕鸥在弗里曼特尔市附近被一位澳大利亚学者捕获了，那里距离干达拉克沙自然保护区有 24000 多公里。

如今,它的身体和脚环一起成为标本,陈列在澳大利亚珀斯市博物馆。

自东向西飞

每年夏天,有成群的野鸭和鸥鸟在奥涅加湖畔诞生。它们看起来像乌云和白云。秋季到来的时候,它们便向太阳下山的地方飞去了。让我们乘飞机跟随它们吧!

你听到尖利的呼啸声了吗?还有水的泼溅声,扇动翅膀的声音,野鸭和海鸥的鸣叫声……

野鸭和海鸥准备在林间小湖上休息,却不曾想到遇上正在迁徙的游隼的袭击。它就像是牧人甩动的一根长鞭子,在空中呼啸划过。它用像弯刀一样锋利的爪子,划破了飞行着的野鸭的队伍。

队伍里一只野鸭的背部受伤了,它长长的脖子上仿佛拴住了重重的铁球一样垂直向下,还不等它掉进湖里,就已经被飞快的游隼抓了去。游隼用钢铁般的喙对它重重一击,野鸭就这样成了它的美餐。

这只游隼,是鸭群的天敌。它和鸭群一起从奥涅加湖上启程,途经列宁格勒、芬兰湾、拉脱维亚等地,在它并不饥饿的时候,它就看着野鸭在湖面上嬉戏,蹲在岩石或者树木上,露出一副漠不关心的样子。野鸭可以在水上快乐地翻跟头,然后继续向西前行。但是如果它饿了,野鸭就是它最好的食物,只要

飞快地追上它们，抓一只就能填饱肚子。

它们就这样沿着波罗的海、北海渔岸飞行，等过了不列颠岛，这个狡猾的带翅膀的恶棍就不再搭理它们了。而野鸭和鸥鸟会留在那儿过冬，游隼如果愿意，还能跟着其他野鸭群越过地中海飞往炎热的非洲。

向北飞到长夜不明的地方

绒鸭在白海的干达拉克沙自然保护区安详地孵化出了它们的下一代，它们的绒毛又细又软，能帮助它们抵御寒冷。在我们的冬大衣中暖和、柔软的羽绒就是从它们身上得到的。在这里，绒鸭是大学生和科学家的重点保护对象。他们给鸭子戴上有编号的脚环以便弄清楚它们越冬的习性。越冬地究竟在哪儿？寒冷的冬季过去后，又有多少绒鸭会回来？

如今，这些都已经调查清楚了。离开保护区之后，绒鸭一直向北飞行，它们几乎是在尽头停下的，那儿有格陵兰海豹在嬉戏，还有大口喘气的白鲸。那儿就是北冰洋，它们在那儿生活。

白海就在前不久已经被整个儿冻住了，绒鸭没办法在这儿找到食物。可在遥远的北冰洋不同，全年不结冰的海洋里鱼儿多得很，就连海豹和体型巨大的白鲸都在那儿抓鱼吃呢！

绒鸭从岩石和海藻上抓水下的贝类吃。在北方这么寒冷的天气中，吃饱对它们来说是至关重要的。辽阔的大海看不到边际，大海的四周满是冰川，但身穿厚厚绒毛的绒鸭丝毫都不畏惧，寒气没有办法击倒它们。在满是冰川的上空，就算看不见太阳也没有什么遗憾的，因为那儿会时常划过美丽的北极光，硕大的明月、闪亮的星星就一直挂在头顶上。它们现在觉得很惬意，吃得饱穿得暖，漫长的北极之夜是那么美妙！

候鸟迁徙之谜

为什么不同的鸟类飞行的方向不一样？有的一直向南飞，有的一直向北飞，有的向西，还有的向东。

为什么有些鸟儿非要等到没有食物的时候才肯离开？那时候天已经下雪了，河里也结了冰。而像雨燕这种鸟儿却仿佛总是在某个固定的日子就离开了呢？尽管当时它们还饿不着呢！

最让人疑惑的是，它们怎么知道哪里是适合它们越冬的地方呢？就算知道了，它们该朝着哪个方向，沿着哪条道路出发呢？

比如一只小鸟出生在我们这儿，却要飞到南部非洲或者是意大利过冬。还有一种很善于飞翔的游隼，常常从我们西伯利亚飞到澳大利亚去越冬，等到了春天又准时飞回来。

林木大作战(续完)

我们报社的记者找到了林木战斗的战场。

那儿就是我们记者开始森林之旅的地方——云杉的国度。

下面你即将看到的是这场残酷战争的结局。

云杉树在它们的国土上赢得最后的胜利,它们与白桦、白杨进行了激烈的搏斗,毕竟云杉要比它们年轻许多,它巨大的身体将对手们都死死地遮挡了,让这两种喜光的阔叶树渐渐死掉。

云杉还在持续不断地生长,它们巨大的枝干将阳光全部夺走了,树下面越来越阴暗。战场上的战败者迎来的是那些凶狠的苔藓、地衣、蠹甲虫、木蠹蛾。

时间过得飞快。

100 年前人们将那片阴森茂密的老云杉树林砍个精光后,这里抢夺空地的林木战争就开始了,可最终,还是云杉树获得了胜利。

在这个战场上,没有鸟儿的歌声,也没有小兽愿意搬进去居住。这里没有鲜活的绿色,哪个不懂事的绿色的小植物搬了进去,很快就凋谢了,这儿就是这样一个阴森森的地方。

冬季是林木种族休战的日子,它们敌不过寒冷都睡死过去了,熊都没它们睡得沉。它们不吃不喝，血液也停止了流动，只有微弱的呼吸还在维持着。

你仔细听听，一点儿声音都没有。

你仔细看看，这里到处都是尸体。

我们报社的记者得到了消息：今年冬季，眼前这片茂密的云杉树林是人们计划好的伐木地。

明年，这里又会像100年前那样变成一片新的空地，战斗又要开始了。

不过这次，云杉树恐怕没那么容易获胜了，人类将干预这里的战斗。

他们会带新的勇猛的战士——外来新树种进入这个战场，他们还会在必要的时候给予这些新来的战士些许的帮助，至少能让它们见到温暖和煦的太阳。

到那个时候，这里一年四季充满着欢乐的鸟儿的啼鸣。

种和平树

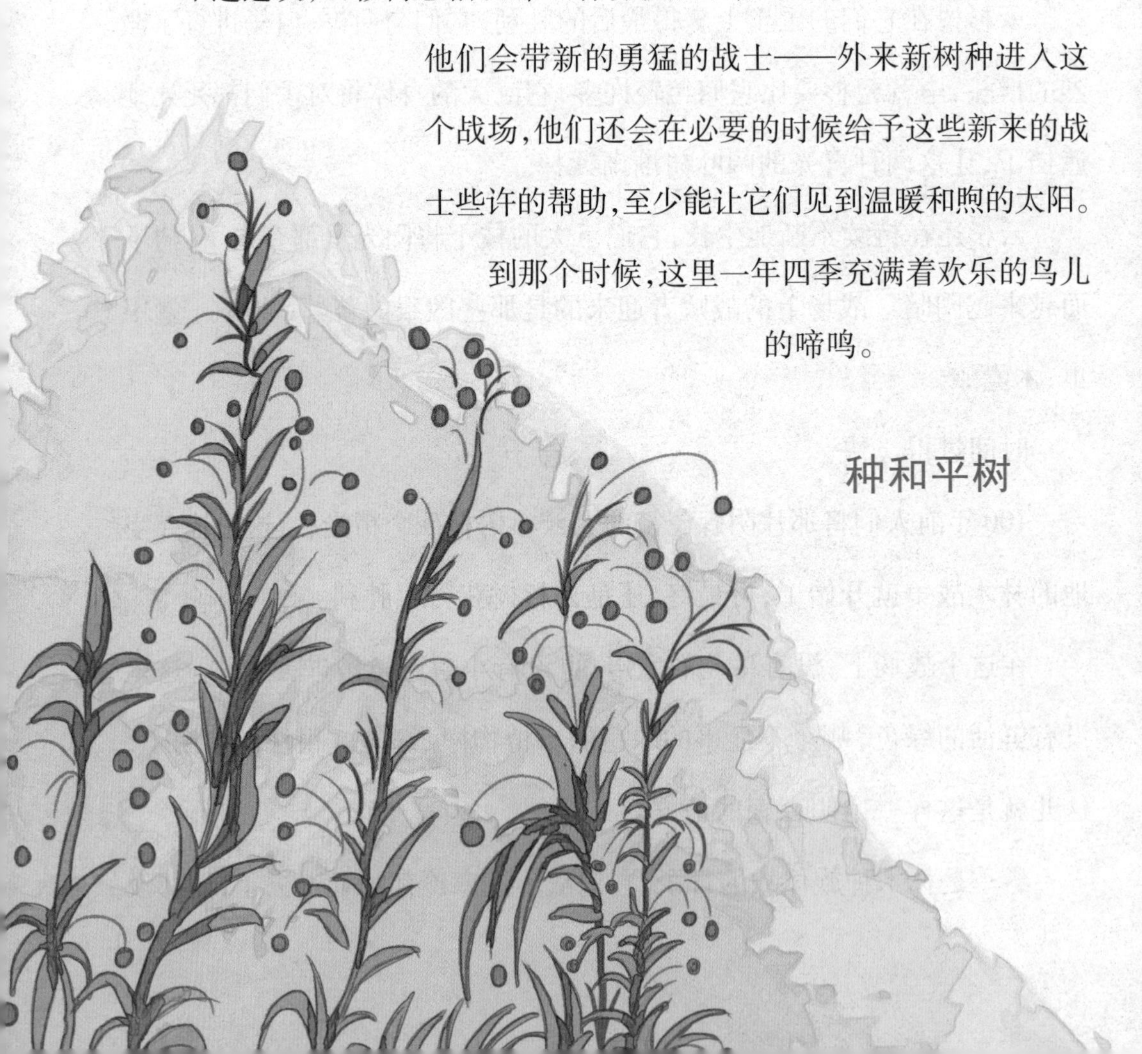

不久前,在园林周活动期间,我们的同伴们邀请莫斯科州拉缅斯科区低年级的学生参与种植和平树的活动。专业的园艺师将和他们合作，帮助小树和他们一起在校园里健康成长!

农庄里的故事

田间的庄稼已经被收割完了，今年的产量非常好。集体农庄的庄员和城里的市民都已经尝到了新做的馅饼和白面包。

山坡和峡谷里的亚麻已经长成了，它们经历风吹日晒后，终于长成了。现在只需要将它们运到稻谷场上，将它们的麻皮剥下来。

孩子们已经在学校学习了一个月，虽然没有他们的帮忙，田地里的马铃薯也被庄员们收完了。庄员们要把一部分运到车站去，一部分贮藏在干燥的沙坑里。菜园子也变得空空如也，最后一批卷心菜也被运走了。

秋播作物在田野里呈现出一派生机，这是集体农庄庄员们为祖国准备的新礼物，它们绿油油的，非常茂盛。灰

色山鹑夫妇已经不满足只带着它们的孩子来田里享用美食了,这次,它们叫上了家族里所有的亲戚,大概有100只那么多,它们都来到了这儿,仿佛受到了宴请一般。

抓山鹑的季节快结束了!

沟壑的征服者

我们的田野上出现了许多道深深浅浅的峡谷,它们越变越大,都快蔓延到集体农庄的田地里来了。集体农庄的庄员们和少先队员们都为此感到焦虑。我们还专门开会商讨,寻找一个合适的解决办法。

我们意识到必须用树木抓住想要逃走的土壤,树木的根系是巩固沟壑的边缘和坡面土壤的好办法。

那次会议是在春天开的,如今,我们已经将在专门的苗圃里培育的几千棵树苗种到了那峡谷里。树苗有白杨树、许多藤蔓灌木和槐树等。

用不了多久,那些树木就会把峡谷里的土壤抓得牢牢的,成片的树木将覆盖它们,这样一来,它们就将被我们永久征服。

采集树种活动

9月,是采集树种的好时候。林子里很多乔木和灌木的种子和果实正在成熟,收集种子,将它们撒在苗圃里,过一段时间后就能变成具有绿化效应的小苗了。在池塘边、运河边，你总能看到它们的身影。树木让我们生活的环境更优美，因此，采集种子可不是一件小事。

而且，最好在它们未完全成熟时或在它们成熟后很短的期限内立即进行。灌木和乔木种子采集就不能耽搁。要是碰到了橡树、西伯利亚落叶松这种树木，就更得留心！

从9月份就开始采集的树木种子有苹果树种、西伯利亚苹果树种、红接骨木树种等，克里米亚和高加索地区常见的山茱萸的种子也是要采的。

我们的新主意

全国人民都在为一件极为美好的大事——植树造林忙碌着。

在植树节那一天，你能在集体农庄的水塘四周、在河岸上、在学校的操场上看到许多人的身影，他们都正忙着种树呢！这样一来，就算是经过一整个炎热夏季太阳的暴晒，它们也不会变得干枯，茂密的树丛将它们都保护起来了，它们的根系牢牢抓住了地下的土壤。

如今，我们又想到了一个新主意。

冬天，皑皑白雪给道路和房屋盖上的厚厚的“雪被子”，使四周仿佛都是一个样。为了不至于在雪地里迷失方向，人们常常将整片的小云杉树砍伐后，拖到路上，或者在路边设一些明显的路标。

为什么不干脆种一些云杉树在路边呢？活路标不是更好吗？更何况这一劳永逸的办法能长久地保护道路，让它不被大雪覆盖，人们也不必再担心摔倒或是迷失方向。

一想到这些，我们立马就这样做了。

农庄资讯

选择优质母鸡

昨天，在突击队员集体农庄的鸡舍里，庄员小心翼翼地用挡板把母鸡赶往一个角落，想要选出鸡群里的优质母鸡。扑上去抓住它们，供专家一只只鉴定。

一只母鸡嘴巴长长的，它的羽毛仿佛贴在骨架上，一个缺乏血色的小鸡冠在脑袋上耷拉着。专家抓住它的时候，它那双睡意蒙眬的眼睛仿佛在说："你别打扰我！"

"我们不需要这样的鸡。"专家刚说完就接过另一只。"这只好！"他接着说，"让这只给咱们生蛋。"

这只母鸡和那只截然不同，嘴巴短短，眼睛炯炯有神。它宽大的脑袋仿佛支撑不住那血红的鸡冠，歪在头的一边。它在专家手里一会儿也不消停，挣扎着咯咯叫，仿佛在说:“放开我！你放开我！你自己不挖蚯蚓,还不让我挖吗？”

原来,像这样有生气、有活力的母鸡才能生出高质量的鸡蛋。

不断搬家的鲤鱼

池塘里这些正慢慢长大的鱼是鲤鱼。在春季的时候，它们的母亲才刚刚在一个小水塘里产下它们，那时候它们还只是鱼卵。一段时间后才长成可以在水中自在玩耍的小鱼苗。它们总共有 70 万兄弟姐妹呢！家族非常庞大。一个星期过后,它们的个头就已经长大了,这个浅浅的池塘根本容不下它们这么庞大的一个家庭。因此，它们搬到了为夏季准备的大池塘里,等秋季快到的时候,它们就长成了幼鱼。

现在,它们又准备搬家呢！想迁到越冬的池塘里,那儿有更多能保护生命的淤泥。等到来年春天，它们就将迎来自己的一周岁生日。

收割块根作物

学生们在朝霞集团农庄帮助庄员收割甜菜、冬油菜、萝卜、胡萝卜。虽然它们是常见的块根作物，但孩子们在收割的过程中还是感到异常惊奇。以大头著名的同学瓦吉克的头，在冬油菜的块根面前都要略逊一筹。但是最让他们惊讶的是巨大无比的饲料胡萝卜。

葛娜将一个胡萝卜放到自己的腿边，竟然和她的膝盖一样高！胡萝卜上半截的宽度也和手掌一样。

“在古代，人们也许是用它来打仗的。”葛娜说，“用冬油菜的块根代替手榴弹，砰一下就朝敌人扔去。如果是徒手格斗，就用胡萝卜砸敌人的头。”

“古人根本不会种植这样的块根植物。”瓦吉克反驳说。

把小偷关进瓶子里

“要把小偷关进瓶子里。”红十月集体农庄的养蜂人说。

这一天，蜂蜜因为寒冷的天气都被留在了蜂巢里。黄蜂这伙盗贼正惦记着这样的好机会。它们准备将蜂巢里的蜂蜜都偷回家。还不等它们靠近蜂巢，蜂蜜的香气就扑面而来，它们被这诱人的气味熏得晕乎乎的。原来诱人的气味是从这里传出来的呀！摆放在养蜂场上装有蜂蜜水的玻

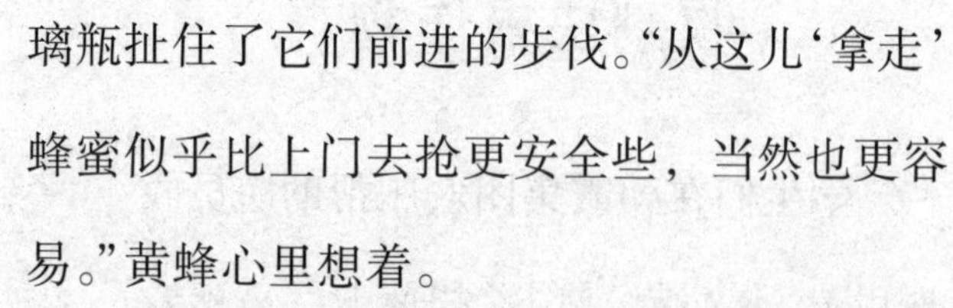

璃瓶扯住了它们前进的步伐。“从这儿‘拿走’蜂蜜似乎比上门去抢更安全些，当然也更容易。”黄蜂心里想着。

它们刚鼓起勇气试了试，就中了养蜂人的计，被玻璃瓶里的水淹死了。

捕 猎

变傻的琴鸡

秋季，成群的琴鸡叽叽喳喳地降落在浆果树丛里。黑色的雄琴鸡羽毛丰满，棕红色的母琴鸡的羽毛上点缀着花斑，年轻的琴鸡看起来非常活泼。

它们打算尽情地享用美味的果实，于是，都散开了。有些琴鸡喜欢吃红越橘；有些琴鸡似乎吃撑了，正扒开草丛，吞那些棱角分明、又硬又小的石头帮助消化呢！

林子里突然传出的沙沙声扰乱了黑琴鸡进食的兴致，它们警觉地抬起头环顾四周的动静。

朝这边来了！一只卡莱狗竖着耳朵朝这边来了！

琴鸡们虽然极不情愿，但还是迅速地飞到枝头或者躲进草丛里。

卡莱狗在浆果地里四处打转，它把那些藏在草丛里的琴鸡吓得飞起来了。

卡莱狗的策略成功了，它把所有的琴鸡都赶到了树上。于是它挑中一只合心意的，蹲在树下，开始盯着它不停地叫唤。

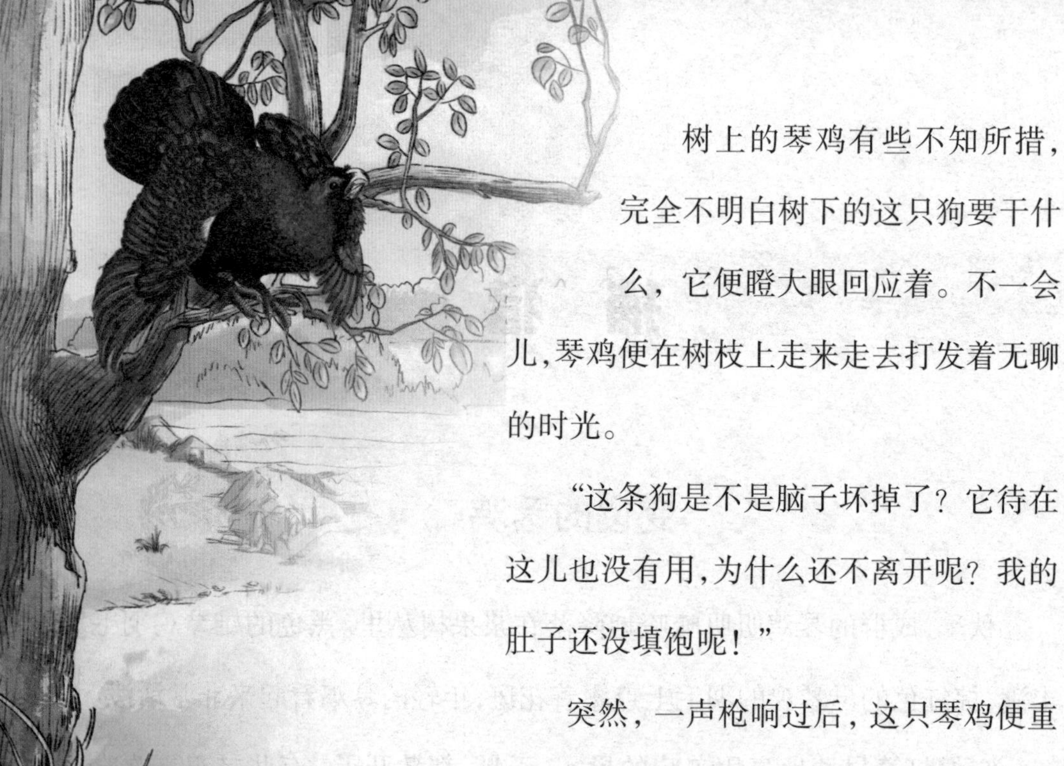

树上的琴鸡有些不知所措，完全不明白树下的这只狗要干什么，它便瞪大眼回应着。不一会儿,琴鸡便在树枝上走来走去打发着无聊的时光。

“这条狗是不是脑子坏掉了？它待在这儿也没有用,为什么还不离开呢？我的肚子还没填饱呢！”

突然，一声枪响过后，这只琴鸡便重重地摔到地上。它中了猎人和猎狗的圈套。其他的鸟被突如其来的枪响吓得赶紧飞走了，它们要重新寻找一个安全的地方,那儿没有猎人,也没有猎狗。可是,究竟哪里才是安全的呢？

光秃秃的白桦树上什么都没有，只有三只黑色的琴鸡在枝头整齐地排列着，一动也不动。那里肯定是安全的,不然它们不会如此安稳地歇在那儿。这一群惊魂未定的琴鸡心想着，总算远离了那个是非之地。

它们越飞越低,叽叽喳喳地在白桦树枝头停下了。可奇怪的是,它们这样吵闹，那三个家伙却瞧都不瞧它们一眼。真是傲慢的家伙！新来的琴鸡专注地端详着它们。那是三只漂亮的家伙,浑身长着黑色的羽毛,尾巴分着叉，眉毛是火红的，翅膀上还点缀着白色花斑，一双炯炯有神的黑眼睛不愿意看它们一眼。

这一切也没什么奇怪的！

“砰！砰！”又是两声枪响，这是从哪儿来的？还没等它们弄清怎么回事，又有两只琴鸡从树上掉了下去。

林子上空升起的一团青烟很快就消散了，唯独那三只高傲的黑琴鸡不为所动。谁都没有出现呀！它们三个也没有动静，我们干吗要飞走呢？新来的琴鸡这样想着。它们四下里张望了一会儿，便放松了警惕。

“砰！砰！”

一只黑琴鸡像石块一样坠落到地上，另一只挣扎着向上飞但很快也坠了下来。这次它们害怕极了，扑动翅膀急忙飞走了，可刚刚那三只琴鸡还纹丝不动地停在树梢上。

树下，手持猎枪的猎人从一间不显眼的小窝棚里走出来，毫不迟疑地走向刚刚被打死的琴鸡。捡起猎物，就把枪靠在那光秃秃的白桦树上，向上攀爬。

白桦树梢上那三只黑琴鸡仿佛正若有所思地盯着什么，原来那炯炯有神的黑眼睛是两颗不会动的玻璃珠子。黑琴鸡是用绒布做的模型。只有尾巴和羽毛是真的。

猎人从一棵树上取下一只，又在另一棵树上取下另外两只。刚刚饱受惊吓的琴鸡正满腹狐疑地仔细端详每一棵树木，它们不知道哪儿还有危险等着它们,也不知道猎人还会用什么更坏的方法对付它们。

好奇心害死雁

大雁对许多事情都很好奇，但它们却又是非常具有警惕性的鸟。关于这个,猎人是再清楚不过了。

大雁待在离河岸整整一公里的浅沙滩上，那里像个孤岛一般。人无论走着、爬着,还是乘船,都无法靠近。而大雁此刻便可以呼呼大睡了。它们把脑袋埋在翅膀下,蜷起一条腿,安心地入睡。

它们丝毫不担心受到袭击,若是危险降临,站岗的老雁会发出警醒的信号。站岗的老雁不睡觉也不打盹儿，一直警惕地注视着四周。它们至

今还没有遇到过让它们措手不及的敌人。

一条狗闯到岸边,老雁伸着长脖子想一探究竟。

狗露出一副无所事事的样子,一会儿到这边,一会儿到那边。它好像在沙滩上找什么,大雁不担心,因为没有什么害怕的,可是好奇心驱使它想要凑近看看。

它为什么老是在那儿转悠？再靠近些瞅瞅吧！

一只老雁在好奇心的驱使下蹒跚着进到水里，游起泳来。它在水中能清楚看到岸上猎狗的一举一动,这是最好的观察点。翅膀拍打水波,吵醒了正在休息的三四只大雁。它们也发现了在岸边游荡的猎狗，便也蹒跚着进到河里。

现在它们看明白了。猎狗正追着捡从一块大石头后面飞来的一个个面包团呢！它们一会儿落在这儿,一会儿落在那儿,但都落在沙滩上。

它们从哪儿来的?

是谁在扔面包团?

几只大雁距离岩石越来越近,竭力想看得清楚些,伸得长长的脖子一下就被猎枪击中了,头一歪栽进水里。

猎人从岩石那儿跳出来击中了它们。

六条腿的马

大雁成群结队地正在田野里觅食。放哨的站在外围警戒。它们不会给人或狗有走到它们跟前的机会。远处的田野上，有一匹马正津津有味地吃着草，它们是性情温和的食草动物，对长肉的禽类一点儿都不感兴趣，大雁对它们很放心。一匹马一面啃着又短又硬的残穗，一面向雁群走来。它越走越近，大雁也不害怕，因为它们随时可以转身飞走，更何况走来的是一匹温驯的马呀！可是，一匹六条腿的马让它们觉得很奇怪，其中两条腿还穿着裤子。大雁心里想：它一定是一个怪胎。

放哨的大雁发出警报，雁群都警觉地抬头看着它。放哨的那只大雁鼓起勇气上前打探，这是它此刻的任务。

“咯咯咯！咯咯咯！”看见手里举着猎枪的人，大雁立刻发出“危险”的叫声，通知其他的伙伴迅速逃离。

被发现的猎人懊恼地开了几枪，可是距离太远，让大雁们成功逃脱了。

迎着挑战的号角

每晚的这个时候，驼鹿挑战的号角声都会响彻整个森林。

“谁不怕死就出来决斗吧！”

这种挑衅的声音激怒了一头老驼鹿，它从那长满青苔的兽穴中走出来。它的身高有两米,体重达四百多千克,头上的犄角分成了13个叉。

竟然有人敢向林中第一勇士发出挑战?

老驼鹿气势汹汹地向前冲去,它愤怒到了极点,但凡挡住它去路的统统都被踩得稀巴烂。

挑衅的号角声又传来了。

老驼鹿怒不可遏,它用更加可怕的声音回应着那接连不断的挑衅。“看谁敢!”老驼鹿的眼睛里布满了血丝,头也不回地朝声音传来的地方冲去。

“砰!”

刚到空地上的驼鹿被击中了,它这才看到躲在树后的猎人和他腰间别着的那个发出挑衅声的喇叭。它想拔腿跑向林子深处,无奈此刻却没有力气多走一步。

猎兔开禁了

猎人出征

10月15日，像往常一样，报纸上发布了人们可以开始狩猎兔子的消息。

去年8月初，车站里人满为患，到处都是猎人，你随处可以见到猎犬。今年，车站的情况并没有好转，只是出现在车站的猎狗都已经不是原来那副面孔。

这些狗体型壮硕，腿又长又直，有一个沉甸甸的脑袋和一张大嘴。它们皮毛的颜色也不同，有黑色的、灰色的、褐色的、黄色的、紫红色的。

有些狗身上还长着各式各样的花斑——黑花斑、白花斑、紫红花斑。

它们是能够追

踪猎物踪迹的特殊猎犬。它们非常聪明，一面追一面大声吠叫，以此来告诉猎人野兽逃跑的线路。不论野兽在林中怎样兜圈子，最终猎人都能站在野兽面前，给它迎面一击。

在城市里养这种大型并且性格暴躁的狗几乎不可能，所以很多人根本没有狗。我们这一伙人就是这种情况。

我们准备去找塞索伊奇，和他一起捕猎兔子。

我们一共 12 个人，共占了车厢的 3 个小间。车厢里其他的旅客都看着我们这些人中的一个伙伴，还时不时窃窃私语。

他们这样做一点儿也不稀奇，和我们同行的这个伙伴长得胖嘟嘟的，他的腰围比车厢的门还要宽，进进出出显得很困难，要知道他的体重可有 150 千克。

他不是猎人。因为体型巨大，医生嘱咐他多运动。他是射击的一把好手，比我们在场的所有人都厉害，为了让运动的时光不局限在无聊的散步上，他决定和我们一起外出打猎。

捕　猎

傍晚，塞索伊奇在一个林区车站接我们去他家休息。第二天天刚亮，我们一行 25 人吵吵嚷嚷地上路了。除了我们 12 个猎人以外，塞索伊奇还邀请了 12 个集体农庄的庄员来担任围猎的呐喊人。

我们在树林边停下来抽签，写好号码的小纸卷被扔在帽子里供我们

12 个猎人依次抽取。抽到哪一号就站定在哪一号位置上狩猎。

呐喊的庄员们都离开去往森林的那一边。我们按抽到的号码站到各自的位置上，我是 6 号，胖子是 7 号。

塞索伊奇指给我站立的位置后，就向新手交代了捕猎的规矩：不能顺着射击的路线开枪，否则会让相邻的射手受伤；呐喊声靠近时要停止射击；雌鹿是不允许射杀的；要根据信号行动。

胖子所在的位置离我大约只有 60 步。捕猎兔子与捕猎熊不同，捕猎熊的时候，我们之间的距离比现在多出 90 步也是没有问题的。因此我可以清楚地听见塞索伊奇毫不客气地教导那个胖乎乎的家伙。

“你干吗往树林里钻？这样开枪不方便，你要站在树丛边才行，到这儿来。兔子是向下看的，请原谅我，说不定它们会把你这胖乎乎的腿看成两个树墩子。”

布置好射手的位置，塞索伊奇立马到森林的另一边去安排呐喊庄员们的位置。

距离行动开始还有一段时间，我仔细地观察四周的环境。

在我正前方大约40步的位置有一些光秃秃的赤杨树、山杨树，还有一些叶子掉落一半的白桦树，伫立在那儿的云杉树枝繁叶茂，黑油油的。那些树木长在一起，就好像一堵墙。也许一会儿从树林深处跑出来的兔子，穿过这茂密挺拔的树丛，正好正面冲向我，我就能逮住它，说不定我还能碰上雄松鸡呢！我肯定不会错过这样的机会！

等待的时间过得比蜗牛还慢，不知道胖子有什么感受。

他把身体重心在两条腿上来回转移着，大概他不想把两条腿站得更像树墩一些。

突然，连续传来了两次响亮的号角声，它们持续了一段时间，那是塞索伊奇和他邀请的伙伴在通知我们，狩猎行动可以向前推进了。

胖子把两条胳膊整个抬起来，那把双筒猎枪在他的手里细得像根手杖，接着他就一直保持着那种姿势。太奇怪了，现在还早得很呢，过不了一会儿他就会手臂发酸的。

呐喊的声音还是没有传来。

但是这时枪声就已经传来了。从右边先传来一次，紧接着又从左边传来两声。已经开始了吗？可我这儿还什么动静也没有！

这时，胖子对天空里的黑琴鸡发起了进攻，他朝天空开了两枪，可是黑琴鸡在很高的地方，他根本打不中。

现在已经隐隐约约可以听到呐喊人的声音，木棒敲击树干的声音也传来了。但遗憾的是，我没有见到一个猎物。

终于来了！一只灰白色的东西，在树干后面一闪而过。这是一只还在换毛期的雪兔呢！

这是我的！哎呀,它拐了弯朝着胖子冲去了。喂！胖子,你还磨蹭什么！开枪呀！打呀！

“砰砰！”没有击中它,雪兔还一直朝着他跑。

“砰砰！”

一团灰白色的东西从兔子身上飞了起来，受到惊吓的小白兔径直朝着胖子的两条粗腿之间跑去。兔子果真把他的粗腿当成树墩了，胖子见状急忙夹紧双腿……

难道他真想用腿抓住兔子吗？

机灵的雪兔一下子钻了过去,大胖子扑通摔倒在地上。

我笑得喘不上气，眼泪都从眼眶里溢出来了，透过泪珠，我看到两只

从林子里出来蹿到我前方的雪兔,它们沿着射击的路线跑,无法射击的我眼睁睁看着它们逃走了。

摔倒的胖子缓缓站了起来,他给我看他大手攥着的一团毛茸茸的白毛。

“你没事吧?”我冲他喊道。

“没事,我好歹还抓住了它的尾巴尖呢!”

他真奇怪!我心里暗自嘀咕着。

射击的声音停下来了,呐喊的庄员们走出森林,大家都朝胖子走去。

“叔叔,你是神父吗?”

“准是个神父呀!你看看他的肚子就知道了!”

“怎么会这么胖呢?一定是把四周所有的野味全部都塞进了衣服里,要不然怎么会这么胖?”

可怜的射手!在城里,不可能有人相信,在我们的靶场上竟然发生了这么稀奇的事!

正当大家对胖子冷嘲热讽的时候,塞索伊奇催促大家到新的地点去狩猎。

我们这一群人还是热热闹闹,从森林中间那条路返回。车上载着猎物,胖子坐在车上大口喘着粗气,刚刚的围猎对他来说强度大了些,他需要休息一会儿。

猎人们才不会可怜他,毫不留情的奚落一路上都没有停过。

突然,森林上空出现了一只黑色大鸟,它直接沿着道路,从我们的头顶飞过。那家伙比两只黑琴鸡还大。大家都迫不及待地从肩头取下猎枪向它射击。这么罕见的家伙得把它打下来才好！

黑鸟飞到了猎车的上空。

坐在车上的胖子也开了枪，这时大家看到大黑鸟在空中猛然终止了飞行，翅膀像是被束缚住了，整个身体如一块巨石般从高空掉到地上。

“真厉害！”庄员们发出了惊叹声，“真是个神枪手！”

我们猎人都很尴尬，没有吭声，大家都开了枪，可只有胖子打中了。这个家伙比兔子可沉多了，是我们大家都非常想得到的。

最终，没有人再提起他用双腿抓兔子的事，好像那根本就没有发生过。

无线电通报

注意！注意！

我们是《森林报》编辑部。

今天是9月22日，秋分。今天我们继续全国无线电通报活动。

请注意，请苔原、原始森林、草原和海洋都来参加！

请讲一讲你们那里的秋天是什么情况。

喂！喂！
这里是亚马尔半岛苔原

我们这儿是一片荒凉的景色。鸟儿在夏天的时候曾在岩石上聚集，可是此时在岩石上再也听不到鸟儿的叫声了。小巧玲珑的鸣禽都飞走了，雁、野鸭、鸥、乌鸦等也都飞走了。我们这里四周一片静寂，只偶尔有一阵骨头相撞的可怕声音，那是雄鹿在争斗时犄角碰撞的声音。

8月的早晨已经很冷了。此时有多处水面都被冰封住了。人们早就把捕鱼的帆船和机动船开走了。有几条轮船耽搁了几天行程，结果就被封在海面上了。有一条笨重的破冰船正在冻实了的冰原上为它们开路呢。

白昼越来越短了。长夜漫漫，寒气逼人。只有一些白色的苍蝇仍在空中飞舞着。

这里是乌拉尔原始森林

我们这里正忙着送往迎来。我们迎接的是从北方的苔原来我们这儿的鸣禽、野鸭和雁。它们只是过客,停留的时间不长:今天来一群歇歇脚,吃点东西,明天你再去看它们时,它们已经不在了。原来它们在半夜的时候就从从容容地飞往远方了;我们欢送的是在我们这儿过夏的鸟儿,我们这里的大部分候鸟已经踏上了遥远的旅程,去温暖的地方过冬了。

风把白桦、白杨和花楸树上枯黄的或是发红的叶子扯了下来。落叶松的针叶变成金黄色,柔软的针叶也变粗硬了。一到晚上，一些笨重的、

长着胡子的雄松鸡，就会飞到落叶松枝上来，这些浑身乌黑的鸟儿蹲在柔和的金黄色针叶间觅食松果。榛鸡在黑黢黢的云杉间鸣叫着。还有很多红胸脯的雄灰雀与浅灰色的雌灰雀、深红色的松雀、红脑袋的朱顶雀、灰褐色的角百灵。这些鸟儿也来自北方，它们飞到我们这儿就停了下来，可能它们觉得待在这里也不错吧！

田野越来越荒凉了，细长的蜘蛛丝在晴朗的白日里，被微风吹拂着，飘荡在田野的上空。最后一批三色堇还在某处盛开着。桃叶卫矛灌木丛上也悬着许多好看的鲜红的小果实，长得很像中国的小灯笼。

我们就要挖完最后一批马铃薯了，正在收最后一批蔬菜——卷心菜，然后把蔬菜和水果装满整个地窖，还要去原始森林里采集坚果。

小野兽们也不甘落后。长着一条细细的小尾巴、背上有五道显眼的黑条纹的地鼠——金花鼠，把好多坚果都拖到树墩子下。它们还从菜园里偷出了不少葵花子，它们的仓库被装得满满的。棕红色的松鼠把蘑菇放在树枝上晒。它们穿上了换季的衣服——淡蓝色的“皮大衣”。森林里的长尾、短尾野鼠和水鼠都在把各种谷粒搬到它们的仓库里。带斑点的乌鸦、星鸦也在往树洞或是树根底下搬运坚果，以备不时之需。

熊也给自己找好了窝，它此时正在用脚爪撕云杉树皮做床垫呢。

一切生物都在准备过冬，个个都在辛勤地忙碌着。

这里是沙漠

我们这儿正处于节日的欢乐气息之中，对于沙漠来说，这个季节是生气勃勃的春天。

难忍的酷暑消退了，我们迎来了一场又一场的喜雨。这里空气清新，远处的景物轮廓分明。草又变绿了，以前躲避炎炎夏日的动物也回来了。

甲虫、蚂蚁和蜘蛛都从地下爬了上来；细爪子的金花鼠也从深深的洞里钻了出来；拖着一根长尾巴的跳鼠，像小袋鼠似的在地上蹦跶着，沉睡了一个夏天的巨蟒醒过来后，就盯上这些跳鼠了；沙漠中忽然出现了猫头鹰、草原狐、沙漠猫等动物；体态轻盈、善于奔跑的黑尾羚羊、弯鼻羚羊在草原上跳跃着；鸟儿也飞来了。

沙漠有了一副新模样，这里此时像春天一样，绿意盎然，生机勃勃。

我们继续在沙地中漫游。

我们营造了巨大的防护林带，绿化了成百上千公顷的土地。这一大片森林将保护田野，使其免受沙漠热风的侵袭，并将沙漠变成绿洲。

这里是“世界屋脊”帕米尔山脉

我们这儿的帕米尔山脉真高啊，因此被人们称为“世界屋脊”。有些山峰的高度在7千米以上，直入云霄。

我们这儿的秋天既有夏天的景色，也有冬天的景色——山下是夏天，山上却是冬天。

不过随着天气变凉，冬天开始往山下转移，从云端往下降，动物们也往下搬迁了。

有一种野山羊，夏天时住在凉爽的悬崖峭壁之上，现在它们率先搬家了，山上所有的植物都埋在雪里了，它们没有食物了。

绵羊也离开了它们在山上的牧场，下山来了。

夏天时生活在高山草场上的一大群肥肥的土拨鼠，此时都消失了。原来它们躲到地底下了。它们把自己养得膘肥体壮的，又备好了过冬的食物，所以现在就躲进了地洞，还用草团堵住了地洞入口。

鹿也沿着山坡走下来了。野猪躲进胡桃树、黄连木树和野杏树丛林

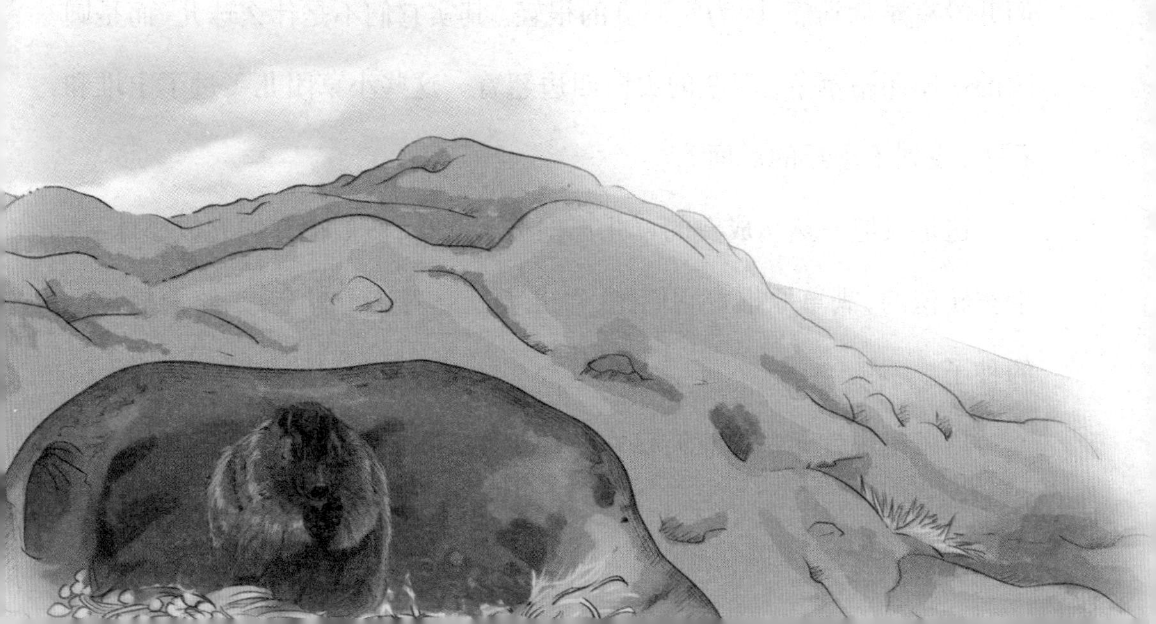

里度日。

山下的溪谷和深谷里，突然来了一批夏天时从来没有在这儿出现过的鸟儿，比如角百灵、烟灰色草地鹀、红胸鸲和一种神秘的蓝鸟——山鸫。

此时有鸟儿成群结队地从遥远的北方飞到我们这一带温暖的地方来了，这儿有的是食物。

我们山下常会下雨。随着一场又一场的秋雨，冬天离我们越来越近了，山上已经在落雪了！

人们正在田里采棉花，在果园里采各种水果，在山坡上采胡桃。

白雪已经将山顶上的道路覆盖了，众人难以通行。

这里是乌克兰草原

我们这儿有好多活泼的小球，此时正沿着被灼热的太阳晒焦的平坦草原跳跃着。它们飞到人的面前，把人团团围住，还往人的脚上扑，可人们并没有感觉到痛，因为它们真的很轻。其实它们不是什么球儿，而是圆圆的一团团枯草茎，草茎的尖向四边翘着。这些小草团儿飞过了土堆和石头，飞到了小丘的后面。

这是风把一丛丛成熟的草儿连根拔了起来，然后把它们卷成小球，像推车轮似的，满草原推着它们跑，草儿们就趁着这个机会，一路撒播自己的种子。

热风很快就无法肆意游荡在草原上了。我们造的林带已经开始发挥

保护庄稼的作用了，这样庄稼就不会被旱灾毁掉了。连通伏尔加河和顿河的列宁通航运河的河水被引进了这里的灌溉渠。

现在正是打猎的好时候。草原湖的芦苇丛里聚集着大量沼泽野鸟和水鸟，有本地的，也有路过的。小峡谷里的荒草地里有很多胖胖的小鹌鹑。草原上的兔子有好多呢——清一色是带着棕红色斑点的大灰兔，我们这里没有白兔。狐狸和狼也有好多呢！你想用枪打，就打吧！你想放猎犬去捉，就放吧！

西瓜啊，香瓜啊，苹果啊，梨啊，李子什么的，在城里的市场上都堆成了小山。

喂！喂！
这里是太平洋

穿过北冰洋的冰原，我们渡过亚洲和美洲之间的海峡，然后就进入太平洋的广阔水域了。在白令海峡和鄂霍次克海里，我们常能碰到鲸。

想不到这世上竟有如此令人惊奇的野兽！它们的块头、重量和力气简直令人难以想象！

我们目睹了被人拖到一艘大轮船（捕鲸船）的甲板上的一条鲸，它不是露脊鲸就是鲱鲸。这条鲸有 21 米那么长，相当于 6 头大象头尾相连的长度！它的嘴里可以放得下连同荡桨人一起的一艘木船。光是它的一颗心脏，就重达 148 千克，能抵得上两个成年男子的体重。它总重量 55000 千克，相当于 55 吨重！

如果我们能做一架巨大的天平，将这条鲸放到其中一个盘里，那么就得在另一个盘里装 1000 个人才能维持平衡，也许那么多的人也抵不过鲸的重量呢。更何况这条鲸并不是最大的，还有一种蓝鲸，长度达 33 米，重量达 100 多吨……

鲸的力气非常大，有时被带绳索的标叉叉住的鲸，竟然能拖着轮船走上一天一夜，更糟糕的是，万一它潜进水里，轮船也会被它拖下水。

过去轮船被鲸拖下水的情况时有发生，现在就很少了。我们还很难相信，但这就是真的，差不多一眨眼的工夫，在我们面前横着的这个怪物

（恰似一座力大无穷的肉山）就能被捕鲸人杀死了。

原来不久之前，捕鲸人还从小船上往下投短标枪，也就是用短一点儿的标叉打鲸。先是水手在小船头上站着，往鲸身上投鱼叉。后来，捕鲸人开始在轮船上，用特制的炮去打鲸，炮筒里装的倒也不是炮弹，而是带绳索的标叉。我们看到的这只鲸就是被这样的标叉击中的，不过打死它的并不是铁叉，而是电流，这种标叉上装着两根电线，电线的另一头与船上的发电机相连。在标叉像针似的戳进这个巨大动物的身体的一瞬间，那两根电线就连上了，于是鲸就被强大的电流给电死了。

它抖了几下，两分钟后就死了。

我们在白令海峡附近还见到了海狗。在铜岛附近见到了一些大海獭，它们正带着小海獭在玩耍。海獭的毛皮非常贵重，过去它曾一度被滥杀，以至于差一点儿灭绝。后来在政府制定的法律的严格保护下，海獭的数量很快就上升了。我们在堪察加河岸边，还看到了一些巨大的几乎有海象那么大的海驴。

但当我们看到鲸之后，就会觉得那些海兽都很小了。

鲸在秋季时离开我们，去热带水域那里生小鲸了。明年鲸妈妈就会带着小鲸重返我们这儿——太平洋和北冰洋。至于那些仍在吃奶的小鲸，个头也比两头牛还要大呢！

我们这里的人是不打小鲸的。

我们与全国各地的无线电通报活动就到此结束了。

下一次通报，也就是最后一次通报活动，将在 12 月 22 日举行。

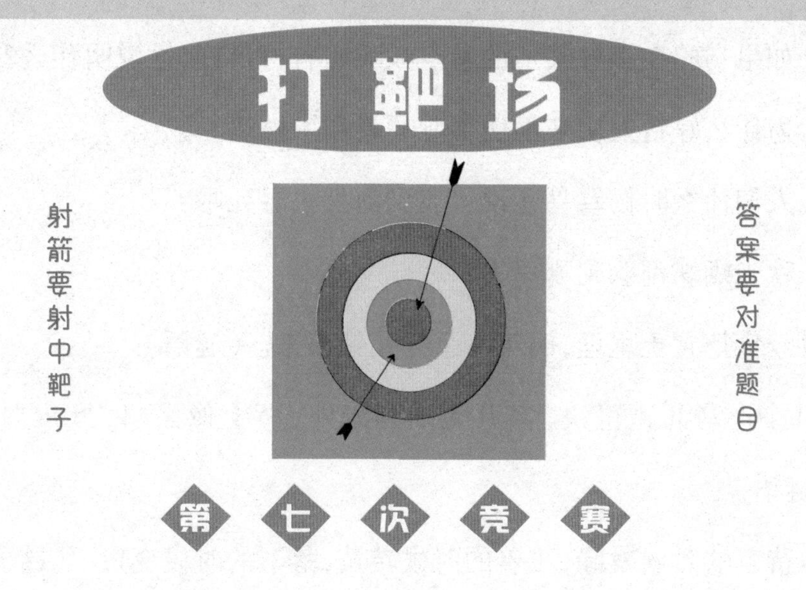

1.按照日历，秋天从哪一天开始？

2.秋天落叶的时候，哪一种野兽还生小兽？

3.秋天，哪些树木的叶子变红？

4.是不是我们这里所有的候鸟，秋天都要离开我们向南飞？

5.为什么我们把老驼鹿叫作“犁角兽”？

6.在森林里和草场上，集体农庄庄员们把干草垛圈起来，是为了防备哪些野兽？

7.哪一种鸟，春天咕噜咕噜地叫，好像说：“我要买件大褂。”

8.日落以后，猎人侦察野鸡的时候，他脸朝哪个方向站着？

9.怎样对鸟开枪比较可靠？当鸟儿冲过来的时候（也就是当鸟儿径直朝射手飞来的时候），还是当鸟儿逃走的时候（也就是当鸟儿离开射手飞去的时候）？

10.如果乌鸦在森林某地的上空呱呱叫着打盘旋,这说明什么?

11.为什么好猎人从来不伤害雌琴鸡和雌松鸡?

12.人们什么时候骂鸟儿说:“飞到海外去寻死啦?”

13.秋天蝴蝶都躲到哪里去?

14.今年把它土里埋,明年变个样儿钻出来。(谜语)

15.小小马儿跑得快,离开大陆到海外,背上像黑貂,肚皮白皑皑。(谜语)

16.待着的时候发绿,飞着的时候转黄,落下的时候变黑。(谜语)

17.身体长又细,掉在草里爬不起。(谜语)

18.有个灰东西,牙齿真厉害,寻东找西在野外,寻小牛,找小孩。(谜语)

19.小小贼骨头,身穿灰衣服,跳来跳去在田里,五谷杂粮填肚皮。(谜语)

20.松树林子里显眼的地方,站着一个小老头子,戴着一顶棕色帽子。(谜语)

21.带皮的时候,不能用;去了皮,人人要。(谜语)

森林报

秋季第二月

10月21日至11月20日

仓满粮足月——太阳进入天蝎宫

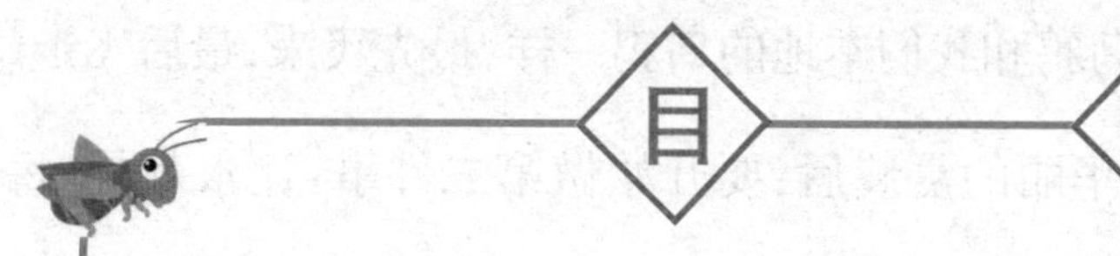

一年——分十二个月谱写的太阳诗章

10月——落叶、泥泞，越冬的日子。

搜刮树叶的寒风带走了最后一批枯叶。阴雨绵绵，围栏上那只浑身湿漉漉的乌鸦显得百无聊赖，是时候出发了。在这儿度过夏季的灰色乌鸦，已经悄无声息地飞到南方；而生在北方的乌鸦却飞到这儿来。其实乌鸦也是候鸟，遥远北方的乌鸦和我们本地的乌鸦一样，最先飞来，最后飞走。

秋季，成功脱掉森林华丽的夏装后，要开始做第二件事：让水刺骨。每天清晨，水洼上更加频繁地出现一层薄薄的冰。河里和天空一样，空荡荡的。夏季在水面上争奇斗艳的花儿早已将细长的花茎缩向下伸展，连种子也埋在水底。小鱼儿钻进不结冰的深坑里过冬。就连在池塘里住了一夏的蝾螈，现在也正拖着细长的尾巴，爬到陆地上树根下的青苔那儿过冬。河面被冻住了。

陆地上那些冷血动物更冷了，昆虫、老鼠、蜘蛛、蜈蚣，都不知道躲到哪儿去了。蛇蜷缩在干燥的洞里，一动不动。青蛙钻进淤泥里，蜥蜴躲进脱落的树皮下，在那儿呼呼大睡……野兽们有些裹上毛茸茸的大衣，有些囤好了粮食，有些筑好了洞穴……都在准备过冬呢。

在阴雨绵绵的秋季，屋外有七种天气：细雨微斜、清风拂面、风雨交加、乌云漫天、狂风呼啸、大雨倾盆、旋风卷地。

森林大事记

准备越冬

天气还没有那么严寒,可是马虎不得。一旦大地和河水被冻住了,你去哪儿弄吃的?又能躲到哪儿去呢?

森林里所有动物都按自己的办法准备越冬。

有的迁徙到别的地方越冬了,为了避开饥饿和寒冷。有的就待在故乡,抓紧时间贮备越冬的食物。

短尾巴的田鼠干得非常起劲儿,它们总是在禾垛或粮垛下面就近挖一个洞,每天夜里从那里偷窃谷子运回自己的粮仓里。

每个洞穴,会有五至六条通道,它们能通往不同的地方。

洞里面有一个卧室和几个粮仓。田鼠在冬季才开始冬眠，所以它们要储备大量的粮食过冬。有些特能干的田鼠，还在洞穴里储存了四五千克的上等谷物。

这类啮齿动物专门在庄稼地里大肆偷盗，我们应当提防它们偷窃我们的粮食。

越冬的小草

树木和多年生草本植物，都做好了越冬准备。一些一年生的草本植物早就撒下了它们的种子。但是并非所有的一年生的都是依靠播撒种子越冬。在重新锄松土的菜地里，有许多已经发了芽的一年生植物的种子。有荠菜的一蓬蓬钻齿状小叶子，还有长着毛茸茸的紫红色小叶子的野芝麻苗，还有小巧的香母草、三色堇、犁头菜的小苗，当然还有令人讨厌的紫缕苗。

所有这些小植物都做好了越冬的准备，在积雪下面活到来年秋季。

哪种植物及时做了什么

一棵枝叶稀疏的椴树在雪地里十分显眼，像落在地上的一个斑点。这种鲜艳的红色是它树上的翅状叶舌的颜色，熙熙攘攘的几根树叶是绿色的。

大小枝头都挂满了果实的还有高大的树木山杨。细细长长、密密麻麻的,形状像豆荚一样的果实,一串串地在树上挂着。

但是果实最美丽的恐怕要数花楸树了。树杈上它沉甸甸的果实，看起来鲜艳、美丽,惹人喜爱。像小檗这种灌木也依然能看见它的浆果。

卫矛的灌木上的果实如一朵朵带着黄色花蕊的玫瑰花一样诱人。

如今还有多少种树木还未来得及在冬季之前安排好自己的后代呢?

就连白桦树的枝头隐藏在那干燥的柔荑花序中，它的果实也还依稀可见。

挂在赤杨的枝头的黑色果实虽还没来得及撒向地面，但是白桦和赤杨却及时撒了种,并在枝头挂上了柔荑花序。春风一到,那些花儿便能伸展开鳞状花瓣,变成美丽的花朵绽放。

榛树也有灰褐色的柔荑花序,但种子却早就不见了踪影。花序有规律地

成对点缀在枝头。它什么事都做好了,就等冬天的到来。

水鼠的房子

夏天，短耳朵的水鼠最喜欢在郊外的河边避暑。它在地下挖了一间卧室,那儿有直达水边的通道。

如今,水鼠又为自己在草甸下筑就了一个温暖舒适的窝,那里距离河边非常远,其中还铺满了柔软干燥的草。许多条通道在窝里贯穿着,有些长度甚至达到了一百米。仓库和卧室还设有特殊通道。

如果你能走进去看,你会发现仓库里的粮食严格按品种次序堆放着。那些都是它从田间地头偷来的,有土豆、葱头、马铃薯等。

松鼠的干燥厂

松鼠在树上建了许多个圆形的窝,将其中一个用作储存坚果和球果。

除了在仓库里储存粮食,松鼠还把采来的菌菇、牛肝菌插在松树细细的断枝上，冬季它在树枝上游荡时，可以把它们当作点心。

活粮仓

姬蜂飞得极快,在向上卷曲的触须下面长着一双无比锐利的眼睛。它的腰像线那样细，将胸部和腹部分开了。尾巴上一根细细长长的针能轻易刺穿动物的皮毛。

夏天，姬蜂又给自己找到了一个活粮仓——蝴蝶幼虫。它迅速扑飞到它的身上,将尖利的刺伸进它的毛皮里,产下卵就离开了。

姬锋飞走以后,蝴蝶幼虫继续正常生活着,它大口吃着树叶,在秋季到来之前,它要吃得饱饱的,很快将自己裹上厚厚的茧子。

蝴蝶幼虫体内的蜂卵这时已经长成了幼虫，它们在毛毛虫厚厚的茧子里能安然地度过一整个冬天。那里温暖而且食物充足。

等夏季再次光临的时候，蝴蝶幼虫的茧子悄悄裂开了。蝴蝶早已不见了踪影,三只身子细长挺拔的姬蜂从中飞了出来,它们可是我们消灭害虫的好帮手。

身体里的粮仓

许多野兽从来不修筑任何准备越冬的粮仓，因为已经储存了足够的能量在自己的身体里。

在秋季,它们从不停下进食,因为只有将自己吃成一个大胖子,厚厚

的脂肪才能帮助它们度过整个寒冬。

脂肪就是它们储藏好的粮食，当身体感到饥饿时，它就渗透到血液里，再由血液将它送到需要能量的地方去。

在整个冬季都呼呼大睡的熊、蝙蝠等，它们都把肚子塞得满满的再去睡觉，这个神奇的粮仓不仅能提供食物，还能帮助它们抵御寒冷。

偷小偷贮存的食物

长耳猫头鹰算是森林里最狡猾的盗贼了，但是最近又出了更厉害的，能把它也偷了。

从外表上看，长耳猫头鹰和雕鸮完全一个样子，只是个头上要小一些。

它长着钩状的嘴巴，羽毛竖着，眼睛又大又圆。不管夜有多黑，它什么都能看清，而且能觉察到身边的动静。

老鼠只要在干燥的洞穴里稍稍翻个身子，就这一眨眼的工夫，长耳猫头鹰就已经逮住了它。兔子在林间空地上一闪而过，这个可怕的家伙已经来到了它的头顶上，于是，兔子也成了它的阶下囚。

它把老鼠叼回它的树洞里，它自己不吃也不会让别的猫头鹰接近它的食物，这是它准备越冬的粮食。

白天，它待在树洞里守着那些宝贝食物，夜晚就飞出去捕猎。捕猎的过程中它时常飞回来，看看东西有没有丢。

一天，长耳猫头鹰突然觉察到贮备的食物变少了。虽然它不会数数，但食物的多少可逃不过它锐利的眼睛。

夜幕降临了，长耳猫头鹰敌不过饥饿便出门捕猎了。可等它回来，家里的食物已经被洗劫一空。只见树洞里藏着一只灰色的小兽。

长耳猫头鹰决心抓住那个小兽，可还没回过神来，它已经从小孔里溜走了。它叼着一只小老鼠飞奔，长耳猫头鹰在后面穷追不舍。眼看着就要抓住它了，长耳猫头鹰却急忙停下了，原来那是只凶猛的伶鼬呀！

伶鼬似乎是为劫掠而生的，它尽管个头很小，却非常勇敢灵活，挑衅长耳猫头鹰是它经常干的事情。如果长耳猫头鹰被它咬上一口，死期也就临近了。

夏季又回来了吗

天气像个喜怒无常的孩子,有时冷风刺骨,寒气逼人;有时又云开日出,晴朗和煦,每到这时候,人们觉得夏季仿佛就又回来了。

草丛下面露出了黄色的蒲公英和报春花。蝴蝶、蚊子在空中飞舞着打转。不知从什么地方飞出一只小鸟儿,它正翘起尾巴欢乐地歌唱呢!

婉转忧郁的歌声从云杉枝头传来了,那是温柔的柳莺在歌唱,好像雨滴打在平静的湖面上。这时,你会忽然忘记冬天已经临近了。

受惊的青蛙

池塘已经完全被封住了,可在一个暖和天突然解冻时,集体农庄庄员们决定稍稍清理一下塘底。他们将一堆堆烂泥堆到岸边就离开了。

太阳一个劲儿地炙烤着池塘边的烂泥,泥堆冒着蒸汽。忽然,一个小泥团滚动过来,这是怎么回事?

不一会儿,一条小尾巴从泥团里露出来,它在抖动着,抽搐着,然后,扑通一声就跳回了水里。紧接着,又有第二个、第三个

泥团也跟着一起跳了下去。

还有另一些泥团里伸出了小爪子,跳到池塘边。这真是太奇怪了!

其实,那些泥团是浑身沾满淤泥的鲫鱼和青蛙,它们原本在淤泥里过冬,一不小心被农庄庄员给拖到岸上了。太阳烤热了烂泥,它们就都从睡梦中醒来了。清醒过来的小家伙们发现冬天还未过去,春天也尚未来到,于是又都转身寻找新的越冬地了,可不能再让人把它们从睡梦中惊醒了。

现在,几十只青蛙像约定了似的都跳向了同一个方向,那边有一个更大更深的池塘,这不,它们已经来到岸边了。

但是在秋季,太阳是最靠不住的。只要阴沉沉的乌云把太阳一遮住,凛冽的寒风就会让那些全身赤裸的小青蛙们冻个半死。它们用尽全身力气跳了几下,可身体还是僵住了,无法动弹。

青蛙再也不跳了,它们都冻死了。

它们的脑袋都向着大池塘的方向,那里有很多可以救命的淤泥。

我的红胸脯小鸟

夏天,有一次我在林子里走,听到茂密的草丛里有动静。起先,我有点儿害怕,四下里张望后我发现原来是一只被草丛绊住腿的小鸟。它的个头小小的,有红色的胸脯和灰色的羽毛。我非常兴奋地把它带回家去。

在家里,我给它喂吃的,它就非常高兴,又蹦又跳地喳喳叫着。我还给它做了个笼子,捉活的小虫子喂它。整个秋季,我俩形影不离。

有一次,我出门时没关好笼子,我家的小猫就把它吃掉了。为此我后悔不已,还大哭了一场。

我抓了只松鼠

松鼠有一桩大事要干,就是它得在夏天把冬天要吃的食物都储存起来。我就亲眼见到过一只松鼠从云杉树上摘下很多球果然后进树洞了。我偷偷在树上做了记号。过了一段时间,我们把树砍倒了,将松鼠带回家,养在笼子里,树倒下的时候,许多松果都从树洞里跑了出来。松鼠非常厉害,一个小男孩儿把手指伸进笼子立刻就被它咬破了。它极爱吃我们带给它的云杉球果,不过它最爱的还是核桃和榛子。

我的小鸭

我妈妈把三个鸭蛋放到了母火鸡的肚子底下,三个星期后,一群小火鸡和三只小鸭一起出生了。

刚开始的时候，新生的宝宝是由我来抚养的，因为刚出生的小宝贝太脆弱了，我便把它们放在非常暖和的地方。后来，火鸡妈妈也能带它们出去。

我们家房子旁边有一条水沟，小鸭子们一见到水，就蹒跚着跳进去游起来。它们一跳下水，火鸡妈妈就吓坏了，急忙跑过来，只有确认小鸭子平安无事的时候才放心带小火鸡离开。

不一会儿，小鸭子就冻得瑟瑟发抖，唧唧叫着，赶紧逃出水里。

我把小鸭子们捧在手上，给它们盖上了头巾做的小被子，它们很快就睡着了。

之后，每当小鸭子感到寒冷时，就会往家里跑。由于它们还不会飞，每次遇到台阶便不停地叫唤，以此让人来帮助它们。就这样，每次它们进了屋子，就在我的床边叫个不停，直到妈妈把它们放进我的被窝里。

快到秋天的时候，它们已经长大了许多，而我也要离开家去学校上学了。后来我听说我的小鸭子因为想念我而长时间叫个不停，我的眼泪就止不住地往下流。

捉摸不透的星鸦

我们这儿有一种乌鸦体型比一般的乌鸦要小，它全身的花斑点看起来像天空里的星星，因此我们这儿的人叫它“星鸦”。在西伯利亚，它有另一个名字——“星鸟”。

星鸦将冬天吃的球果藏在树洞里和树根下。

到了冬季，星鸦就在森林里飞来飞去，把它之前藏好的食物都吃掉。它们吃的食物是自己的吗？不是的，那些是它们同族的其他星鸦储藏的食物，每当它们飞到一片森林里，就开始寻找别的伙伴藏在那儿的食物。它们到每一个树洞里窥探，在里面寻找球果。

树洞里的食物不难找到，可在白雪皑皑的冬天，那些藏在树木和灌木丛树根下的食物，它们又是如何准确找到的呢？

成千上万棵灌木和大树在白雪的笼罩下都是一个样子，我不知道星鸦是如何分辨出究竟哪一棵树下面藏着食物的。

我得琢磨琢磨这其中的奥秘。

害 怕

树上的叶子都已经落尽了，林子变得稀疏起来。

一只小雪兔正趴在一丛灌木下，紧张地环顾四周。它的身子紧紧贴在地面上，它非常害怕，周围不间断地传来窸窸窣窣的声响。是老鹰在扇动它的翅膀吗，或者是狐狸在枯叶上走动吗？这个小家伙正在换毛，不一致的毛色看起来像是长了许多花斑。再等等！等到下雪就好了！

万一猎人出现了怎么办？逃跑吗？可是能往哪儿跑呢？

枯叶发出簌簌的声音就会吓得它魂飞魄散！于是兔子在树丛下面缩得更紧了，它大气都不敢喘，身子贴着地面的苔藓动也不动，只有一双眼睛在东张西望。

它害怕极了……

女巫的扫帚

现在，树木都是光秃秃的，你能看见夏季看不到的东西。看那儿！那棵白桦树上似乎满是白嘴鸦的巢。可你真正走近看会发现，那是像扫帚一样的东西，它们向四面八方生长着，枝条是黑色的，非常细。有人称它为“女巫的扫帚”。

不信你仔细回想一下童话中的场景，每当女巫或者是妖婆出场的时候,她们都会骑着一把扫帚,据说,扫帚能够抹掉她们外出的痕迹,没有人能跟踪她们。有人说,就是女巫在树枝上涂上了有毒的药水,让森林里的大树长成了像她们扫帚那样难看的形状。说那些话的人,是爱讲童话的快活人。

当然,上面的那种说法是没有科学依据的。实际上,树木长出类似于扫帚状的树枝是树木病态的表现。扁虱是引起这种状况的主要原因,它是一种特别的菌类。它体积很小,质量很轻,生命力极其顽强,风儿可以带着它们满森林飞。扁虱喜欢在幼芽那里安营扎寨,它不会打扰茎的生长,只喜欢喝芽的汁液。但嫩芽常常因为扁虱的叮咬和分泌物得病。等到芽开始生长的时候,它开始以神奇的速度生长,生长速度相当于普通枝条的六倍。变态的幼芽长成短短的嫩枝后又立刻长出旁枝,扁虱的子孙又爬上旁枝,新的枝丫也开始分枝,就这样不断继续,原先的幼芽就长成

了无比蓬松、丑陋的“女巫扫帚”。

如果在幼芽上面飘落了孢子，真菌开始在上面生长，也产生相同的后果。

白桦、赤杨、山毛榉、云杉等乔木或者灌木上常常会出现这种状况。

活纪念碑

植树造林活动如火如荼地开展着，孩子们在这个愉快而有益的活动中表现得非常出色，甚至在某些方面，他们表现得比成年人更加擅长。他们小心翼翼地将休眠的小树移栽到新的地方，连树根的须都保存得极好。等到春天，小树苗醒了，生长的过程会给人们带来多少欢乐和益处呀！就算只是种下一棵小树，这种栽种和培育就是他们为自己赢得的一座极为美妙的绿色纪念碑，一座永远活着的纪念碑。

孩子们想出了个好主意，他们打算在花园和学校的四周种上活的篱笆。这样一来，沙尘和风雪是没有办法穿过那密密麻麻的灌木丛和小树林的。许多小鸟也会被吸引来，它们在那儿搭建温暖舒适的窝。

夏天，金翅雀、朱顶雀

和其他爱唱歌的“朋友”会在那儿歌唱，这对我们的耳朵来说是多大的享受呀！它们还能顺便把那些破坏花朵和蔬菜的、惹人厌的虫子都消灭掉。

有几位少年自然界研究小组的成员在夏天去了克里木，他们从那里带回一种名叫列娃树的种子。它们非常有趣，是造活篱笆的好材料。它们的战斗力很强，密密麻麻的浑身是刺，我们必须要在上面挂上“请勿触摸”的牌子。它们像刺猬一样会扎人，像猫一样会用爪子挠人，像荨麻一样灼人。这样无法靠近的厉害的树，不知道哪个鸟儿会钟爱它。

候鸟飞往越冬地(续完)

看起来这是多么简单的事，长着翅膀想飞行，张开翅膀就够了，至于什么时候张开，朝着哪个方向都是可以随时调整的。如果这里已经没有可以充饥的食物，天气也冷得不像样子，那就向暖和的南方挪挪步，如果那儿还是不够舒适，那就再飞远点儿。

可是实际却比你想的更复杂。不知为什么我们的朱雀执着于飞去印度，而西伯利亚的游隼飞向澳大利亚的途中，经过了许多适合越冬的炎热国家，印度就在那条线路上。这就说明，那些候鸟跨越崇山峻岭并非单纯因为饥饿和寒冷。它们受控于某些无法抑制、不能违抗的情感，仿佛身上肩负着某种使命一样。

众所周知，在远古时代，地球不断运动，苏联大部分的地区遭到颠覆性的毁灭，冰川、海洋反复吞噬平原，平原又多次卷土重来，在这样反复消

亡和重生的过程中，有多少生物一次又一次被毁灭。

鸟儿因有翅膀而幸免于难。首先逃离的那些鸟抢占了冰川边缘，随后起身的，飞得相对远一些，最后才逃离的，被迫去了更远的地方。这有点儿像跳马游戏。而许多年以后，冰川消失不见，它们依次往回飞，那些离得近的就能最先到达。鸟儿原本的栖息地又回来了。于是它们又忙着返回家乡。像这样的“跳马”游戏进行得非常缓慢，常常要花好几千年才能完成。在这如此漫长的过程中，鸟儿便形成了寒流降临时离开、春暖花开时启程返乡的习性。长期如此，这样的习性就仿佛有某种“基因”控制它似的，就这样“深入血液”而被长久保持着。因此，候鸟每年从北向南飞。而在那些从没出现过冰川的地方，没有候鸟存在。这样的现象也一定程度上证明了以上的设想。

其他原因

然而，并不是所有的鸟类越冬迁徙的时候都飞往南方，它们朝不同的方向飞行，有的甚至还飞往最寒冷的北方。

有些鸟类离开我们这儿仅仅是因为大地上的食物已经不足以维持它们的温饱。深厚的积雪将所有的土地都盖上了厚厚的雪被子，河水也被冻住了。一旦大地上的积雪开始融化，天气回暖，我们的椋鸟、云雀，还有其他许多的鸟就都会飞回来的。那时候，解冻的湖面上，鸥鸟和野鸭也还回到那儿嬉戏。

绒鸭不会留在干达拉克沙自然保护区，因为冬季的白海被厚厚的冰层覆盖了。它们常常向北方迁移，因为往北一点儿的水域有墨西哥湾暖流经过，那儿的水一年四季都不结冰。

在隆冬时节，你如果乘车从莫斯科向南旅行，在乌克兰境内你会见到白嘴鸦、云雀、椋鸟，但它们只不过是飞到此地过冬。而山雀、红腹灰雀、黄雀等其他的一些鸟儿，被视为留鸟，它们在我们这儿定居。当然许多留下来的鸟儿也不是一整个冬季都待在那儿不动的，它们也会搬家，只不过搬家的距离比那些候鸟要近得多了。当然还是有一些“钉子户”，比如城里的麻雀、寒鸦、鸽子，还有森林、田野里的野鸡。其余的许多鸟都是会搬

家的，只不过有些离得近，有些离得远，那么我们又该如何判断它们谁是候鸟，谁只不过是移栖鸟呢？

像朱雀这种红色的金丝雀你可别说它是移栖的，黄鸟也一样。黄鸟飞往非洲过冬，朱雀飞往印度过冬。但是它们称为候鸟的原因，并不是因为冰河的侵袭、平原的重生，好像还有什么其他的原因。

请你看看脑袋和胸脯火红的雄朱雀，那样艳丽的红真让人惊叹！那黄鸟也是，除了两只黑色的翅膀，身上的羽毛都是金灿灿的。你不由得会疑惑，这样炽热的颜色，不应该是在那炎热的国度吗？它们是来自热带的鸟吗？它们是异乡的客人吗？

好像看起来就是那样！黄鸟是典型的非洲鸟，朱雀是典型的印度鸟。也许有这样一种可能：在这些鸟儿的原居住地，发生了鸟类过剩的现象，它们数量太多了，而年轻的鸟儿就被迫去别的地方生活并抚育下一代。因此，它们便向不那么拥挤的北方迁移。北方的夏季并不冷，那刚出生还没长毛的小鸟也能适应这种温度呢！等天气冷的时候再搬回去，那时候的故乡也出现了许多新生的小鸟，它们正好需要同龄的玩伴呢！所以，那个时候回家，它们也不必担心被驱赶。像这样，春季飞到北方，冬季飞回去。

几千万年的时间，足够让它们养成这样的飞行习惯。

鸟儿在寻找新栖息地的过程中，形成的移飞习惯也是有据可循的。比如，近几十年内朱雀的飞行是从印度出发渐渐向西迁移，一直飞到波罗的海沿岸，在那儿待上一阵子，等到了冬季再飞回去。

一只小杜鹃的简史

一只小杜鹃诞生在我们这儿列宁格勒近郊泽列诺戈尔斯克的一座花园里。它生在一个红胸鸲的窝里。

你别问它究竟是从哪儿来的，你别问它给那个家庭的红胸鸲爸爸和妈妈带来了多少麻烦事。你要知道，杜鹃可是个饕餮之徒。有一次，当花园的主人从它们的窝中掏出已经羽翼丰满的小杜鹃时，把红胸鸲夫妇吓得差点儿晕过去。主人仔仔细细地端详了那只小杜鹃，发现它的左翅上有一小块白色的羽毛。

当红胸鸲夫妇将小杜鹃喂养长大后，小杜鹃依旧非常依赖它们。每当看见红胸鸲夫妇，小杜鹃就张开大嘴讨食吃。

10月初,花园里许多的树木都变得光秃秃的,唯独一棵橡树和两棵老槭树的树叶依旧还绿着。这时小杜鹃消失了,就像许多成年杜鹃也都不见了一样。它们在一个月前就踏上了越冬之旅。

这年冬天,杜鹃们都飞到了南部非洲过冬,小杜鹃也在那儿。

今年夏季,就在不久前,花园的主人发现云杉树上有一只雌杜鹃,他担心它弄坏了红胸鸲的屋子,就用气枪打死了它。

死掉的杜鹃的左翅上有一片明显的白色羽毛。

破解了好几个谜,但还是有秘密

我们对候鸟迁徙的原因进行的推测也许是对的,但是下面的这些问题我们又该如何解答呢?

一、鸟儿迁徙的距离约有数千公里,它们是如何认清方向的呢?

以前,人们以为,鸟儿在秋季迁徙的大部队中至少都有一只有经验的老鸟领头,由它带领所有年轻的鸟向前飞行。可现在已有事实向我们证明，一群刚孵出来不久的鸟儿是单独上路的。不同种类的鸟飞走的顺序也不一样，有些是年轻的先飞，有些则是年老的先飞。不论怎样，那些年轻的鸟儿都能准点到达目的地。

让人感到无比诧异的是，只出生了两三个月、什么经验都没有的雏鸟，也能准确到达。它们的脑袋那么小，却能记住如此复杂的迁徙路线。

就比如我们泽列诺戈尔斯克的那只小杜鹃，它是在所有年老的杜鹃飞离约一个月以后才出发的，它怎么知道杜鹃群是在南部非洲过冬的呢？更何况杜鹃是性格孤僻的鸟类，它们不喜欢成群结队地飞行，任何时候都是孤零零的一只。红胸鸲的越冬地在高加索，小杜鹃是如何知道南部非洲，并且还能从那儿飞回到它的诞生地——红胸鸲的窝边去呢？

二、年轻的鸟究竟是如何得知越冬地的呢？

对于这两个奥秘，《森林报》的读者应当好好思索一番，但愿你们的孩子以后不再因为这些问题苦恼。

为了解决这些谜，人们首先得排除“本能”这类极其难懂的词汇，应当琢磨用什么巧妙的办法解开这些谜团。要彻底弄明白鸟类的头脑与人类的究竟有什么不同。

给风打个分数

等级	风级名称	秒速和时速	该级风的威力
7	 疾风	秒速=13.9 ~ 17.1 米 时速=50 ~ 61 千米	迎风行走很费力气，水面上有轻度大浪,浪峰上的水沫被风刮得四处乱溅。
8	 大风	秒速=17.2 ~ 20.7 米 时速=62 ~ 74 千米	小树枝被风吹断，迎风行走极为困难。水面上有中度大浪,渔船靠港不出行。
9	 烈风	秒速=20.8 ~ 24.4 米 时速=75 ~ 88 千米	建筑物有小损伤，房顶的瓦片有可能会被风吹掉。

秒速=24.5 ~ 28.4 米

时速=89 ~ 102 千米

陆上少见，可使树木拔起，将建筑物损坏，破坏性很大。

10　狂风

秒速=28.5 ~ 32.6 米

时速=103 ~ 117 千米

陆上少见，破坏性很大。

11　暴风

秒速=32.7 ~ 36.9 米

时速=118 ~ 133 千米

陆上绝少，破坏性很大。

12　飓风

我们已经算幸运了，暴风和飓风极少出现在我们国家，好多年才会有一次。

农庄里的故事

拖拉机不再轰轰作响，农庄里亚麻分类的工作已经完成了。最后一大批车队正载着亚麻向火车站驶去。

现在，农庄庄员们考虑的是来年麦子的收成，因为他们打算种植由选种站新培育的黑麦和小麦优良品种。田里作业已经差不多都结束了，剩下的就是家里的活儿。庄员们现在把所有的心思都放在了家畜的身上。他们把牛羊群赶到一个畜栏里，把马赶进马厩里。

田野上空荡荡的，一群群灰色山鹑走到居民房子的附近，它们常常在谷仓边过夜，有时还飞进了村里。

狩猎山鹑的活动已经结束了，现在猎人们都开始为打兔子奔忙。

灯亮了

胜利集体农庄养鸡场里的电灯已经亮起来了，现在白天很短，所以庄员们决定用人工照明的方式延长鸡走动和进食的时间。

小鸡们都很兴奋，每当电灯亮起来，它们就立刻冲到灰炉里洗个澡。一只大公鸡歪着脑袋盯着灯泡“咯咯咯”地叫着，仿佛在挑衅地说：

“要是他们把你挂得再低一些，你可就惨了！”

干草末

任何一种饲料的最佳配料是干草末，它是用最好的干草制成的。

还在吃奶的猪崽儿如果想快快长大，那就大口吃干草末！生蛋的母鸡呀，如果你们想每天都能炫耀新生的鸡蛋，那也得吃干草末！

穿新衣的苹果树

园艺工人正忙着修整苹果树，他们要把像灰绿色胸针一样的苔藓给去除掉，因为那里藏着害虫。为了防止新的害虫侵扰，他们还用石灰水刷白了树干和低处的树枝。现在，穿着雪白的衣裳的苹果树好看极了，难怪队长开玩笑说：

“我们是特意给它们打扮打扮，在漫长的假期里，我们要带上它们一起去旅行呢！”

老奶奶采的蘑菇

在曙光集体农庄，有位百岁老奶奶阿库丽娜。我们的记者去看望她时，她外出采集蘑菇去了。等她到家的时候，背篼里已经装满了蘑菇。她对我们的记者说：“那些单独生长的蘑菇好像故意躲起来了一样，凭借我的眼力已经找不到它们了。可你看看我背篼里的这些，它们才可爱呢！一簇簇地生活在一起，什么地方有一个，接着就会有好几百个。它们喜欢爬到树墩上，让自己更显眼一些，就好像是特意为我这个老太太准备的一样。”

晚秋播种

劳动者集体农庄的蔬菜队正在往地里播种莴苣、洋葱、胡萝卜和香芹菜，种子都落到了寒冷的土里。

按照队长孙女儿的说法，种子对这种待遇一定非常不满意。

它们肯定会大声抱怨：

“不管你播不播种，反正在这么冷的地方，我们是不会发芽的。你如果那么喜欢让我们在寒冷的土地里发芽，你就自个儿发芽去吧！”

其实，庄员们这么晚播下这些蔬菜种子，就是让它们在秋季不发芽！因为这样，到来年春季，他们很早就能收获到美味的胡萝卜和香芹菜，那才是让人开心的事情呀！

植树周

全国各地都在开展“植树周”活动。苗圃里早就准备好了大量供栽种的幼苗。全国各地的集体农庄里，数千公顷新的果园和浆果园正在被开辟。百万株苹果树、梨树还有其他的果树将被种植在集体农庄庄员自家的园子里。

都市新闻

在动物园里过冬

兽类从露天的场地搬到了越冬的笼子里。那儿提供暖气，因此它们都不需要冬眠。

园子里的鸟没有离开鸟笼，所以它们只用一天的时间就完成了越冬之旅。

没有螺旋桨的飞行物

最近几天,城市上空总会出现一些奇怪的小飞机。

行人常常被它们吸引住,站在街道中央抬头盯着它们看,然后彼此询问：

“您看见了吗？”

“看见了，看见了！”

“好奇怪！怎么听不见螺旋桨转动的声音呢？”

“可能是太高了吧！您看，它们看起来是那么小！”

“就是它们下来了，您也听不到螺旋桨的声音。”

“为什么？”

“因为它们根本没有螺旋桨。”

“怎么会呢？难道是新研发的一种机型吗？是什么型号的？”

“它是雕。”

“您在开玩笑吗！列宁格勒哪来的什么雕？”

“那就是！它是金雕，它们正在向南方搬家，经过我们这儿。”

“原来如此！我自己也看见了一些鸟儿在这儿打转的，要不是您提醒，我还真以为是飞机呢！这简直太像了，哪怕它们能扇动一下翅膀，我也不会认错。”

赶紧去看看野鸭

最近几个星期，有许多姿态各异、颜色奇特的鸭子在涅瓦河的斯密特中尉桥边和彼得保罗要塞的附近出现，它们在那儿待了好几个星期。

那群野鸭，有羽毛像乌鸦一样黑的，那是黑海番鸭；有尾巴像雨伞一

样撑开的，那是杂色长尾鸭；有的羽毛是黑白相间的，那是鹊鸭。

城市的喧闹对它们丝毫没有影响。

就连吐着蒸汽的黑色铁质货船径直向它们冲去的时候，它们也只是扎个猛子，到几十米开外的地方去游戏。

这些潜水野鸭都是途经这儿的客人，它们每年来这儿两次，都是在迁徙的路途中经过。

当来自拉多加湖的冰流到涅瓦河的时候，它们就离开了。

最后的旅程

秋天来到大地上，也进入海洋里。老鳗鱼在一点点变冷的海水里，开始了它的最后一次旅行。

它们从涅瓦河出发，经过了芬兰湾、波罗的海、北海，最后游到大西洋。

它们一辈子都生活在水里，连坟墓也在水下。

不过，在它们去世之前，还得留下它们的下一代。在大西洋深处的温度比我们想象中要高一些，是七摄氏度。很快，那个鳗鱼卵会长成晶莹透亮的小鳗鱼。十几亿条小鳗鱼要经历三年的时间才能游进涅瓦河。在那里它们将成长为像鳗鱼妈妈一样的大鳗鱼。

捕猎

秋猎

在一个清新的秋天早晨，有个猎人扛着枪去郊外打猎。他牵着两条猎犬，这两条猎犬是用短皮带紧紧拴在一起的，这两只猎犬很壮实，前胸很宽，黑色的皮毛里夹着棕黄色斑点。

猎人走到小树林边，解开拴着猎犬的皮带，放它们去小树林里寻找猎物。两只猎犬都蹿向了灌木丛。

猎人悄悄地沿着树林边向前走，走野兽经常走的小路。

他在灌木丛对面的一个树墩子后面停住了，那儿有一条隐隐约约的小路，直通向林子下面的小山谷。

他还没站稳,就听见了猎犬的叫声。

这说明它们已经发现野兽的踪迹了。先叫的是老猎犬多贝瓦依,它的叫声低沉、喑哑。年轻的猎犬札利瓦依也跟着汪汪地叫了起来。

猎人一听狗的叫声就明白了,这两只狗在轰兔子出来。秋天的地面,被雨水淋得全是烂泥。现在这两只猎犬正在这黑乎乎的烂泥地上,嗅着兔子的足迹,跟踪追赶着兔子。

它们与猎人的距离忽远忽近的,因为兔子不停地兜圈子。叫声近了,猎狗正把兔子往猎人这边赶。

那棕红色的皮毛在山谷里一闪一闪的!

但猎人没抓住机会……

可你瞧那两只猎犬:多贝瓦依在前面,札利瓦依伸着舌头跟在它后面。它们俩在山谷里紧紧地追着兔子。

哼,没关系,兔崽子,我的狗还会把你追回树林里来的。多贝瓦依是一只好胜心强的猎犬,只要它发现了兽迹,就会一追到底,不达目的誓不罢休。它是一条训练有素的好猎犬啊!

两只狗追啊追!只见兔子兜着圈子跑,又被追到树林里来了。

猎人心想:"反正兔子还会跑回这条小路上来的。这回我一定要抓住机会!"

突然间周围没了动静……后来……只听见两只猎犬一只在向东叫,一只在向西叫。

咦！这是怎么回事呀？

不一会儿，带头的老猎犬不叫了。只有札利瓦依自个儿在叫。

又过了一会儿，札利瓦依也不叫了。

猎人正在暗自疑惑，带头的猎犬多贝瓦依又开始叫了，不过这回它的叫声跟刚才不太一样，比刚才要猛烈，而且有些喑哑。札利瓦依也尖着嗓子，上气不接下气地叫了起来。

莫非它们发现了另外一只野兽的踪迹？

是哪种野兽的呢？反正肯定不是兔子的。

可能是红色的……

猎人赶快换上了子弹，装上了最大号的霰弹。

一只兔子蹿过小路，跑到田野里了。

猎人看见它了，却没有举枪。

猎犬的叫声越来越近了。它们不停地叫着，一只发出嘶哑的怒号，一只发出猛烈的尖叫……突然间，灌木丛里闪过一个有着火红的脊背、白胸脯的动物，冲到刚才兔子蹿过的那条小路上来了，并径直向猎人冲了过来。

猎人把枪举了起来。

那野兽发现了猎人，急得直甩自己那蓬松的尾巴。

可惜太晚了！

“砰！”被子弹打中的狐狸向上一蹿，然后又直挺挺地摔到地上了。

猎犬从树林里跑了出来，疯狂地向狐狸扑了过去。它们咬住狐狸火

红色的毛皮，使劲地撕扯着，眼看着就要把这张皮撕破了！

“放下！”猎人厉声制止它们，奔过去赶紧从猎犬嘴里夺回了宝贵的猎物。

地下的搏斗

离我们村不远的森林里有一个很有名的獾洞。这个洞的年代很久远了。虽然它被人们称为“洞”，但其实不算是洞，而是被世世代代的獾族掘通了的一座山冈。这里面布满了纵横交错的地下通道。

塞索伊奇带着我去观察那里的地形。我仔细地考察了这座山冈，发现了 63 个洞口，这还不算隐藏在山冈下灌木丛里的那些洞口呢。

不难想象，在这宽敞的地洞里住着的，不仅有獾。在几个洞口处，蠕动着一堆堆的甲虫——有埋葬虫、蟑螂和食尸虫。它们在啃鸡骨头、山鸡骨头、松鸡骨头，还有兔子那长长的脊椎骨。獾才不吃这些东西呢！它连鸡肉和兔子肉都不吃。而且獾非常爱干净，它从不把吃剩的食物残渣或别的脏东西丢在洞里或是洞附近的什么地方。

这些骨头说明这里住着狐狸家族，它们是獾的邻居。

有些洞都被掘坏了，简直成了真正的巷道。

塞索伊奇说：“我们这儿的猎人费了九牛二虎之力，想要把狐狸和獾都挖出来，可是都是白忙活，那些家伙都溜到地下了，根本挖不出来。”

他沉默了一会儿，又说：“我们试一试用烟能不能把它们熏出来！”

第二天早晨，我、塞索伊奇，还有一位小伙子，我们三个人走到山冈前。一路上，塞索伊奇总跟那小伙子开玩笑，一会儿叫人家烧炉工，一会儿又叫人家火夫。

我们仨忙了大半天才把所有洞口都堵住，只留了山冈下面的一个和上面的两个洞口没堵。我们把一大堆松树和云杉的枯树枝，搬到下面那个洞口旁。我和塞索伊奇两个人分别守住上面那两个洞口，躲在小灌木丛后面。"烧炉工"在下面的洞口点了火。火变旺的时候，又在洞口上堆了许多云杉枝。火堆上顿时冒着刺鼻的浓烟。不一会儿，烟就像进了烟囱似的钻进洞里了。

我和塞索伊奇负责射击，我们边埋伏着，边急不可耐地等待着浓烟从上面的洞口冒出。也许机灵的狐狸会比獾先蹿出来；不然，也许会有一只又笨又懒的肥獾从洞中钻出来。也许此时它们都在那地洞里被烟熏眯了眼睛吧？

洞里的野兽可真能忍耐啊！

我看到烟飘到塞索伊奇埋伏的灌木丛后面了，也飘到我身边了。

不用再等多大会儿了：马上就要有野兽打着喷嚏跳出来了。它们会一只接一只地跳出来，估计能有好几只吧。我把枪端在肩膀上，决不能让那狡猾敏捷的狐狸逃走！

烟越来越浓了。一团团浓烟往外冒，在灌木丛翻滚着，熏得我都睁不开眼了，眼泪也流下来了。说不定在我眨眼睛、擦眼泪的时候，野兽就溜了呢！

可是野兽还是不出来。

我托着肩上的枪，真累啊！我就把枪放下了。

我们一等再等。那个小伙子不断往火堆上添着枯树枝，却还是没有一只野兽出来。

“你觉得它们被烟熏死了吗？”塞索伊奇在回家的路上跟我说，“没有，老弟啊，它们没死！烟在洞里是向上飘的，而它们肯定是钻到地底下了。谁知道它们的洞有多深啊！”

这次失败令长着小胡子的塞索伊奇非常沮丧。为了安慰他，我跟他提到皂猩(tí)和粗毛狐㹴(gěng)。这两种大型猎犬都很凶猛，能钻到地洞里捉獾和狐狸。塞索伊奇听后，忽然来了精神。他让我给他弄一条这样的猎犬，去哪儿弄他不管，反正必须得给他弄一条这样的猎犬！

我只好答应尽力去给他找一条。

不久之后，我就进城了。我的运气还真不错：一位熟识的猎人把他心爱的皂猩借给了我。

我回到村里，把小狗交给塞索伊奇，不料他大发脾气，说道：“怎么？你是来取笑我的吗？就这只像小老鼠似的东西，别说老狐狸了，就是小狐狸，也能把它吃了再吐出来的。”

塞索伊奇个子不高，所以一直对自己的身高耿耿于怀，也就见不得其他小个子，甚至包括小个子的狗在内。

皂猩的外表确实很滑稽，它长得又矮又小，身子却是个长条儿，四条小短腿歪歪扭扭的。可是当塞索伊奇不经意地向它伸过手去时，这只丑陋的小狗居然呲着尖利的牙齿，恶狠狠地咆哮着，朝他猛扑过去。塞索伊奇连忙闪开,说了句:“好家伙！还挺凶的！”然后就没再说什么了。

我们带着这只小狗又走到山冈前,一到那里,小狗就暴跳如雷地冲向兽洞，差点儿把我牵着它的那只胳膊拽得脱臼。我刚把拴着它的皮带解开,它就钻进黑乎乎的地洞不见了。

人类为了满足自己的需要,总能培育出一些奇怪的犬种,这种个儿不大却善于去地下抓捕猎物的猎犬凫猩大概就是最奇怪的一种了。它的体型像貂那样细瘦,非常适于钻洞;它那弯弯的脚爪是挖土的绝佳工具;它那窄长的嘴脸,能死死地咬住猎物。即便如此,我还是忐忑不安地站在上面等着,在那黑暗的地下,干瘪的家犬和森林中的野兽的一场恶战会有怎样的结局呢？我一想到这个就不免提心吊胆。万一小狗战死在洞中可如何是好？我怎么跟它的主人交代呢？

地下的围猎活动正在进行之中。尽管脚下有一层厚厚的泥土挡着,

我们还是能听到地下响亮的狗叫声。猎犬的叫声似乎是从远方传来的，而不是从我们脚底下传来的。

叫声越来越近，也越来越清晰了。这是嘶哑的怒号。叫声更近了……可是，又远去了。

我和塞索伊奇站在山冈上，手里紧捏着猎枪，握得手指头生疼。只听到狗叫声一会儿从这里传出来，一会儿从那里传出来，一会儿从另一个地方传出来。

突然，叫声戛然而止。

凭着经验，我能感觉到：小猎犬一定在黑暗的地道里追上了野兽，此时正在与野兽厮杀呢！

这时我才想到，我本应在放小猎犬进洞之前就想到，采用这种办法打猎的时候，猎人通常应该带上铁锹，等猎犬在地下跟野兽交战时，就赶快去挖它们上面的土，一旦猎犬在搏斗中失利，还能帮助它逃走。这样做的前提条件是：搏斗在距离地面约一米深的地方进行。可是对于这个深洞，连烟都没能把野兽熏出来，还能怎么救助猎犬呢？

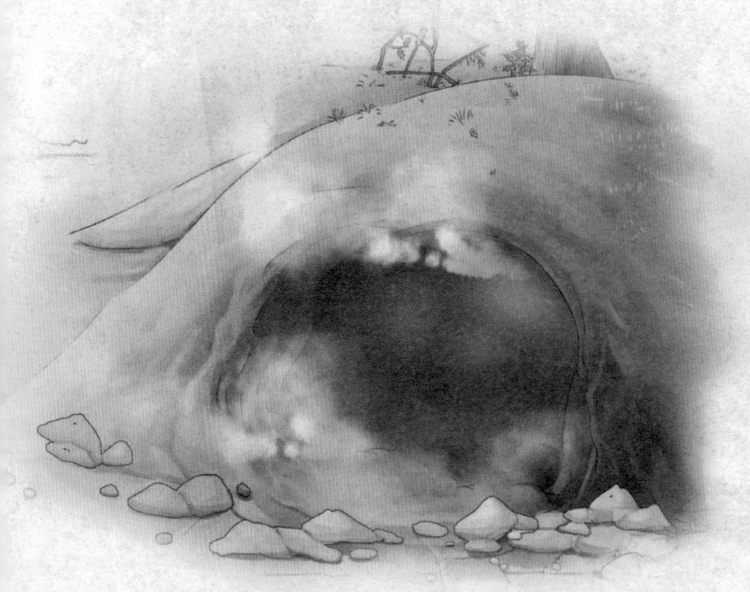

我该怎么办才好？皂猅一定会被野兽们杀死在深洞里的。

说不定此时它正在跟好几只野兽搏斗呢！

忽然又传来了嘶哑的狗叫声。

不过，我还没放宽心呢，狗叫声又停止了。这回彻底完了！

我和塞索伊奇认定这只英勇的小狗已经死了，这沉寂的山冈已成了它的坟墓，于是我们就在这里默默地站了很久。

我还不忍离开。塞索伊奇打破了沉默："老弟啊，咱俩把小狗害了！看来它是遇上老狐狸或是'瘟胖子'獾了。"

他迟疑了一下，又说："要不咱们走吧！还是再等一会儿？"

出人意料的是，此时从地下传来了一阵窸窸窣窣的声音。

地洞里先有一条尖尖的黑尾巴露出来，紧接着又有两条弯曲的后腿和一个长长的身子露出来，那身子满是泥污和血迹，皂猩显然在很吃力地往外拱。我高兴地奔上前去，一把抓住它的身子往外拖。

小狗的后面有一只肥胖的老獾，我们把老獾从地洞里拖出来时，它已经一动不动了。皂猩拼命地咬住了它的脖子，还狠狠地甩着，过了很久都不肯松口，好像怕它的对手再活过来似的。

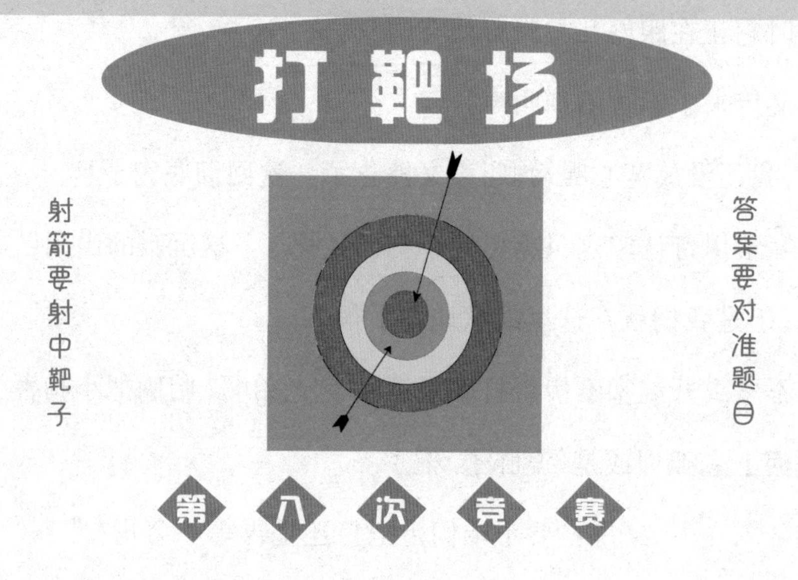

1.兔子上山跑得快还是下山跑得快？

2.树木落叶的时候，我们可以发现鸟的什么秘密？

3.森林里的什么动物在树上给自己晾蘑菇？

4.什么动物夏天住在水里冬天住在地下？

5.鸟儿给不给自己采集、贮藏冬天吃的食物？

6.蚂蚁怎样准备过冬？

7.鸟骨头里面有什么？

8.猎人秋天最好穿什么颜色的衣服？

9.鸟儿什么时候受了伤危险性比较小——夏天，还是秋天？

10.可以把蜘蛛叫作昆虫吗？

11.青蛙冬天躲到哪里去?

12.什么动物的脚掌是向外反拐的?

13.往下掉,往下掉,一掉掉到水上了;自己不沉,水也不浑。(谜语)

14.走呀,走呀,老是走不到;捞呀,捞呀,老是捞不完。(谜语)

15.有一种草,只长一年就比院墙高。(谜语)

16.随你跑多少年,你也跑不到;随你飞多少年,你也飞不到。(谜语)

17.在水里洗了半天澡,身上还是挺干燥。(谜语)

18.我们穿它的“肉”,扔掉它的“头”。(谜语)

19.不是国王,头上戴王冠;不是骑士,脚上有踢马刺;每天清晨早早起,也不许别人睡早觉。(谜语)

20.有尾不是兽,有“羽”不是鸟。(谜语)

森林报

秋季第三月

11月21日至12月20日

冬季客至月——太阳进入射手宫

目 录

一年——分十二个月谱写的太阳诗章

11 月——秋冬并存的日子。11 月在大地上打好了地桩,12 月在大地上铺好了桥梁。若在 11 月骑着有斑纹的马出行,马路一角显得泥泞不堪,又仿佛纤尘不染。11 月的工程虽然不那么浩大,但铸造的枷锁却够全俄罗斯用的:池塘和湖泊都结了冰。

秋季正在进行它的第三项任务:给大地铺上雪白的毯子。林子里显得不再惬意:壮硕的树木被脱光了衣裳,浑身湿淋淋的,赤裸着很难看。河面上的薄冰泛着光,如果你走过去踩上一脚,咔嚓一声响后就掉进刺骨的水中。落满积雪的耕田上,农作物都停止了生长。

可是现在还不是冬季,这只是冬的前奏。雨雪交错后,又能见到暖洋洋的晴天。大地上的生物见到太阳光是多么兴奋呀!这不,一朵朵金色的蒲公英、款冬花悄悄地在脚边盛开,要知道它们可是春季的花儿!雪融化了……但是大树都已经进入梦乡,就这样一直睡到来年春季。

现在是采伐树木的时节了。

森林大事记

奇怪的现象

今天,我扒开我的那些一年生植物身上的积雪,想看看它们是否还活着。这是一种只能存活一个春季、一个夏季和一个冬季的植物。

但今年秋天我惊奇地发现它们并未全部死亡。现在已经是 11 月了,但有一些还是绿油油的! 雀稗还活着,它生长在乡村农舍边,因为茎彼此纠缠着,人们习惯用它擦脚。它的叶子长长的,它那粉红色的花不是很醒目。

除了它,荨麻也还活着,个头矮矮的,还扎人。夏天人们给田埂除草的时候,双手经常被戳出水泡,这让人讨厌得不得了。可如今看到它却令人觉得兴奋。

蓝堇也还旺盛地

生长着，你们还记得蓝堇吗？它是一种美丽的小草，微微分开的小叶子间点缀着细长的小粉花，小花尖是深色的，在菜园里会经常看到它。

所有这些活着的一年生植物到春天就消失了，可为什么现在却活着呢？这究竟是怎么回事？我弄不明白却很想打听清楚。

森林不会死气沉沉的

凛冽的寒风在森林里肆虐。白桦、山杨、赤杨赤裸着在风中摇曳，枝干沙沙作响。最后一批候鸟正匆忙飞离家乡。

原本生活在我们这儿的鸟还没有全部飞走，越冬的客人就已经到了。

每一种鸟类都有它们越冬的习惯：有些飞往高加索、意大利、埃及和印度越冬；有些宁愿留在这儿，可能它们觉得这儿的冬季也挺暖和的，也不担心饿肚子。

会飞的花朵

赤杨的枝条黑乎乎的，孤苦无靠地伸在那儿，显得很凄凉！枝条上没有一片树叶。地上连野草也看不见。太阳刚刚艰难地从乌云的遮蔽下逃了出来。

突然间，赤杨黑乎乎的枝头竟迎着阳光绽放出了颜色各异的花儿。有红的、白的、绿的和金黄的。它们大得异乎寻常，有的在赤杨黑乎乎的枝头缀着，有的在空中飞舞，有的粘在白桦树的树皮上，像炫目的斑点落在白纸上那样五彩缤纷。

花朵之间仿佛在用类似于牧笛的声音互相呼唤着，从地面飞到枝头，从这棵树木飞向那棵，从这片林子传到另一片林子。这声音是从哪儿来的？是谁在哼唱？

北方的客人

我们冬季的来客是小鸣禽，它是从遥远的北方来的。在这儿，有长着红胸脯、红脑袋的白腰朱顶雀；有翅膀上长着五根像手指一样的红色羽毛的、烟灰色的凤头太平鸟；有深红色的蜂虎鸟；有交嘴鸟，雌鸟是红的，雄鸟是绿的。在这儿，还有黄绿色的黄雀、黄羽毛的红额金翅雀、胸脯鲜红丰满看起来胖胖的红腹灰雀。这些鸟原本是在北方生活的，可现在那儿太冷了。而我们这儿才是它们的越冬之所。原本生活在我们这儿的红额金翅雀和红腹灰雀则选择飞去温暖的南方过冬。

白腰朱顶雀和黄雀以赤杨和白桦的种子为食。交嘴鸟爱吃松树和云杉的球果。它们都能吃得饱饱的。

东方的客人

低垂的柳树丛枝头上落满了鸟儿，像突然盛开的白色玫瑰。它们在树丛间飞来飞去，在枝头上打转，用黑色的、细长的脚爪紧紧地抓住枝头；像花瓣似的白色翅膀在闪动，美妙轻盈的歌喉在空中啼啭。它们是白山雀。

它们不是从北边飞来的客人，是来自暴风雪肆虐的东方——西伯利亚的客人。在那儿，雪花已经漫天飞舞，低矮的柳树已经看不见了。

该冬眠了

太阳被满天的灰色云层遮住了，天灰蒙蒙的。湿漉漉的雪花正从空中飘落。

肥胖的獾正气呼呼地，很不开心地，踉跄着走向自己的洞穴。林子里又湿又泥泞，它很不喜欢。到了要冬眠的时候了，该进到更深的洞穴去，那儿干燥、清洁、铺着沙子，才是适合睡觉的好地方。

林子里的噪鸦在密林里厮打，它们的羽毛杂乱不堪，像咖啡颜色的、湿漉漉的羽毛难看极了，刺耳的鸣叫也不那么惹人喜欢。

一只老乌鸦站在高枝上低沉地叫了一声，为远处的动物死尸感到兴奋。然后拍打着蓝黑色的翅膀一闪便飞走了。

森林里一片死寂，灰色的雪花落到发黑的树上，落到褐色的地面上。地上的叶子在逐渐腐烂。

雪下得更大了，如鹅毛状的雪花洒落到发黑的树枝上，盖满了大地。

在严寒的笼罩下，我们州的沃尔霍夫斯河、斯维里河、涅瓦河都结了冰，最后连芬兰湾也冻住了。

最后一次飞行

11 月的最后几天，大地被皑皑白雪完全覆盖的时候，又突然刮起了暖风。

清晨，我外出散步，一路都能看见雪地上飞舞着的黑色小蚊子。它们似乎很疲惫地飞着，不知从下面什么地方出来的，结成一个不太稳固的圆弧队形飞过，然后摇摇晃晃地坠落到雪地上。

下午时，雪开始融化，你能很真实地感受到融化的积雪。有的从树上落下来，假若你正好抬头，水珠就立刻落进你的眼里；有的则像冷冰冰的尘粒落到脸上。这时，不知从哪儿冒出了许多黑色的苍蝇，和夏季见到的不一样。它们正兴奋地在飞舞，只是飞得很低，似乎都贴在雪地上了。

傍晚时，冷空气又笼罩整个大地，苍蝇和蚊子也就不知去向了。

捕猎松鼠的貂

许许多多松鼠游荡到了我们的林子里。

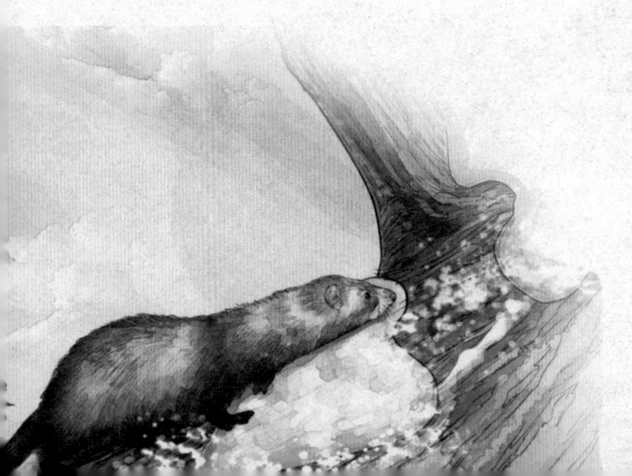

它们从松果歉收的北方跑到这儿，散居在松树上。你经常可以看到它们用后爪抓牢树枝，前爪捧着松果吃得津津有味。

一只松鼠前爪捧着的松果掉到地上，陷进了雪中。它气急败坏地吱吱叫了起来，惋惜那掉落的美味松果。于是它从这一根树枝跳到另一根上，一节节往下。它前腿支住，后腿一蹬，就这样蹦跳着向前。

在不远处的一堆枯枝里藏着一个毛茸茸的黑色动物，那双锐利的眼睛让松鼠立刻忘记了掉落的松果，逃命显得更要紧，便嗖的一下跳上最近的一棵树。蓄势待发的黑貂再也等不及了，紧随着松鼠狂奔。等黑貂爬上了树干，松鼠也到了树枝的尽头。

貂沿着树枝爬去，松鼠见机转身跳上另一棵树。

貂丝毫不示弱，将细长的身子缩成一团，犹如一张有力的弓纵身一跃。

松鼠虽然很灵巧，但貂也丝毫不逊色。它们俩沿着树干你追我赶，这样的场面僵持了很久。

终于，松鼠站在树顶无路可去，而貂正在一步步逼进。

它别无选择地跳到地面上，别忘了，貂可是地面上的健将，只跳了三下就抓住了正在逃命的松鼠，松鼠便一命呜呼了。

诡计多端的兔子

夜里，一只喜欢吃甜树皮的灰兔闯进了果园。凌晨时，它已啃坏两棵又甜又嫩的苹果树。尽管飞舞的雪花打湿了它的皮毛，它也不愿停下，依然又啃又嚼。

村里的公鸡已经打鸣了三次，小狗也汪汪叫了起来。

这时，兔子忽然意识到，得趁村民赶来之前跑回森林去。它是一只棕红色皮毛的兔子，在白雪皑皑的地里十分醒目。每当这个时候它都非常羡慕雪兔的雪白的毛皮，因为白兔很安全啊。

地上的雪很温暖，是夜间刚落下的，很容易留下脚印。兔子的踪迹都暴露了。长长的脚印是后腿留下的，一头大一头小；圆点形状的是前腿留下的。那些在雪地上都清晰可见。

灰兔经过田野，跑到森林，想跑到灌木丛边，在饱餐过后再美美地睡上一觉。可糟糕的是，它的踪迹沿着脚印便一览无遗。于是它要起了小伎俩，把自己的脚印弄乱。

果园的主人已经醒来，走进果园一看，那两棵最好的苹果树被啃坏了！他一瞧雪地上的印记就什么都明白了。主人怒气冲冲地伸出拳头威

胁说:“你等着用你的皮毛来偿还我的果树!”

主人回到农舍,给猎枪装上弹药,立刻朝着脚印出发了。

你看,好吃的家伙就是在这儿逃过去的,从篱笆向田野里跑了。到了森林,主人发现脚印在灌木边绕了个圈。“你这小伎俩可骗不过我!”

狡猾的兔子绕着灌木丛转了一圈,把自己的足迹切断了,这是它留下的第一个圈套。紧接着就有第二个圈套。

主人顺着后脚的脚印追踪,两个圈套很快就被识破了,它手中的猎枪随时射向兔子。

咦,这是怎么回事?足迹中断了!雪地上了无痕迹,如果兔子从这儿蹦跳过去,应该有脚印才对。

主人俯下身去。哈哈!识破了兔子的新花招:兔子向后转了个方向,沿着它原来的脚印又跳回去了。它小心翼翼地按着脚印一步一步地往回跳,不仔细看根本发现不了双重脚印。

主人又顺着脚印往回走,走着走着又回到田野里。莫不是真的被兔子的花招骗了,或者是看走眼了吗?看来,还有一个伎俩没有被识破。

他又回去顺着双重足迹走。原来双重足迹就持续了一小段路。那么肯定跳到了别处。

果然不出所料,狡猾的兔子跃过灌木丛,一旁就又是一串均匀的脚印。突然又中断了。又是新双重足迹,接着就是一跳一跳地往前跑。

现在主人得分外留神了,兔子可能就躺在哪一灌木丛下。“你要花招吧！骗不了我的。”

兔子确实就躺在附近，只是在一大堆枯枝下。在睡梦中它听到了沙沙的脚步声越来越近。兔子抬起了头看到黑色的枪管垂向地面正在头顶移动。

于是,兔子悄悄地爬出了洞穴,飞快地蹿到外面。白色的尾巴在果园主人眼前一闪而过,他只好两手空空地回家了。

隐身盗贼

我们的森林里又出现了一个夜间盗贼。夜里黑得伸手不见五指，想见到它比登天还难，但是在白天，你又无法把它和白雪区分开来。它是雪鸮。羽毛的颜色近似北极永久的积雪。

雪鸮的个头和猫头鹰相当，但力气比猫头鹰小。它喜欢捕食飞鸟、老鼠、松鼠和兔子。

它的故乡太寒冷了，几乎所有的兽类都躲进了

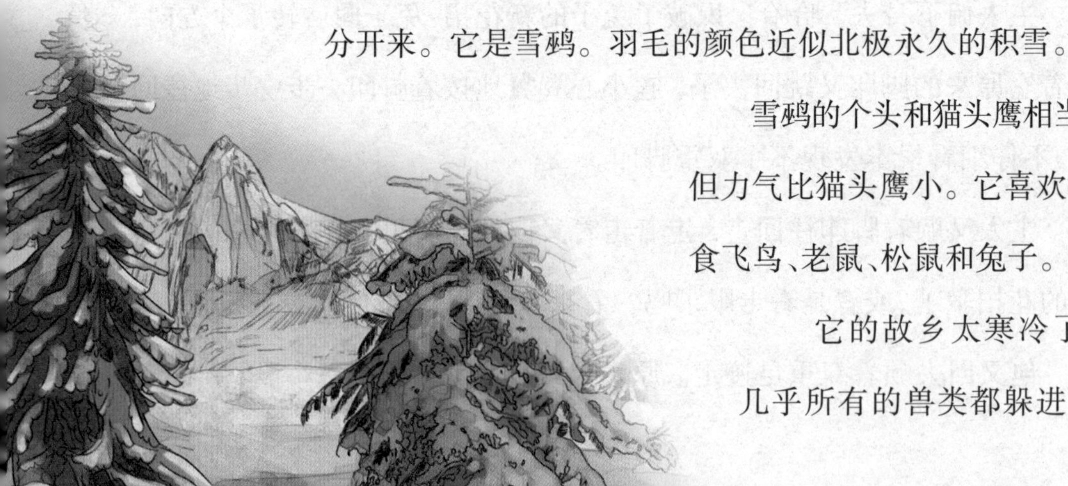

洞穴,鸟类也远飞他乡过冬了。

饥饿逼着雪鸮到我们这儿安了家。至少要待到来年春季。

啄木鸟的餐厅

我们家的菜园外面，有许多老的赤杨树、白桦树,还有一棵很老的云杉树。云杉树上挂着几个球果，于是就有一只美丽的啄木鸟，飞到这儿摘取它们。啄木鸟停在树枝上,用长长的嘴啄下一颗,再沿着树干向上,把球果塞进树缝里,用长长的喙啄它,这样它能吃到里面的种子。取食完毕后,就把果球往下一推,接着去啄第二颗。还是在那个缝隙里,又塞进第二颗、第三颗球果,就这样一直进食到天黑。

去问问熊

为了躲避刺骨的寒风,熊喜欢在地势低的地方,为自己安顿一个越冬的熊穴,有的在茂密的云杉林里,有的甚至在沼泽地。但有一件事令人费解,如果冬季不太冷,常常出现积雪融化的天气时,熊的洞穴必定在地势高的地方,如小山冈上。这一个现象,经过了许多代猎人的证实。

熊害怕解冻天气，这样做也情有可原。可是，如果冬天开始暖和，后来又严寒骤降，结了冰的雪就会把熊蓬松的皮毛变得像铁板一样坚硬，那时可怎么办？这时它就顾不上冬眠了！只能满林子游荡了！

一旦开始东游西荡，就得吃东西补充已经被耗费的体力。但是，冬天森林里哪里有熊可以吃的？所以只要有暖冬出现，它必定在高处筑洞，就是解冻天气它的皮毛也不会被浸湿。这一点我们不难理解。

奇怪的是，它如何得知或凭借什么征兆预测以后才会出现的冬季是不太冷还是寒气逼人的？为什么早在秋季，它就能正确选择筑洞的地点是在沼泽或是在山冈上？这一点我们还不明白。

只得爬到熊洞里，就这件事去问问熊吧。

严格按计划行事

"森林里边，地狱阴间。"在古代有这样的传说，谁在林子里干活糊口，就离死神不远了。

古代的伐木和砍柴的工作是可怕的工作，伐木工人用斧头做武器，砍杀我们绿色的朋友。像锯子这种工具出现，是18世纪的事情。

整天挥舞斧头这种工作

对工人身体素质要求很高，无穷的体力、钢铁般的体质，才能在恶劣的气候下长时间工作。白天，冒着狂风暴雪，只穿一件单衣劳动；夜晚，在透风的小屋或小窝棚里，盖着外衣睡觉。

到了春天，伐木的活儿就更辛苦。

整个冬季在林中砍伐的木材需要运出去，这得等到河水开冻，再把沉重的原木推进水里，让河水把它们运走。顺着河水流动的方向就能找到木材。

木材随着河水流到哪儿，哪里就应该充满感激之声……因为有它才能新建起一座座城市。

现在呢？在我们的时代怎么样呢？

如今“伐木”“砍柴”这些字眼早就过时了，意义也发生了改变。斧头不是我们来砍伐树木或砍削树枝的工具了。一切都由机器来完成。就连通向森林深处伐木的道路也由机器来开辟、平整，然后沿这条路再将木材运走。

林间履带拖拉机有巨人般的力量。它虽然庞大得像个怪物，但也还乖乖地服从创造它的人的指挥，向着茂密森林推进，如割草一样，割掉巨大的树木甚至将它们连根拔起。摆在两边，推开枯枝，压平路面，这些几乎一气呵成。

载着发电机的汽车飞奔而来，工人们手持电锯，拖着包橡胶的电线向大树挺进。尖利的电锯如同刀切黄油一般容易，直径有半米的巨大树干半分钟内就锯断了。而它长成的时间需要几百年。当百米之内的树木都被撂倒后，汽车就载着发电机继续前行，这时轮到集材拖拉机上场了，它一下子能抓住几十根木材拖向运输木材的路上。

木材牵引车沿途把木材运往窄轨铁路。司机已开着敞篷车做好了准备，数千立方米的木材，将被运往铁路的木材车站或河边。在那儿，木材将被加工成各种不同用途的木料：原木、板材、造纸木材。

如今我们就这样借助如此先进的技术轻而易举地采伐林木，并运送到一切需要它们的地方。

人们都明白，采伐林木必须要严格按国家统一计划行事，否则我们可能突然变得无林可伐，尽管我们的森林资源很丰富。在现代技术条件下，要消灭一个森林很简单，可长成却是那么缓慢。

我们在被砍伐的土地上，立刻将不同品种的树木种植下去。

农庄里的故事

我们集体农庄的庄员们，今年干活都非常卖力。许多农庄每公顷能收获1500千克的粮食，这不是什么稀奇事儿。收获2000千克的也不在少数。农庄的高产使得先进生产者有权得到“社会主义劳动英雄”的光荣称号。

政府部门用“社会主义劳动英雄”的光荣称号、勋章和奖章表彰庄员的成就，还向在田间忘我地劳动的劳动者表示敬意。

冬季到来之前，大田作业就已经结束。

妇女们正在牛圈劳作，男人们正在喂牲口，有猎狗的人离开村子捕猎松鼠去了，还有许多人砍伐木材去了。

灰色的山鹑簇拥在一起向农舍靠近。

孩子们去上学。白天，他们还抽空布置捕鸟的工具，去山上用雪橇滑雪下来。晚上就做功课。

智斗害兽

下了一场大雪过后，老鼠在雪下挖了一条通往苗圃的地道。可我们更聪明，马上将每一棵树苗树干周围的积雪踩得死死的，这样它们是无法靠近小树的。如果哪一只老鼠想要跳到积雪外试一试，那它估计下一秒就被冻死了。

我们的花园还进来了恼人的兔子，我们将所有树苗的树干用稻草和有刺的云杉树枝裹起来，这样就能防御它。

危险的苹果树

有一种小房子，吊在一根细丝上，风一吹，就摇曳一整个冬季，墙壁薄得像纸并且没有任何取暖设备，这样的小屋能过冬吗？

你不敢想象吧！这居然可行。我常常在苹果树的枝头见到这样的屋子。这种房子是用枯叶做成的，一些苹果树害虫居住其中，如果留它们过冬，那来年春季，苹果树的花和芽就会被它们啃食得不像样子。所以农庄庄员要将它们取下来烧掉。

凡事都有两面性，在森林里也不例外。

昨天晚上，光明大道集体农庄险些被盗。午夜时分，一只大兔子偷偷溜进了果园。它企图啃食年轻的苹果树的树皮，尝试了许多次,但苹果树的树皮像云杉树树皮一样扎嘴,兔子便放弃了,转身离开到森林里了。

集体农庄庄员们早就预见到了这种事情，因此早早地就将苹果树干用带刺的云杉枝条包了起来。

棕色的狐狸

郊区的红旗集体农庄里,新建了一个兽类养殖场。昨天,运来了一批深棕色的狐狸。一大群居民围拢来迎接他们的新居民。就连刚学会走路的学前儿童也都来了。

几乎所有的狐狸都胆怯地打量聚集在身边的居民，只有一只旁若无人地打了个哈欠。

“妈妈！”一个裹着白头巾、带着帽子的小孩叫道,“别把这个狐狸围到脖子上,你看它会张嘴咬人呢！”

在暖房里

劳动者集体农庄里,庄员们正在挑选小洋葱头和小芹菜根。

“这是在给牲口准备饲料吗，爷爷？”生产队长的孙女问道。生产队长笑着说:“不是的,宝贝,这些是要送到大棚里种植。”

“那是为什么呢？让它们快快长大吗？”

“不是的，乖孙女，我们想常年有葱和芹菜供给我们吃。冬天，吃马铃薯的时候，我们能在马铃薯上撒葱花，还能用芹菜炖汤喝。”

不用盖厚被子

上星期天，一个绰号叫米卡的九年级学生在曙光集体农庄玩。在马林果灌木丛边，他偶然遇见了生产队长费多谢奇。

“怎么样爷爷，您的马林果树会不会冻死呀？”米卡用一种内行的腔调问。

“没事的。”费多谢奇答道，“它可以平安地在厚厚的积雪下面过冬。”

“爷爷，您是不是糊涂了？”米卡接着问，“您的马林果树比我的个儿还高，难道您指望下这么深的雪吗？”

“我只期待和往年一样。”爷爷回答，“你这么有学问，那你说说看，你冬天盖被子的厚度超过你的个儿了吗？”

“这和我的个头有什么关系呀？”米卡大笑，“我是躺着的，您还不明白吗？人们都是躺着盖被子的！”

“可我的马林果树也是躺着盖雪被子的呀！只不过，像你这样的聪明人是躺在床上的，而马林果树是我把它们弯向了地面。我把它们弯在一起，然后绑住，它们就躺在地上了。”

“爷爷，您比我想象中的要更聪明呀！”米卡说道。

“可惜呀！你没有我想象中的那么聪明。”费多谢奇回答道。

助 手

现在每天可以在集体农庄的粮仓里看到孩子们的身影。他们有的在帮助大人挑选春季里在田间播种的种子，有的在菜窖里筛选上好的马铃薯留种。

在马厩和打铁工厂能看到许多男孩子。

在牛舍、猪圈、养兔场或者家禽养殖场里，都能看到孩子忙着干活的身影。他们在学校学功课的同时，也在家里帮助家人干农活。

城市快讯

乌鸦和寒鸦的一般集会

涅瓦河结冰了，现在每天下午4点，都有瓦西岛区的乌鸦和寒鸦飞来斯密特中尉桥下游的冰上。

一阵吵闹过后，这些鸟儿分成了几群，然后飞往瓦西里岛上的花园里过夜。它们每一群都会选择自己最中意的花园留宿。

侦察员

城市花园和公墓的灌木与乔木需要人类保护，但它们遇上了人类难以对付的敌人。它们狡猾、微小并极其不易被察觉。当园林护工都发现不了时，只有专门的侦察员才能解决麻烦。

我们常常可以在我们公墓里和大花园里看到侦察员的队伍。

帽子上有红毛圈的啄木鸟是它们的首领。它的喙坚硬得像长枪一样，能轻而易举地啄穿树皮。人们经常能听到“快克！快克！”，那是它在断断续续发号施令。

随后，各种各样的山雀闻声而来：有戴着尖顶帽的风头山雀，有褐头山雀，有黑不溜秋的煤山雀。队伍里还有穿棕色外套的嘴巴像锥子状的旋木雀，还有胸脯是白色身穿蓝色制服的䴓，它的嘴巴像匕首一样。

啄木鸟发出命令，䴓跟着回应，山雀们也做出了回应。不一会儿，整支队伍就开始行动了。

它们迅速占领一棵树的树干和树枝，啄木鸟啄穿树皮，用似针尖一般尖锐的舌头卷出小毛虫。䴓头朝下，围着树干打转。把它细细的嘴巴伸进树皮上的每一个小孔，它在那儿发现了某一个昆虫和它的幼虫。旋木雀自上而下地沿着树干奔跑，用那弯曲的锥子戳着树干。山雀们围着树木飞翔，它们仔细查看每一个小孔和每一条小的缝，没有一只小害虫能逃过它们锐利的眼睛。

陷阱饭厅

饥寒交迫的时间到了，请为我们的朋友鸣禽想想。

如果你们的家有花园或者是小院，请你在它们饥饿的时候给它们一点儿食物。它们很喜欢去那些有花园和院子的地方。还可以给它们搭建一些屋子抵御寒冬。如果你能把一两只这种可爱的鸟儿引到你准备好的房子里去,那抓到它就是轻而易举的事。

你需要在小屋的围栏上放上它们爱吃的大麻子、大麦、小米、面包屑、碎肉、生猪油、奶酪、葵花子等等。如果是这样,即使你住在城市里,那些有趣的小客人也会被你吸引去。

你还可以用一根细铁丝或是绳子系在能开闭的小门上。将绳子或者铁丝的另一端通过窗户,牵引到你的房间来。那个时候你只要轻轻一拉,有趣的小客人就成了你的囊中之物。

还有一个更有趣的办法,你可以把鸟房通上电。

若是到了夏天你可千万别捕鸟,因为把鸟妈妈抓走后,鸟宝宝就会被饿死的。

打　猎

秋天是猎捕小毛皮兽的季节。快到 11 月时，这些小兽的毛就长好了，它们脱掉了夏天时薄薄的那层毛，换上了抵御寒冬的蓬松的、暖和的、厚厚的毛。

去打灰鼠吧

一只灰鼠有什么了不起的？

可是，灰鼠在我们国家的狩猎事业里比其他任何野兽都重要。我们全国每年光是灰鼠的尾巴就要消耗几千捆。它那华丽的尾巴，可用来做帽子、衣领、耳套及其他保暖用品。

尾巴之外的毛皮也大有用途。人们用这种毛皮做大衣和披肩，尤其是淡蓝色灰鼠皮做的女式大衣，样式好看，穿起来既轻便又暖和。

灰鼠一换完毛，猎人们就出去打灰鼠了。在灰鼠长期出没而且容易打到的地方，甚至能看到老头儿和十二三岁的少年打猎的身影。

猎人们在狩猎期间，或是集体行动，或是单独行动，常常在森林里一待就是好几个星期。他们踏上又短又宽的滑雪板，从早到晚在雪地上奔波，有时直接用枪打灰鼠，有时还要布置和检查捕捉器、陷阱等工具。

猎人们在土窖里，或是在很矮的小房子里（这种小房子常被埋在雪里）过夜。用一种像壁炉似的土炉子烧饭吃。

猎人打灰鼠的最佳伙伴就是北极犬。北极犬是猎人不可缺少的“眼睛”。

北极犬是来自我国北方的一种特别的猎犬。它在冬季时协助猎人在森林里打猎的本事当数世界第一。

北极犬能帮你找到白鼬、鸡貂和水獭的洞，会替你咬死它们。夏季时，它还能帮你从芦苇丛里把野鸭赶出来，从密林里把琴鸡赶出来。这种猎犬还不怕水，连冰冷的河水都不怕，它能跳到冰冷的河水里，帮主人把射杀的野鸭叼上来。到了秋季和冬季时，它又成了帮助主人打松鸡和黑琴鸡的好帮手。在秋冬两个季节时，靠普通猎犬的伺伏是抓不到松鸡和黑琴鸡的。可是北极犬会往树下一蹲，对着野禽汪汪地叫，使它们的注意力都集中在北极犬身上，这样主人就可以趁机开枪了。

在下雪前后，你都可以带着北极犬去打猎，它可以帮你找到麋鹿和熊。

当你被可怕的野兽攻击时，这个忠实的朋友北极犬是绝不会抛弃你的。它会绕到野兽的身后咬住它们，让你有时间装上弹药，射杀野兽；或者，它会以死相拼，用自己的性命保全你的性命。最令人称奇的是，北极犬能帮你找到灰鼠、黑貂、猞猁等生活在树上的野兽。其他种类的猎犬就没有这等本事。

在冬季，或是深秋时节打猎时，你走在云杉林、松树林或混合林里，四

周一片死寂。没有走兽晃动的身影,也没有飞禽鸣叫的声音,这里就像一片荒漠。

可如果你去森林的时候带上一只北极犬，就不会感到寂寞了。北极犬一会儿在树根下找出一只白鼬,一会儿从树洞里撵出一只白兔,一会儿又顺便叼起一只林鼷鼠,它还能找到躲在浓密的松枝间不露面的灰鼠。

可是,猎犬既不会飞,也不会爬树,如果灰鼠不到地上来,那北极犬是如何找到灰鼠的?

捕捉野禽的波形长毛猎犬和追踪兽迹的兔猩，需要灵敏的鼻子。鼻子就是这两种猎犬最重要的“工具”。这些猎犬,即使眼睛和耳朵都不太好使，也能照样干活儿。

可是北极犬却需要有三种“工具”——灵敏的鼻子、锐利的眼睛和机灵的耳朵。这三样“工具”是并用的，甚至可以说它们就是北极犬的三个仆人。

只要灰鼠在树上用爪子挠了一下树干，北极犬就会竖起它那时刻警惕着的耳朵，悄悄地提示主人：“这里有灰鼠！”只要灰鼠的小脚爪在针叶间一闪，北极犬就会给主人使眼色：“这里有灰鼠！”只要一阵小风将灰鼠的气味吹到树下，北极犬的鼻子就会报告主人：“上面有灰鼠！”

北极犬靠这三个“工具”发现树上的灰鼠后，就用它的第四个“工具”——叫声，将信息传达给主人了。

一只好的北极犬，在发现了猎物后绝不会往猎物所在的那棵树上扑，也不会去挠树干，因为这种做法只会把猎物吓跑。这时北极犬会蹲在树下，目不转睛地盯着灰鼠藏身之处，竖着耳朵，不时叫几声。要是主人还没来，或是没把它带走，它是不会离开树下的。

打灰鼠很容易：灰鼠被北极犬发现后，灰鼠的注意力就全都集中在北极犬身上了。这时猎人只需悄悄地走过来，不要发出声响，不要有剧烈的动作，好好瞄准再开枪就行了。

用霰弹不容易打到灰鼠。猎人通常用小铅弹去打这种动物，而且尽可能去打它的头部，这样就能避免损坏灰鼠皮。灰鼠在冬天受伤后不大容易死掉，因此，要力争一枪打中要害才好。要不然等它躲进浓密的针叶丛时，就再也找不到了。

猎人们还用捕鼠器等工具捉灰鼠。

制作并装置捕鼠器的方法如下：把两块短的厚木板平行放在两棵树干之间。在两块木板之间支一根细棒，细棒上拴着美味的诱饵（如干蘑菇或是干鱼片），灰鼠一拉诱饵，上面的木板就会落下来，把灰鼠夹在两块木板之间。

只要雪不是特别深，猎人们整个冬天都会一直打灰鼠。灰鼠一到春天就要脱毛了。在深秋之前，在它们还没有长成准备过冬的那身华丽的淡蓝色毛皮之前，猎人是绝不打它们的。

带斧头打猎

猎人们在打凶悍的小毛皮兽时,用枪的时候可没有用斧头的时候多。

北极犬靠着灵敏的嗅觉找到躲在洞中的鸡貂、白鼬、伶鼬、水貉还有水獭。至于如何把这些小兽撵出洞,就是猎人的事情了。这件事可不太容易做到。

这些凶悍的小兽把洞穴筑到地下、乱石堆里或是树根下。当它们察觉到危险时,不到万不得已,它们是不肯离开自己的隐蔽所的。于是猎人只好把探针或是铁棍伸进洞里搅动着;或是用手搬开乱石堆上的石头;或是用斧头将粗大的树根劈开,将冻结的泥土敲碎;或是用烟把小兽熏出来。

不过,只要它一跳出洞,就无处可逃了,北极犬绝不会放走它的,会活活咬死它。

或者,猎人也会开枪打死它。

猎貂记

想打森林里的貂就比较困难了。要找出它捕食其他鸟兽的地方并不算难,因为这里的雪地常会被它踩得一塌糊涂,而且还留着血迹。可是,要找出它在饱餐之后藏身的地方,就需要有好眼力了。

貂能从这根树枝上跳到那根树枝上,从这棵树上跳到那棵树上,跟松

鼠一样灵活。只不过它一路这么跳下去，会在身后留下行迹，比如被它的爪折断后落在雪地上的小树枝、球果、小树皮以及它身上被树皮等蹭下来的绒毛等，有经验的猎人能根据这些痕迹来判断貂的行迹。有时这条行迹能绵延好几公里长。我们得加倍注意才能毫无差错地一路跟踪下去，根据这些线索找到它。

塞索伊奇第一次追踪貂的行迹时，没有带猎犬，因此他只有凭着自己的本事了。

那天他踏着滑雪板走了很长一段路。有时蛮有把握地往前冲一二十米，因为他在那里发现了貂曾经从树上跳到雪地上，奔跑后留下了脚印；有时他又缓慢地往前挪着，仔细地查看貂一路留下的模糊痕迹。那天他不停地唉声叹气，后悔没有把忠实的朋友北极犬带来。

夜幕降临时，塞索伊奇还在森林里转悠着。

这个小胡子猎人生起一堆篝火，从怀里掏出一块面包吃了，好歹先熬过这漫长的冬夜再说别的。

早晨，塞索伊奇沿着貂的行迹，走到一棵非常粗的枯云杉树前。真走运啊！塞索伊奇发现树干上有个树洞。貂一定在这儿过夜了，而且极有可能还没出洞呢。

塞索伊奇扳好扳机，右手拿着枪，左手拿着一根树枝敲一下树干，然后把树枝扔掉，双手端枪，等貂一蹿出来就开枪。

貂却没有跳出来。

塞索伊奇又拿起树枝重重地敲了一下树干，又更重地敲了一下。

貂还是没出来。

“哎，它睡得太死了！”塞索伊奇懊恼地说，“快醒吧！瞌睡虫！”

说着说着，他又举起树枝狠狠敲了一下，满林子的生物都能听到那声音。

看来貂没在树洞里。

这时，塞索伊奇才想起来应该仔细瞧瞧这棵云杉的周边情况。

这棵枯树是空心的，树干另一面的一根枯树枝下面，还有一个洞口。枯树枝上的雪都已经被碰掉了。显然，貂已经从这一头溜出了树洞，然后逃到周围其他树上了。由于粗树干挡住了猎人的视线，所以猎人没有看见。

塞索伊奇没有办法，只好赶紧去追貂。

猎人又把一整天的工夫花在分辨那些模糊的痕迹上。

后来，塞索伊奇终于找到一个痕迹，它确确实实能表明貂就在附近。但那时天已经黑了。猎人在树上找到一个松鼠窝，种种迹象表明：貂把松鼠赶跑了，这强盗在松鼠后面追了好久，最后还是在地面上追到它的。大概是因为那只精疲力竭的松鼠没有正确估计自己的体力，从树上失足落到了地上，于是貂一连蹿了几步，抓住了它。也就在这片雪地上，貂把松鼠吃了。

是的，塞索伊奇追踪的路线并没错。不过，他不能再继续追了，因为从昨天起到现在，他一点儿东西都没吃，身上连面包屑都没有了，天气又变冷了。要是今晚也在森林里过夜的话，一定会冻死的。

塞索伊奇非常沮丧地痛骂着，只好沿着来时的路往回走。

"只要让我追上这只貂，"他心想，"只要放一枪，就能把它打死了。"

塞索伊奇再一次路过那个松鼠洞时，怒气冲冲地拿下肩上的枪，也没瞄准，就冲着松鼠洞放了一枪。他不过是想发泄一下心头之恨罢了。

树上的一些枯树枝和苔藓被枪声震到了地上，令塞索伊奇大吃一惊的是，在那些东西落地之前，竟有一只细长的、毛茸茸的貂掉到他的脚旁。这只貂临死前还在抽搐呢！

后来塞索伊奇才知道，这是常有的事儿：貂捉住松鼠吃掉后，常会钻到被它吃掉的松鼠的窝里，在那温暖舒服的地方蜷成一团，安安心心地睡大觉。

白天放枪，黑夜布网

12 月中旬之前，松软的积雪已经没到膝盖了。

日落时分,黑琴鸡蹲在光秃秃的白桦树上一动不动,为玫瑰色的天空点缀了一些黑色的斑点。后来,它们突然一只跟着一只地向雪地冲去,然后就不见了。

漆黑的夜来了,今晚没有月亮。

塞索伊奇走到那片林中空地上。黑琴鸡就是在这片空地上消失的。他手中拿着捕鸟的网和火把。浸过树脂的亚麻秆在熊熊燃烧着,明亮的火光照亮了黑黑的夜幕,沉沉的夜色被推到一边去了。

塞索伊奇一边仔细听着周围的动静,一边机警地挪着步子。

忽然,在离他只有两步远的前方,有一只黑琴鸡从雪下钻出来。明亮的火光晃得它睁不开眼睛,它像只巨大的黑甲虫似的在原地瞎打转。猎人乘机用网罩住了它。

塞索伊奇用这个办法,在夜间活捉了许多只黑琴鸡。

而在白天,他却乘着雪橇用枪打黑琴鸡。

奇怪的是:落在树枝上的黑琴鸡,绝不会被一个步行的猎人打中,即便那个猎人隐藏得很好。但如果同一个猎人乘雪橇过来(哪怕雪橇上满载着集体农庄的大批货物),那么那些黑琴鸡可就难免会死在猎人的枪下了!

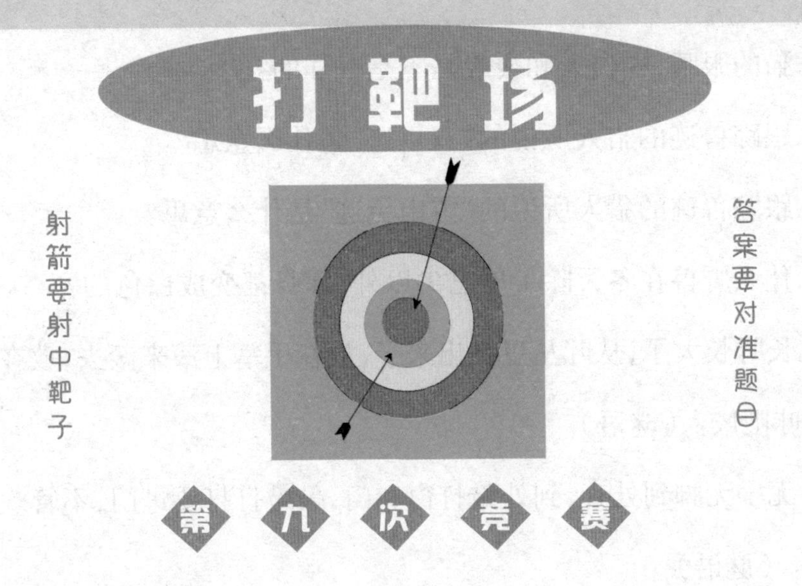

1.虾在哪儿过冬？

2.冬天，鸟儿最害怕的是寒冷，还是饥饿？

3.如果兔子的毛皮颜色变白变得晚，这年的冬天来得早，还是来得晚？

4.“啄木鸟的打铁场”是什么？

5.在我们这儿，什么样的“夜强盗”只在冬天才出现？

6.“兔子的旁跳”是怎么回事？

7.秋冬两季，乌鸦在什么地方睡觉？

8.最后一批鸥和野鸭什么时候离开我们？

9.秋冬两季，啄木鸟和哪些鸟结成一伙？

10.跟踪兽迹的猎人所说的“拖迹”是什么意思？

11.猫的眼睛，在白天和夜晚是不是一样的？

12.跟踪兽迹的猎人所说的“双重迹”是什么意思？

13.跟踪兽迹的猎人所说的“雪山兔迹”是什么意思？

14.什么野兽在冬天除了尾巴尖以外，浑身都变成白色的？

15.长呀长大了，从叶丛里钻出来了，放在手掌上滚来滚去，放在嘴里咔吧咔吧咬。（谜语）

16.无手无脚到处奔，到处敲打窗和门，敲敲打打要进门，不管欢迎不欢迎。（谜语）

17.一样东西有咸味，水里出生最怕水。（谜语）

18.有个大汉真不错，背上靴子路上过，肩上的靴子越背不动，他的心里越快活。（谜语）

19.一个高个子，院子当中站；前面有把叉，后面拖扫帚。（谜语）

20.整天地上走，两眼不望天，哪也不痛，可是老是哼。（谜语）

21.一所小绿房，没有门来没有窗，房里的小人儿，住得满堂堂。（谜语）

打靶场答案

第七次竞赛

1.从 9 月 22 日秋分日算起。

2.雌兔。所以最后生的一批小兔叫作“落叶兔”。

3.山梨树、白杨树、槭树。

4.不是所有的候鸟都向南飞。

5.“犁角兽”的名称由来是因为老驼鹿的角很像木犁。

6.防备兔子和牝鹿。

7. 黑琴鸡（雄的）。这几句话是根据它们咕噜的叫声而模拟的话。黑琴鸡在春秋两季都是这么叫的。

8.脸朝西方太阳落下的方向。在晚霞中，可以更清楚地看见飞过的野鸭。

9.在鸟儿飞走的时候开枪好，因为枪弹一射上去，就可以打到它的羽毛里去。在鸟儿径直飞过来的时候射击(打头部),枪弹可能从羽毛上滑掉,这样就打不伤它了。

10.这表示在森林里的这个地方有动物尸体,或者受了伤的动物。

11.因为在这个地方,鸟妈妈明年将孵出整窠的雏鸟。如果打死了鸟妈妈,野禽就要搬走了。

12.当猎人没打中它的时候。

13. 它们大多数在第一次寒流袭来的时候就死掉了。还有一小部分钻到树木、木栅栏、木屋的缝隙里,或者钻到树皮里,在那儿过冬。

14.秋播谷物:今年播种,明年收割。

15.金腰燕。

16.树叶。

17.雨。

18.狼。

19.麻雀。

20.白蘑菇。

21.秋天的榛子。

第八次竞赛

1.上山快。兔子的前腿短,后腿长,所以上山跑得轻快些。要是从很陡的山上往下跑,那就要翻跟斗打滚儿了。

2.夏天,树上的鸟窠被树叶遮住了,等树叶落光的时候,就可以很清楚地看见树上的鸟窠了。

3.松鼠。它把蘑菇叼到树上,穿在短枝丫上。冬天缺乏食物的时候,它就去找这些蘑菇吃。

4.水老鼠。

5.这种鸟很少。猫头鹰把死鼠藏到树洞里;松鸦把橡实、硬壳果等藏到树洞里。

6.蚂蚁把蚁窠所有的洞口都堵上,然后挤在一起过冬。

7.空气。

8.黄色或者褐色,仿照发黄的植物——乔木、灌木、草的颜色。

9. 秋天。因为秋天它特别胖,有厚厚的一层脂肪,羽毛也长密了,这脂肪和羽毛保护它防御霰弹。

10.昆虫有 6 只脚,蜘蛛有 8 只脚。因此蜘蛛不是昆虫。

11.到水里去，躲在石头下面，躲到坑里、淤泥里或者青苔下面；有的甚至钻到地窖里去。

12.田鼠的脚。它的脚要适应挖土，就像鱼鳍适应划水一样。

13.从树上落下来的叶子。

14.河；河水上的泡沫。

15.葎草。

16.地平线。

17.鸭子、鹅。

18.亚麻。

19.公鸡。

20.鱼。

第九次竞赛

1.在河边、湖边的洞里。

2.鸟最怕饥饿。例如野鸭、天鹅、鸥，如果它们有东西吃，也就是说，有些地方的水没有被冰封住，那么有时它们会在这里留一冬天。

3.晚冬。

4.啄木鸟把球果塞在大树或树墩的树缝里,用嘴巴给球果加工。这种树或树墩就叫作“啄木鸟的打铁场”。在这种“打铁场”下面的地上,往往积起了一大堆被啄木鸟啄坏的球果。

5.北方的雪鹀。

6.指兔子从接连不断的一行脚印中向旁边跳开。

7.在果园里、丛林里、树上。在那些地方,从黄昏时分起,就聚集着大群的乌鸦。

8.当最后一批湖泊、水塘、河流冻冰的时候。

9.秋天(和整个冬天),啄木鸟和成群的山雀、旋木鸟、鳾结成伙。

10.野兽从雪里拖出腿的时候,从小雪坑里拖出了少许的雪,在雪上留下了爪印。这种爪印就叫作“拖迹”。

11.不一样。白天,在阳光下,猫的瞳孔很小;到夜里,就变得很大。

12.兔子来回跑了两趟的脚印。

13.兔子印在雪地上的脚印。

14.貂。

15.榛子。

16.风。

17.盐

18.身背猎枪、带枪的猎人。

19.公牛。

20.猪。

21.黄瓜。

SENLIN BAO
4

森林报·4

[苏]维·比安基/著　智慧轩文化/编

天津出版传媒集团
天津人民美術出版社

图书在版编目(CIP)数据

森林报：1-4 / （苏）维·比安基著；智慧轩文化译. --天津：天津人民美术出版社，2019.11

ISBN 978-7-5305-9337-0

Ⅰ. ①森… Ⅱ. ①维… ②智… Ⅲ. ①森林—少儿读物 Ⅳ. ①S7-49

中国版本图书馆 CIP 数据核字（2019）第 246525 号

森 林 报（1—4）

出 版 人：杨惠东
责任编辑：刘 岳
技术编辑：李志峰
出版发行：天津人民美術出版社
社 址：天津市和平区马场道 150 号
邮 编：300050
电 话：（022）58352961
网 址：http: //www.tjrm.cn
经 销：全国新華書店
印 刷：武汉兆旭印务有限公司
开 本：710mm × 960mm 1/16
版 次：2019 年 11 月第 1 版
印 次：2019 年 11 月第 1 次印刷
印 张：39
印 数：1—10000
定 价：88.00 元（全四册）

前言

《森林报》是一部森林百科全书，充满诗情画意和童心童趣。

此书在时间上跨越春、夏、秋、冬四季，以报刊形式报道森林，一月一期，共 12 期。在空间上，以列宁格勒地区的森林为中心，辐射到城市、乡村，直至全苏联、全世界。

书中描写了植物、动物、人类的广阔的生活图景：他们的生活，或平淡，或惊险，或荒诞，引人入胜；他们的生和死、喜和忧、爱和恨，发人深省。

目录

10 小道初白月（冬季第一月）

11 啼饥号寒月（冬季第二月）

12 熬待春归月（冬季第三月）

森林报

冬季第一月

12月21日至1月20日

小道初白月——太阳进入摩羯宫

一年——分十二个月谱写的太阳诗章

12 月——天寒地冻,12 月寒冬铺路,12 月钉住寒冬,12 月寒冬封存大地。12 月是一年结尾,是寒冬开始。

河水不再继续往前,哪怕是汹涌的河流,也被冰封起来。大地和森林都已裹上雪被。阳光躲在乌云背后。白天渐渐变短,黑夜慢慢变长。

白雪之下掩埋了许多死去的躯体!一年生的植物按时期生长,开花,结果,然后败落,再次回归自己成长的土壤。一年生的动物——无脊椎的小小的动物,也按照时期走完了它们的一生,之后离开了世界。

但是植物留存了种子,动物产下了卵。等来日一到,太阳将如同童话《睡美人》中的帅气王子,以亲吻唤醒这些生灵,从土地里重新创造出生命。对于多年生的动植物,它们能够在北方漫长的冬季保护自己的生命,直到新春开始。寒冬还未全力以赴,太阳的诞辰——12 月 23 日,即将到来!

太阳还会回到人间。生命也将随太阳复苏。

但还需把寒冬熬过。

冬之书

大地上平铺着一层厚厚的白雪。田野和林间空地如同一本巨书中整洁的书页。不管是谁在上面走过,都会留下"某人于此经过"的签名。

白雪纷纷下,雪停后,书页又重新恢复成洁白的了。

在清晨出来活动的你就能看到，在这洁白的书页上出现了很多神秘的符号:线条、句号、点号。这表明夜间有许多森林中的居民到过这里,它们走过、跳过,还做了些别的事。

那是谁来过这里,又做了什么呢?

快去弄懂这些难解的符号,读读这神秘的文字吧！当大雪再次来临,这书页将被重新翻过,出现在你眼前的将又是一张整洁的白纸。

怎么读?

在冬天的书上，森林中的每一个居民用各自的笔迹、各自的符号写下了自己的东西。人类正学着用眼睛弄懂这些符

号。如果不是用眼睛读,那还能用什么呢?

然而动物能用鼻子来读。就拿狗来说吧，它能用鼻子嗅出这本冬书上的文字——“狼来过了”,或是“才有一只兔子从这里跑过去”。

动物的鼻子学问可大啦,它们是不会出错的。

动物用什么写?

大多数时候动物用脚写字。有的动物用五个爪子写，有的动物用四个爪子写,有的动物用蹄子写,还有的动物用尾巴写、用鼻子写、用肚皮写。

飞禽常常用爪子和尾巴写字,但也有用翅膀的。

简单书写与花式书写

我们的记者学会了阅读冬天这本书，并从书中知道了各种发生在林间的大事。要知道了解这方面的知识并不是件容易的事，原来并不是森林中所有的居民都会留下简单的书写笔法,有的喜欢花式书写。

松鼠的笔迹简单,容易辨认和记住。它在雪地上跳跃,像是我们在玩跳马的游戏,短短的前脚着地,用长长的后腿远伸向前,大步分开。前脚的脚印在雪地上留下并排的两个圆点。后脚印很长,拉伸得远,就像小小的手掌和细细的手指留下的印记。

老鼠书写的字虽然小,却也简单,很好辨认。它习惯从雪里跑出后,先绕个圈子,然后才直接跑到目的地,或者回洞里。这样它就在雪地里留下了一长串冒号,两个冒号之间的距离是一样的。

飞禽的笔迹也很好认。就拿喜鹊来说,前面三个脚趾留在雪地上的印记是十字形,后面第四个脚趾留下的印记像一个破折号(一条笔直的小短线);翅膀上的羽毛留下的印记在十字形两边,好像手指的划痕。有的时候,它长短不齐的尾羽也会在雪地上留下划痕。

这些书写的笔迹都是简单实在、让人一眼就能认出来的:松鼠打这儿从树上跳下,在雪地上蹦跶了一会儿,又重新跳回树上了;老鼠跑出雪地,跑了一阵,绕了个圈,又跑回雪里了;旁边是一只喜鹊落在坚硬的冰雪上,尾巴拖着,翅膀扑了扑,之后又飞走了。

然而,狐狸和狼留下的书写笔迹就不好辨认了。如果你没有看习惯,那你肯定会稀里糊涂。

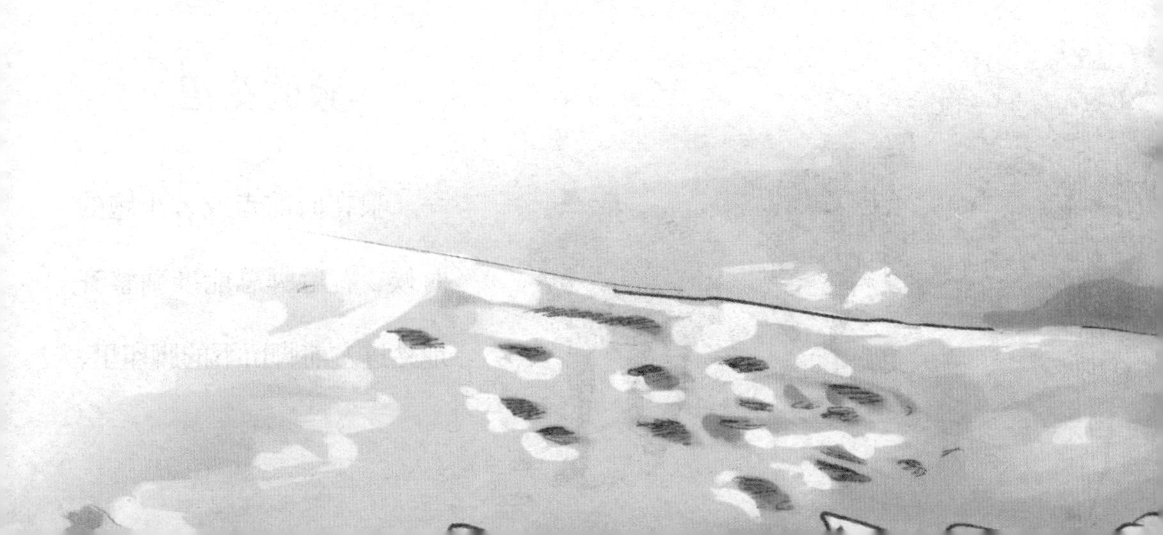

小狗和狐狸，大狗和狼

狐狸和小狗的脚印很像，但有一点不一样，狐狸的几个脚趾是缩在一起的，并得很紧。

小狗的脚趾是张开的，所以它的脚印比较浅且柔和一些。

狼的脚印和大狗的脚印很相像，但也有一点不一样：狼的脚趾是从两边往里面围缩，它的脚印比狗的长，且匀称一些；狼的脚爪和脚掌心上的肉球在雪地上留下的痕迹更深一些。狼的前爪印和后爪印之间的距离比

狗的大。狗的前爪印留在雪地上的印记是合并在一起的，但狼却不是（请比较一下狼、狗、狐狸的脚印）。

这是最基本的知识。

想要读懂狼的脚印是一件比较困难的事，因为狼喜欢花式书写，弄乱自己的脚印。狐狸也是这样。

狼的花招

狼在向前走或者小跑的时候，右后脚总能准确整齐地踏进左前脚留下的脚印里，

左后脚也能准确整齐地踏进右前脚留下的脚印里。所以，它的脚印好像一条紧绷的绳子，成一条笔直的长线，向前延伸。

你看到这样的一行脚印，就会觉得：有一头长得很壮实的狼从这里过去了。

那你就错了。这样的解读才是对的：有五头狼走过了这里。前头走的是一头聪明的母狼，后面跟着的是一头公狼和三头小狼。

它们在行走时，后面的一头狼总是准确无误地将脚落在前一头狼的脚印里，让你怎么也想不到这是五头狼留下的痕迹。要训练出非常好的眼力，才能成为一个很棒的能在白色雪地上分辨出动物足迹的好猎手。

树木过冬

寒冷会把树木冻死吗?当然会的。

如果把一棵树连同它的心脏都冻透了，它就会被冻死。在苏联，雪下得很少但很冷的冬天，不少树木会被冻死，它们大多还是比较小的树。万

幸的是，树木都有自己抵御严寒的方法，它们懂得为自己的身体保存热量，使得寒冷不至于进入自己的体内，不然所有的树木都会死去。

吸收养分，生长成熟，繁衍后代，所有的这些都需要消耗大量的能量，耗费很多的热量。所以在夏天的时候，树木会充分积蓄能量，等到冬季时，就不再吸收养分，停止生长，不再为繁衍后代消耗能量。它们暂停了自己的生命活动，进入了深沉的睡眠当中。

树叶在呼吸的过程中会散出热量——所以，冬天的树木没有树叶。树木摆脱树叶，切断与树叶的联系，就是为了保存体内生命赖以生存的热量。并且，从树上掉落下来的叶子，在地上腐烂之后，也会散发出热量，保护了脆弱的树根，使之免于被冻坏。

不仅仅是这样！每一棵树都有一副保护自己的躯体不被寒冷侵袭的铠甲。在每一年的整个夏天，树木都会在它树干和树枝的皮下，储备多孔的木栓组织——无生命的填充层。木栓不透水，也不透气，空气在它的气孔中停滞，阻拦住了树木有生命力的机体散出热量。树龄越大，它的木栓组织就越厚，这是粗壮的老树比树龄小、枝干细的树更能对抗严寒的原因。

然而只是靠木栓组织这一层铠甲还远远不够。要是严寒将这层铠甲也穿透了，在植物体内还会有一道可靠的化学防护来抵御严寒。早在冬季到来时，树木在自己的汁液里就已经积蓄起了各类盐分和转变为糖的淀粉。盐和糖的溶液是很能够抗寒的。

不过，最能为树木抵御寒冷的是松软的白雪。众所周知，有经验的园丁会故意把怕冷的小果树往地面上压，然后用雪把它们盖住，这样这些小果树就暖和得多了。多雪的冬天，白雪就好像给森林盖上的一条羽绒被。这时，不管怎样的寒冷，森林都不会感到害怕啦。

不管寒冬如何残酷，它不能摧毁我们北方的森林！

我们的“森林王子”对一切暴风雨的侵袭都无所畏惧。

白雪牧场

大地白雪皑皑，积雪已经很深了。一想到大地上除了白茫茫的雪以外什么都没有，鲜花凋谢，芳草枯萎，你还会感到开心吗？

感到伤感是人之常情。对此人们还要常常安慰自己：“那还能怎么样呢？大自然的法则就是这样的。”

对于自然，其实我们知之甚少。

今天是一个天气晴朗的好日子。我要在这样一个好天气，踏上我的滑雪板，到我的小牧场去，清除试验场上的积雪。

雪清理干净了。温暖的阳光照耀着牧场上1月份的花草。它照到了与结了冰的地面紧贴着的小小绿叶，照到了从枯草丛下生长出来的尖尖的小叶芽，照到了各种被雪压倒在地的绿草茎。

在这些植物中，我找到了一棵毛茛。在冬季来临之时它还一直在开花，以至现在它的花瓣和花蕾都在雪底下沉睡，静静等待着春天的降临。连花瓣都不曾散落。

你们知道在我这小小的试验场上种了多少种不同的植物吗？总共62种。其中有36种现在依然是绿色的，还有5种依然开着花。

在这种情况下，你还会说1月份我们的牧场上既没有花也没有草吗？

森林大事记

以下的几件事，是我们森林的驻地记者从雪地上的足迹读出来的。

不明真相的小狐狸

在林间空地上，小狐狸发现了几行小老鼠写下的小小的字。

“哈哈，”它心里想着，“我马上就有东西吃啦！”

于是它也没有用自己的鼻子好好地阅读一番，看看刚刚是谁来过了这里。它只是瞧了瞧就以为自己知道了：啊，脚印一直通到了那边的灌木丛。然后它轻手轻脚地向灌木丛靠拢。

它发现雪地里有个小东西在动，这个小家伙有一身灰色的皮毛，还拖着一根小尾巴。按住那个小家伙，小狐狸一口咬下去。

呸！呸！呸！什么东西这么难闻!小狐狸很快吐出小动物，赶紧跑到旁边吃雪漱口。希望雪能让嘴巴变干净，这气味实在难闻死了。

就这样，小狐狸的早饭没有吃到，却白白浪费了一只小动物的生命。

原来这只小动物是鼩鼱，不是老鼠。

它只有在远远看到时才像老鼠。近看很容易分清：鼩鼱的嘴长长地向前伸展，它的背脊是弓起来的。它是吃昆虫的动物，跟田鼠、刺猬是近亲。一般有经验的动物都不会碰它，因为它身上有一股很重的气味，跟麝香似的。

可怕的足迹

我们的森林驻地记者在树下发现了一串足迹，形状长长的，简直让看了的人觉得可怕。这足迹本身并不算大，和狐狸的脚印差不多大小，但爪印又长又直，就好像钉子一样。假如被这样的爪子抓到了肚皮，肯定会把肚里的肠子抓出来。

他们小心翼翼地顺着这脚印向前走，直到一个大洞前，洞口的雪地上散落着细毛。他们仔细地看了看，这些毛是直的，很硬，有弹力，颜色是白的带点黑尖。人们用这种毛做画笔。

驻地记者们很快就明白了：洞里住着的动物是獾。獾是一种孤僻的动物，但并不是很可怕。它只是在这温暖的日子，出来散步的。

白雪下的鸟群

一只兔子在沼泽地上跳来跳去。它从这个草墩跳到那个草墩，再从那个草墩，跳到另一个草墩，突然扑通一声，小兔子一下掉进了雪里，雪没过了它的长耳朵。

这时，它突然觉得脚下的雪里有什么活的东西在动。也就在这一瞬间，从它周围的雪底下，一下突然跑出了许多鸟。兔子快要吓死了，撒腿就逃回了森林。

原来这里有一群雷鸟，生活在沼泽地里的雪层下面。白天飞出去，在沼泽地上来回走动，挖出雪地里的越橘吃。吃完后又重新钻回雪地去。

在那里，它们既安全又很暖和。有谁会发现它们躲藏在雪底下呢？

爆炸的雪地和得救的鹿

雪地上留下了许许多多的脚印，但是我们的记者猜了好久都没有猜透到底发生了什么事。

最开始的足印是又小又窄的蹄印，这蹄印很是平稳。想要读懂并不困难：一头母鹿在林间漫步，它一点儿也没有意识到有危险正在向它靠近。

突然，很多巨大的爪印出现在了蹄印的旁边，母鹿的脚印像是在跳跃着前进的样子。

这很容易看懂：一头狼在密林里发现了母鹿，于是迅速地朝它飞扑过来，母鹿飞快地从狼身边逃开。

继续向前走，会看到狼的足印和母鹿的足印越来越接近了——狼将要追上母鹿了。

在一棵倒在地上的大树旁，两种足印完全混杂在了一块儿。显而易见，在危急时刻母鹿跳过了大树，但狼也紧跟着它跳了过去。

树干的另一边有一个深坑，坑里的积雪仿佛被炸弹炸开了一样凌乱不堪，雪被抛撒得到处都是。

就从这里开始，母鹿的蹄印和狼的爪印各向两边去，其中又出现了一种不知道打哪里来的庞大的脚印，好像人的脚印（不穿鞋走路时的脚印）一样，但前面带着弯曲可怕的爪印。

什么样的炸弹竟然会被埋在雪地里？后来新出现的可怕脚印又是谁的呢？狼和母鹿的足迹为什么会分开了？这里究竟发生了什么事？

我们的记者开动脑筋，对这些问题想了很久。

终于，他们弄懂了这些带爪子的大脚印是谁的了。到这里，所有的问题都变得简单多了。

母鹿凭借自己灵活的四条腿凌空很轻易地跃过倒地的树干，然后飞快地逃走了。狼跟在它的后边也跳跃起来，但因为身体太重没有越过去，反而从树干上滑落，扑通一声，掉进了积雪中——刚好四条腿都插进了熊洞。原来有个熊洞正在树干底下。

熊正在洞里做着美梦，被这突如其来的变故吓了一大跳，猛地跳了起来，随后什么冰啊，雪啊，树枝啊，往四下里一阵乱飞，就如同被炸弹炸过的一样。然后熊也飞奔着跑进了森林(它大概是以为有猎人打它来了)。

狼栽倒在雪坑里,一看到这么个大个子的家伙,已经顾及不上追赶母鹿,只顾自己逃命去了。

而母鹿早就跑得不知去向了。

雪海之底

初冬的时候,雪下得少了,这对于生活在田野和森林的动物们来说并不是一件好事儿。大地上是光秃秃的,被冰冻住的那层土也越来越厚。洞穴变得冷了起来。鼹鼠很难受,被冰冻住的土地像是坚硬的石头,使得它铁铲一样的小爪子刨起土来很是费力。还有老鼠、田鼠、伶鼬、白鼬等动物,此时又该如何呢?

等到大雪下个不停的日子真是不容易。雪一直在不停地下着,大地上的雪堆积起来,总算不再融化了。干燥的雪海将整个大地覆盖住。人站在雪里,大雪能没到人的膝盖。榛鸡、黑琴鸡,甚至松鸡,从头到脚都钻到了雪里。老鼠、田鼠、鼩鼱——所有不冬眠的穴居小动物,都从自己隐秘的地下小窝里钻出来,在雪海之底四处奔走。食肉的伶鼬仿佛一只小小的海豹,不知疲倦地在雪海里钻过来又钻过去。它有时候会跳出雪海待上一阵,到处察看,看是不是有榛鸡从某个地方探出头来,然后猛地又潜入雪海之底，神出鬼没地在雪下向鸟类靠近。

雪海之底要比雪海之上温暖很多。凛冽的寒风和寒冬的气息吹不到那里。已经凝固的水变成了厚厚的干燥的覆盖层，让严寒无法抵达地面。许多穴居的老鼠，直接在雪下面，建造自己用来过冬的巢穴，就像是为了冬季离家建造的别墅。

还有这样的事：一对有着短尾巴的田鼠，用细草和毛造了一个小小的巢，就在被白雪覆盖的灌木枝上。那巢还轻轻腾起了些热气。

在这厚厚的白雪所覆盖的温暖小巢里，有几只刚出生的小田鼠，它们的身上还一根毛都没有，连眼睛都没睁开。但那时的天气冷得还十分厉害，已经零下 20 摄氏度了！

冬季的中午

在 1 月份的一个阳光灿烂的中午，白雪掩盖下的森林安静得没有一点儿声音。隐蔽的洞穴里，洞穴的主人——熊，正酣然入睡。在熊的上方，乔木和灌木被积雪压得弯下来，其间仿佛有许多新奇小巧的房屋，拱形圆顶、空中走廊、台阶、窗户、奇特的有着尖

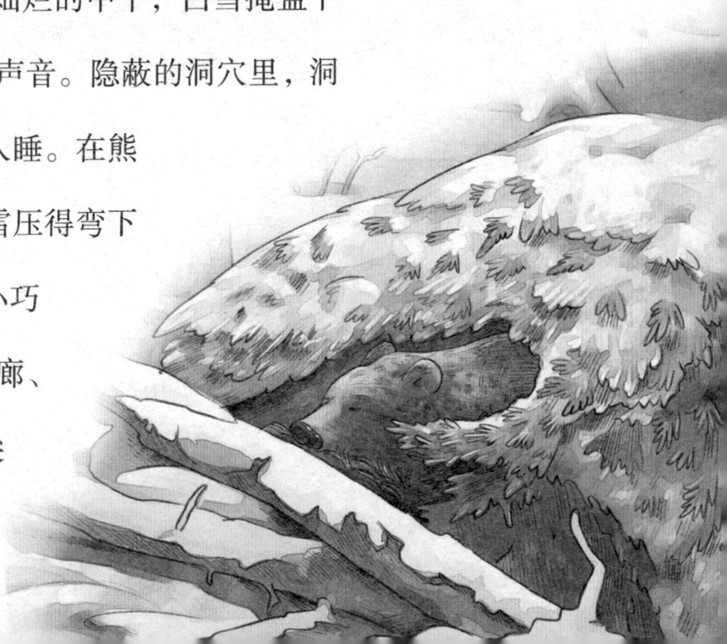

尖房顶的小房子。这一切都是闪闪发光的,无数雪花闪烁衍生出来的。

一只小鸟好像从地底钻出来似的跳了出来，它的嘴巴像锥子一样尖尖的,尾巴翘翘的,扑扇着翅膀,一下飞到了云杉的树顶,发出了一声声婉转的清啼,在整个森林中响了起来。

这时,由白雪构成的房屋地下室的小窗口,突然露出了一双混沌朦胧的绿色眼睛……难道是春天提前来到了?

这是熊的眼睛。熊总是在自己的入洞处留一扇小窗——森林里总会发生点儿什么事！什么事都没有。钻石一样闪亮的小房子里平静安宁……于是那双眼睛从小窗口消失了。

结冰的树枝上有一只小鸟在跳来跳去,过了一会儿,它又钻回了像帽子一样的积雪的树根里:那里,它用柔软的苔藓和绒毛做了一个非常温暖的冬巢。

农庄里的故事

树木在寒冷的冬天沉睡。它们身体里的血液——树液都冻结了。森林里，锯子不断地发出“咯吱咯吱”的响声。整整一个冬天，人们都没有停止过采伐木材。在冬天，采伐到的木材都是最好的，不仅干燥而且结实。

采伐的木材要随春天的水流送出去，因此要把采伐的木材搬到大大小小的河边。为此，人们修好了雪上行走的路——宽阔的冰路。在雪地上浇上水，就好像泼水造溜冰场一样。

农庄的庄员们在准备欢迎春天的到来。他们选种子，并检查着庄稼苗。

一群田野来的灰山鹑驻扎在了打谷场，它们飞到了村庄里。厚厚的雪下，要寻找食物很不容易。它们必须扒开积雪，但就算是把积雪扒开了，还有更厚的冰层等着它们，要让它们用那细小纤弱的爪子扒开冰层，那就更加艰

难了。

在冬天捕捉灰山鹑是一件很容易的事，但这是一种违法的行为，因为法律是禁止人们在冬天捕捉虚弱无助的灰山鹑的。

体贴又聪明的猎人在冬天会给这些鸟儿投喂一些食物。他们在灰山鹑出没的田野安排投喂的地点——那是用云杉树枝搭起来的小暖棚，暖棚里撒上燕麦和大麦。

就这样，美丽的灰山鹑即便是在最寒冷的季节也不会被饿死了。而到了第二年的夏季，每一对灰山鹑都会孵出不少于 20 只的小山鹑来。

农庄资讯

大雪耕田

昨天,我去了闪光集体农庄,去拜访了我以前的一个中学同学——拖拉机手米萨。

开门的是米萨的妻子,一个喜欢开玩笑的女人。

“米萨还没回来,”她说道,“他去耕地了!”

我想:“这大概又是在跟我开玩笑吧!‘耕地’这个玩笑一点儿都蒙不了人,就是幼儿园里的小朋友都知道,冬天是耕不了地的。”

然后我就饶有兴趣地问道:

“难道是耕雪吗?”

“不然还能耕什么?当然是耕雪咯!”米萨的妻子回答。

我就四处去找米萨。说了也许很奇怪,我是在田里找到他的。他开着一辆拖拉机,拖拉机上还连着一只长长的木箱。这木箱把雪拢堆到一起,形成了一堵结实的高墙。

“米萨,这个的作用是什么?”我问道。

“这是挡风用的墙。如果没有这道墙，风就会在田里不停地四处刮，会把积雪都给吹跑的。秋天播种的农作物要是没有雪，就会被冻死。得想办法把田地里的雪存留下来。所以我就把我的拖拉机开出来耕雪了。”

冬季作息时间表

农庄的动物们已经在按照冬季作息时间表生活了：睡觉、觅食、散步——都是按时间表进行的。对于这件事，4 岁的农庄女庄员玛莎对我们说：

“我和我的小伙伴们都上幼儿园了。牛和马大概也应该上幼儿园了吧？我们散步，它们也散步。我们回家，它们也回家。”

“树木绿带”

一行又一行的云杉树沿铁路线直立延伸到许多公里外。这条“树木绿带”护卫着铁路,抵御着风雪使它不被侵害。每一年的春天,铁路员工都在拓展这条绿带,栽种上几千棵比较小的树。今年又种了云杉、洋槐和白杨10万多棵,还种了将近3000棵果树。

这些树苗都是铁路员工在自己的园地里培育出来的。

城市快讯

光脚在雪里爬行

在阳光明朗的日子，温度计的水银柱差不多上升到了零度。这时候，在花园和公园里，从雪下爬出了还没有长翅膀的小苍蝇。

白天它们一直在雪上爬行。到了黄昏的时候它们又躲藏到了冰雪缝里。

它们生存在落叶或者苔藓下面那些僻静且温暖的角落里。

雪地上没有留下它们爬过的脚印。这些爬行者有着非常小非常轻的身体，只有用高倍放大镜，才能够看清楚它们那突出的长嘴、额上长着的奇怪犄角和纤细的光脚。

国外资讯

国外发回来一些新闻到《森林报》编辑部，是一些有关候鸟从我国飞到国外之后的生活详情。

我们有名的歌手夜歌鸲在非洲中部过冬，百灵鸟住在埃及，椋鸟则分成好几群分别飞到法国南部、意大利和英国等地旅行去了。

它们在那儿没有再唱歌了，而只是忙着找食物填肚子，它们也没有做巢，更没有孵小鸟；它们在静静等待着春天的来临，到那时它们就能返回故乡。有一句话叫作："在家千日好，出门一时难。"

拥挤的埃及

在冬天，埃及是鸟儿的天堂。波澜壮阔的尼罗河有无数的支流和曲折的河滩。尼罗河水所到之处，是肥沃的草地和农田。还有咸水、淡水的湖泊和沼泽，温暖的地中海，迤逦的海岸，密布的海湾。这些地方到处都有可供千千万万鸟儿食用的丰富的食物。夏天时已经有无数鸟儿聚集在此，冬天我们的候鸟也来造访了。

真是难以想象地拥挤。好像全世界的鸟类都聚集在此地一样。在湖

泊和尼罗河许多支流上水鸟密集,从远处看去几乎看不见水面。鹈鹕的嘴巴下长着一个大大的袋子,在跟我们的灰野鸭和小水鸭一起捉鱼吃。我们的鹬在漂亮的火烈鸟的细长的腿中间走来走去,但如果是出现了有着艳丽羽毛的非洲乌雕或者我们的白尾雕时,它们就会逃散到四周去。

倘有人在湖面上开一枪,这一群各色的鸟儿便会飞起密密麻麻的一片,这成群飞起的声音,只有几千面大鼓一起敲响才能与之相比。湖面立时就笼罩在了一大片的黑影之中,原来是因为这成群起飞的鸟群遮住了太阳。

我们的候鸟就以这样的方式生活在它们冬天的住所里。

候鸟天堂

在地域辽阔的国土上,也有着一处鸟儿的天堂可与非洲的埃及媲美。我们的许多在水里和沼泽里生存的鸟儿,就在那儿过冬。那里跟埃及一样,冬天你可以看到成群的火烈鸟和鹈鹕,它们与很多野鸭、大雁、鹬、海鸥以及猛禽居住在一起。

我们说的是在冬天,可是那里恰好没有如同我们这样的冬天:层层白雪覆盖,寒气逼人,风雪凛冽。在那儿有温暖的海、肥沃的浅海湾、丛生的芦苇、繁密的灌木、祥和安宁的草原湖泊。在那里一整年都有各色鸟类的食物。

这些地方被划分为禁猎区,是禁止猎人在这里打鸟的。那些鸟是在一个夏天的辛苦劳动之后,飞到那儿去休息的候鸟。

这就是我们国家的塔雷什禁猎区,位于里海东南岸,阿塞拜疆共和国境内的林柯拉尼亚附近。

南部非洲的轰动事件

南部非洲发生了一件事,引起了人们一时的轰动。当一群白鹳从天上落下来时,人们发现其中有一只白鹳脚上戴着一个白色的金属环。

这只戴环的白鹳被人们捉住了,人们看见了那环上刻着的字:“莫斯科。鸟类研究委员会,

A 组，第 195 号。”

很多报刊都刊载了这件事，所以我们知道当年被我们的驻地记者捉住的那只白鹳，今年冬天出现在什么地方。

科学家用给鸟套脚环的方法，了解到了有关鸟类生活的许多奇怪的秘密：比方说它们在何地过冬，长途迁徙的路线等。

为此，各个国家的鸟类学研究委员会，就用铝材料做成大小不同的环，并在环上面印有发放这种环的机构名称，以及分组（按环的尺寸分组）号码。

若是有人捕捉到或打死这种戴脚环的鸟儿，在弄清楚环上刻的科学机关名称后应该通知该机关，或者将该消息刊载在报上。

捕 猎

带小旗子猎狼

有几头狼在农庄附近出现,有时抓走一只小绵羊,有时抓走一只山羊。但是庄里没有猎人,因此到城里请人。

就在那一天晚上，城里来了一队士兵充当猎手。跟着队伍一起的还有两辆载着货物的雪橇,上面装着很大的卷轴,卷轴上还缠着绳子。中间鼓起来,看起来就像一个驼峰似的。绳子上有一些小红布旗子系在上面,两个小旗子间的距离是半米。

雪路脚印的探看

士兵们向庄员打听了一下情况，弄清楚了狼是从哪个农庄里来的后，就去探看雪路上的脚印了。那两辆装着卷轴的雪橇，依然跟随在后面。

狼脚印像是一条笔直线，从村庄开始，贯穿田野，一直到森林里。乍看之下，似乎只有一头狼，但经验丰富的探看兽迹的人，却能看出这是一窝狼走过的足迹。

直到进入森林里，原本的一条足迹就分成了五头狼的脚印。猎人们观察了一会儿，就说：走在前面的是头母狼，脚印窄，步子小，脚爪留下的痕迹是斜的——这是母狼才有的特点。

之后他们分作两组，坐上雪橇，在森林里绕了一圈。

狼的脚印并没有从森林里出来到别处去。这就说明这一窝狼就隐藏在森林里。得快点开始围猎解决。

围　捕

两组猎人各带了一个卷轴。他们缓缓前进，卷轴转动着，沿路将卷轴上的绳子放出来，而后面的人将放出来的绳子挂在灌木、树干或树桩上。如此一来，就能让长长的小旗离地约有 0.35 米高，在随风飘动。

在农庄附近两个组会合了。整个林子周围都已经被带小旗的绳子围住了。

猎人们告诉农庄庄员们要在天蒙蒙亮时就得动身后，他们就去睡觉了。

黑夜晚间

黑夜，到来了。天气很冷，月色很好。

母狼醒来后就站起来。公狼跟着站了起来。三头今年刚出生的小狼也站起身来。

四周层林密布。一轮圆月挂在天上，在枝叶稀疏的云杉树梢上方，好像模糊不清的黄昏的太阳。

狼肚子咕噜咕噜叫，真是饿得好难受啊！

母狼抬起头，朝着月亮发出嗥叫的声音，公狼跟着也声音低沉地叫起来，跟着它们，小狼也发出尖细的叫声。

农庄里的牲畜听见了狼嚎，牛吓得哞哞地叫，羊吓得咩咩地叫。

母狼走动了,后面跟着公狼,再后面是小狼。

它们小心翼翼地抬起脚,后面的一头狼的脚,准确无误地踩在前面一头狼的脚印上。从树林穿过,向农庄进发。

母狼突然停下不走了。公狼也停住了。小狼也停住了。

母狼的一双凶狠的眼里,闪烁着光,有些惶恐不安。它的鼻子敏锐地嗅到了红布酸涩的味道,它看到前面林间灌木丛上,有一些黑乎乎的布片挂在上面。

母狼有些年纪,见识不浅。可这样的情况它以前也没碰到过。不过它很明白的是:有布片的地方就准有人。也许他们就躲在田里等着呢!

得往回走。

它掉过头,跳跃着跑进密林。公狼跟在它后面。小狼也跟在后面。

狼迈着大步跑过了整个森林,在森林边上,又停住了。

又是布片!挂在那里像伸出的舌头一般。

狼惊慌了,一窝狼开始在林子里东奔西跑,到处都是布片,找不到出路。

母狼有不好的预感,于是逃回了密林,躺卧下来。公狼也躺下来了。小狼也躺下来了。

它们没办法逃出这个包围圈。只能饿着了！谁知道人想做什么呢?

肚子饿得咕咕叫！天气太冷了。

第二天清晨

天空才显出鱼肚白,两队人就从庄里出发了。

人数少的一队都穿着大灰袍,他们围着森林绕一圈,悄悄解开绳子上的小旗,一字排开分散,躲到灌木丛后。这是一队带枪的猎人,他们穿着灰色衣裳,是因为在冬天的森林里,其他颜色的衣裳都太显眼。

人数多的一队是农庄庄员，他们手里都拿着木棒等在田野里。随着指挥人员的一声号令，一群人喧闹着进了森林。他们在森林里边走边高声呼喊,用木棍敲打着树干。

合　围

狼在密林深处稍作休息,突然听见了从农庄传来一阵喧嚣声。

母狼猛地跳起来，冲向与农庄相反的方向。母狼身后跟着公狼。公狼身后跟着小狼。

它们脖颈上的鬃毛竖起来了,尾巴紧夹起来,两只耳朵背向后面,眼睛放出凶光。

到了森林边,又是红布片。

转身往回逃!

杂乱的声音越来越近。可以听出有很多的人合围过来了,木棒敲得梆梆响。

快往回跑!

又到了森林边,没有红布了。

往前逃啊!

一窝狼正好冲进了等候许久的猎人们的包围圈里。

一条又一条的火光自灌木丛后射出,一时枪声大作。公狼跳了起来,又扑通一下摔到地上,小狼在地上打滚,尖声惨叫。

没有一只小狼逃出猎人们准确的枪法,只有一头老母狼不知怎么逃走的,又是到什么地方去了,没有一个人看见。

自此以后,农庄里就再也没有丢失过牲畜。

捕狐狸

一个经验丰富的猎手,具有非常好的眼力,他只需通过狐狸的足迹就能判断出狐狸的动向。

一天清晨,塞索伊奇出门。头一场雪刚下完,他在覆盖了一层薄雪的田野上发现了一行狐狸的脚印,清晰且轮廓分明。

这个小个子猎人不慌不忙地站到脚印边,想了一会儿。随后拿下一块滑雪板,一条腿跪在上面,然后弯曲一个手指,伸进狐狸脚印的坑里,横着、竖着探看了半天。他又想了想,然后站起来套上滑雪板,顺着脚印向前滑去,眼睛盯着脚印一刻不离。他一会儿消失在了灌木丛,接着又从灌木丛

里钻出来，然后到了一个不大的树林边，又不慌不忙地绕了这树林一圈。

随后他从林子另一边出来，就以很快的速度往村庄滑去。他也不需要滑雪杖的助推作用，像在雪上飞翔一样。

冬季的白天很是短暂，可是光是观察脚印他就已经花了足足两个小时。塞索伊奇暗暗下定决心，一定要在今天捕捉到这只狐狸。

他跑到我们的另外一个猎人谢盖尔的房子前，谢盖尔的母亲从窗里看见了他，就走出来在门口跟他说：

“我儿子不在家，他没跟我说要去哪儿！”

塞索伊奇明白老太太没说实话，笑着说：

“我知道的，他正在安德烈家里。”

随后，塞索伊奇去了安德烈家里并在那里找到了两位年轻的猎人。

只是他走进屋里时，两人就不说话了，表情有点尴尬。即便这样也掩盖不了什么。谢盖尔甚至从板凳上站了起来，企图用身体挡住一个卷小红旗的大卷轴。

“算了吧，年轻人，别藏着掖着了，”塞索伊奇说，“我已经知道了。昨天晚上，狐狸拖走了附近农庄里的一只鹅。我知道现在狐狸在哪里藏着。”

一番话让两个年轻猎人惊讶得目瞪口呆。谢盖尔在半个小时前碰到附近农庄的一个熟人，才听说昨天晚上狐狸拖走了他们农庄里的一只鹅。谢盖尔知道后立刻来告诉自己的朋友安德烈。两人才商量好要在塞索伊奇知道以前想办法找到狐狸，并早点捉住它。没想到塞索伊奇一说就到，而且是已经什么都知道了。

安德烈先开了口：

“是那个多嘴的老婆子告诉你的吧？”

塞索伊奇一声冷笑，道：

“老婆子怕是一辈子也弄不明白这些事。是我从狐狸的脚印里看出来的。跟你们说：首先，这是一只很老的公狐狸，个头比较大。圆脚印，很清晰，走路的时候不似小狐狸乱踩雪。它的脚印也大，拖着鹅从附近的农庄过来，在一处灌木丛吃掉了鹅。我找到那个地方了。这只公狐狸很狡猾，长得很壮，毛皮厚厚的，这张皮可以值很多钱！”

谢盖尔和安德烈相互使了个眼色。

“怎么？这些难道写在脚印上？”

“可不是么！假如这是一只瘦弱的狐狸，成天饥一顿饱一顿的，它的毛皮一定稀少，还没有光泽。但是对于狡猾的老狐狸就不一样了，能吃得饱，毛皮就

密，颜色就很深很亮。这样的毛皮最值钱。吃得饱的狐狸和吃不饱的狐狸的脚印也不一样，吃得饱走路时的步子轻巧，就像猫一样，一步步的很整齐的一行，后脚的脚印能恰好踩到前脚的脚印里。跟你们说吧，这样的毛皮，在列宁格勒毛皮收购站很有市场，人家愿意花大价钱买呢！”

塞索伊奇不再说话了。谢盖尔和安德烈又相互使了个眼色，两人走到一边，低声商量了一会儿。

然后，安德烈就跟塞索伊奇说：

“话说到这份上了，塞索伊奇你不妨直说吧，是想找我们合作吗？我们没问题啊！你也看到了，我们也听说了，小旗子都准备好了，原本就是想赶在你前面，可惜没有如愿。那就说好了，我们合作。”

“第一次围捕，你们先来。”小个子猎人很大度地说道，“要是它逃了，就不会有第二轮了。这只老狐狸只是路过，不属于我们这里。我很清楚，我们本地的狐狸个头不会有那么大。要是它在第一枪响了就溜得不见影，你就是找上两天也找不到它的。小旗子还是留在家里的好，这只老狐狸机灵得很，大概让人家围猎不止一次了，却每一回都能跑掉。”

两个年轻猎人坚持要带小旗子，感觉这样比较踏实。

“行吧，”塞索伊奇点头同意，“你们愿意带就带着吧。我们走！”

谢盖尔和安德烈立刻行动起来，将两个缠着小旗子的卷轴扛着绑在雪橇上。这时塞索伊奇趁机回了趟家里，换了身衣服，找了五个年轻的农

庄庄员帮忙围捕。

有三个猎人穿着套着灰色罩衫的短皮袄。

“我们要猎的是狐狸，不是兔子，”半道上，塞索伊奇说道，“兔子有点迷糊，但狐狸却灵敏得多，眼睛也敏锐，一有什么异常情况，马上就跑得无影无踪了。”

他们不一会儿就到了狐狸藏身的那座小树林。一群人分工后散开：围捕的庄员站好位置，谢盖尔和安德烈带着一个卷轴向左边林子去挂旗子，塞索伊奇拿着另一个卷轴往右走。

“可得留点神看看，”临分开前塞索伊奇提醒，“看看有没有它逃走的脚印。要轻点别发出声音，狐狸是很机敏的，只要一有什么响声，它就会有所行动了。”

很快，三个猎人在树林的一边会合了。

“弄好了吗？”塞索伊奇轻声问。

“弄好了。”谢盖尔和安德烈回答道，“我们也仔细瞧了，没有逃出树林的足迹。”

“我也是。”

他们留下一条通道——大约150步宽没挂小旗子。塞索伊奇告诉两个年轻猎人适合他们等候的站立地点后，就滑着自己的滑雪板悄悄地回到围捕的五个庄员那里去了。

过了半个小时后，围捕开始了。六个人分散成一个包围圈，向树林中前进，不住地悄声呼应，用棒敲击树干。塞索伊奇走到中间，保持着包围的队形。

森林里很安静，人碰到树枝时，一团团松散的积雪从树枝上落下来。

塞索伊奇紧张地等待两个年轻猎人的枪声——虽然两人是自己的伙伴，可他还是有些担心。这只狐狸是很少见的，对于这一点，这个经验丰富的老猎人一点儿不怀疑。要是错过了这次，以后就难遇到了。

已经走到树林中间了，但枪声还是没有响。

“怎么回事？”塞索伊奇从树干间穿过去时不安地想，“狐狸早就该跳出来了。”

直到走到了森林边。安德烈和谢盖尔从藏身的云杉树后走出来。

“没有吗？”塞索伊奇扯开了嗓子问。

“没看见。”

小个子猎人没多说一句话就往回跑，去检查一遍包围线。

“喂，到这里来！”几分钟后，他气呼呼的声音传来。

大家朝他走去。

“这还叫会看动物的足迹？”小个子猎人气愤地朝着两个年轻的猎人嚷道，“你们不是说没有出树林的脚印吗？那这又是什么？”

“兔子的足迹，”谢盖尔和安德烈回答得异口同声，“难道我们不知道吗？刚才包围的时候，我们就发现了。”

“可是兔子的脚印里面呢，兔子的脚印里是什么？我早对你们两个傻瓜说过，公狐狸是很狡猾的！”

年轻的猎人看了好一会儿，才看出在兔子长长的后腿印上，有另一种动物留下的痕迹，比兔子的脚印更圆、更短。

“你们难道不知道，狐狸为了隐藏自己的脚印，通常会踩着兔子的脚印走？”塞索伊奇发着火，“脚印一步一步对着兔子的脚印，两个傻子，白白浪费了这么多时间。”

塞索伊奇嘱咐将小旗子留在原地后，率先顺着脚印跑过去，剩下的人默默地紧随其后。

一进灌木丛，狐狸的脚印就和兔子的脚印分开了，脚印很清晰，只是绕来绕去，这是狐狸的花招，他们顺着这脚印走了很久。

冬季白天就要到尽头了，阳光逐渐消逝在青色的云层里。大伙儿垂头丧气，一天的劳动都是白费力，脚下的滑雪板也变得沉重了。

突然，塞索伊奇停下来了。他指着前面的树林轻声说道：

“狐狸在这儿。前方是5公里的开阔地，没有树木，没有沟壑。”

“狐狸不会在这片开阔地上跑，我敢用我的头打赌，它一定在这儿。”

两个年轻的猎人一下子振奋起来，把枪从肩头拿下来。

塞索伊奇让三个围猎的庄员和安德烈一起从右边小林子围过去，另外两个围猎的庄员和谢盖尔一起从左边包围，大家伙向林子进发。

在他们走后，塞索伊奇自己悄悄滑到林子中央。那里有一块不大的空地，他知道不管怎样公狐狸是不会到这没有遮挡物的地方的。但无论它从哪个方向穿过林子，都将无法避免地路过这块空地的边缘。

在这块空地的中央，有一棵高大的云杉树。一棵已经干枯的云杉树压在它粗大繁茂的树枝上。

塞索伊奇脑子里灵光一闪，想顺着倒下的云杉爬到那棵高大的云杉上，这样在高处就可以看到狐狸往哪里跑。空地四周只生长着一些矮小的云杉，和一些光秃秃的白杨和白桦树。

但这个成熟的猎人很快放弃了这个主意。因为就他爬树用的时间，够狐狸逃跑十次了。而且树上也不方便放枪。塞索伊奇停在了云杉树旁，在两棵小云杉树之间的树墩上站着，端起了双筒枪，仔细观察着四周。

围猎者低低的呼应声几乎是同时从四面八方响起。

塞索伊奇整个身心都清楚地确定那只价值不菲的狐狸已经来到了附近，就在他身边，它随时可能出现。但是当那红色的皮毛在树干间一闪而过的时候，他还是不由自主地颤抖了一下。出人意料的是，那动物直接跑到了那块空地上，塞索伊奇差点开了枪。

不能开枪，这不是狐狸，是只兔子。

兔子坐在雪地上，惊慌得抖动起了耳朵。

四面八方的人声在靠近。

兔子纵身跳进森林，很快逃得无影无踪。

塞索伊奇再次精神高度集中地等待着。

突然右边传来一声枪响。

“他们打死了，还是打伤了？”

第二声枪响从左边传来。

塞索伊奇放下枪，想着：要么是谢盖尔，要么是安德烈，总会有一个人

开枪打到狐狸的。

过了几分钟，围猎的人都走到了空地上。谢盖尔和他们在一起，表情很尴尬。

“没打中？”塞索伊奇沉着脸问。

“如果不是在灌木丛后面……”

“你看看你……”

“这不是在吗？”安德烈兴奋的声音从背后传来，“没逃走啊。”

年轻的猎人走上来，向塞索伊奇的脚边扔过来一只……打死的兔子。

塞索伊奇张了张嘴，什么也没说出来，闭上了。围猎的人不明所以地看着这三个猎人。

“好吧，祝你好运！”塞索伊奇终于能平静地说话，“现在，大家可以回家了。”

“那狐狸呢？”谢盖尔问道。

“你瞧见狐狸啦？”塞索伊奇问。

“没有，没瞧见。我看见的是兔子才开的枪，要不是在灌木丛后面，那……”

塞索伊奇挥手,说:

“我瞧见了,山雀在天上把狐狸抓走了。”

在大伙走出森林时，小个子猎人落在了后面。这会儿天还没有完全黑,可以看清雪地上的脚印。

塞索伊奇走得很慢,不时停一下,在林间的空地绕了一圈。

雪地上清晰地印着狐狸和兔子的足迹，塞索伊奇察看狐狸的脚印很仔细小心。

不会,狐狸没有踩着自己的脚印走回头路,这样不符合狐狸的习性。

空地之外也完全没有脚印——不管是狐狸的,还是兔子的。

塞索伊奇在树墩上坐下，双手支撑着脑袋思考了起来。最终一个简单的想法出现在了他的脑海:可能公狐狸自己打了个洞躲了起来,猎人完全没有想过这一点。

但在塞索伊奇想到这个后抬头时，天已经黑了。黑暗中是不可能发现这只狡猾的动物的。

塞索伊奇只能回家去。

动物有时会给人们留下很难猜测的谜，有些人就是无法解开的。但塞索伊奇不是这样的人。

第二天早上,小个子猎人又来到了昨晚没发现足印的那块空地上,现在有狐狸出逃的脚印留下了。

塞索伊奇顺着脚印走,想找到他想象中至今还不知在何处的洞穴,但是,他却被狐狸的脚印带到了空地中央。

一行清晰整齐的脚印,延伸到倒下的枯云杉树,沿着它不断往上,最后在繁密的大云杉树的密枝中消失了。那里,距离地面 8 米高,有一根粗大的树枝上没有一点儿积雪——睡在这里的动物将积雪打掉了。

就在昨天傍晚塞索伊奇等在这儿的时候,那只老狐狸就睡在他的头顶。如果狐狸会讥笑人的话,必然会嘲笑小个子猎人,甚至笑得前仰后合。

不过,自从经过这件事之后,塞索伊奇就坚信不疑:既然狐狸会爬树,那它们会讥笑人也理所应当。

无线电通报

注意！注意！

我们是《森林报》编辑部。

今天是12月22日，冬至。我们举行本年度最后一次全国无线电通报活动。

请注意，请苔原、草原、原始森林、沙漠、山岳和海洋都来参加！

此时正是隆冬时节，今天是一年当中白昼最短、黑夜最长的一天。请报告一下，你们那儿现在是什么情况？

喂！喂！
这儿是北冰洋最北岛屿

此时我们这里是漫漫无尽的长夜。太阳已经和我们告别，落进海洋了。在春天到来之前，太阳是不会出现了。

海面被冰封了。我们这儿各处岛屿的苔原上也成了冰雪的世界。

有哪些动物依然留在我们这里过冬呢？

海豹在海洋的冰层下住着。当冰层还没厚的时候，它们就在冰里给自己打了一些通气孔，并且尽力让这些通气孔保持通畅，只要通气孔的表面上结出一层薄冰，它们就会尽快用嘴将其打通。海豹经常游到这些通气孔处呼吸新鲜空气,有时也会爬出冰洞,到冰面上歇一会儿,甚至在冰面上打个盹儿。

这时公白熊就会偷偷走近这些海豹。这些公白熊跟母白熊不同，它们不会钻到冰窟窿里睡一整个冬天的。

苔原上的雪层下活跃着一种短尾巴旅鼠，它们在雪底挖出一条条通道,通过这些通道,去寻找和啃食那些埋在雪下的细草。此时雪白的北极狐就会来找它们,嗅出它们的气味,然后轻而易举地把它们从雪底刨出来。

北极狐还可以吃到一种野禽——苔原沙鸡。当苔原沙鸡钻进雪里睡觉之时,嗅觉灵敏的小狐狸,很容易悄悄走近并将它们捉住。

除了它们,我们这儿就没有别的鸟兽了,就连那些北极鹿,也会在冬天到来之前离开这个冰天雪地的世界,投向原始森林的怀抱。

我们这儿整个冬季都是夜晚,漆黑一片,没有太阳。在这种情况下,我们能看到什么东西呢?

尽管我们这儿没有太阳,但也挺亮的。首先,月亮常常悬挂在空中。其次,我们这儿的天空常闪烁着北极光——北极地带特有的光照现象。

神奇的北极光变幻着各种颜色,就像一条飘动飞舞着的彩带,沿着北极顶点方向的天空飘过去,有时也像直泻而下的瀑布,有时也像一把直指苍穹的利剑。在北极光的照耀下,广袤的雪原光芒四射,几乎像白昼一样亮。

你问我天冷吗?不错,的确冷得要命,还有暴风雪。有时大风雪可以下个五六天!能把我们的小屋子埋了。不过,我们是一个不怕困难的民族,年复一年地向着北冰洋的更深处深入;我们的北极探险队员,甚至早就在开展研究北极的工作了。

这儿是顿尼茨草原

我们这儿有时也会下点儿小雪。但是我们这儿的冬天并不长,也不可怕,甚至有的河流冬天的时候都不封冻。

野鸭从北方的湖里飞过来,就停留在这儿了。那些秃鼻乌鸦也从北方飞过来,停在我们这儿的乡镇和城市里。它们在这儿有足够的食物,能够一直住到来年的3月中旬,然后飞回故乡。

来自遥远苔原的小客人飞到我这儿过冬,比如雪鹀、凤头百灵、极地大白鸮等。极地大白鸮习惯白天出来打食,因为它夏天生活在苔原上,整日是白昼。

辽阔的草原上白雪皑皑，到了冬天，人们在地里没有活儿，但是在地下的活儿可多了：矿工正忙着在深深的矿井里用机器挖煤，用电力升降机将挖到的煤送上地面，再用火车将煤运到全国各地大大小小的工厂里。

这儿是新西伯利亚原始森林

原始森林里的雪层越来越厚了。猎人们在这时踏上滑雪板，成群结队地去大森林狩猎了。他们拖着一辆辆轻便雪橇，上面载着食物等必需品。跑在他们前面的是他们的猎犬，它们都是北极犬，一个个竖起尖耳朵，拖着蓬松的卷成一个圈的大尾巴。

原始森林简直就是动物的天堂。这里有无数淡蓝色的松鼠、珍贵的黑貂、毛蓬蓬的猞猁、白得耀眼的雪兔、硕大的麋鹿、棕黄色的西伯利亚鼬鼠（最上等的画笔就是用鼬鼠毛做的）和银鼠（当年沙皇的皮斗篷就是用银鼠皮做的，现在人们常用银鼠皮来给孩子们做帽子）等。这里还有好多火红色的火狐、棕黄色的玄狐等。有无数榛鸡、松鸡等，它们都是人类的美食。

熊早已在自己隐秘的熊洞里舒舒服服地冬眠了。

猎人们常常在大森林里一待几个月不出来，晚上就在早准备好的小木房里过夜。冬天的白昼很短，他们就利用短暂的时间张网、在各处设陷阱，等着各种飞禽走兽上套。他们的猎犬则整日整夜在大森林里跑来跑去，四处寻找着松鸡、松鼠、西伯利亚鼬鼠和麋鹿等，甚至连睡得正香的熊也不放过。

这些猎人结束狩猎后满载而归。

这儿是卡拉库姆沙漠

人们将沙漠称为荒原，但是春秋两季的沙漠并不像是荒原——那里同样生机勃勃。

夏冬两季的沙漠才真是死气沉沉。夏天的时候，除了灼热的阳光，那里一无所有，鸟兽找不到食物吃；冬天的时候，除了严寒的天气，那里一无所有，鸟兽还是找不到东西吃。

一到冬天，鸟兽都会逃离这个可怕的地方。尽管有明亮的南方太阳升到这无边无垠的雪原之上，但却是徒劳无功的，没有谁会欣赏这晴朗的天气。阳光融化了积雪又能如何——反正雪底下也只有漫漫黄沙。不过也不是什么生物都没有，乌龟、蜥蜴、蛇、昆虫，甚至一些温血动物——田鼠、黄鼠、跳鼠等，生活在沙漠的最深处，但此时都冻僵了，也就冬眠了。

狂风尽情地在旷野上肆虐着，没有谁能阻拦它；在冬天，风就是沙漠的主人。

不过，我们相信这情形一定会改变的。人类正在征服沙漠：我们已经在这里开凿灌溉渠、植树造林了。以后，即便在夏冬两季的沙漠，也会呈现一派生机勃勃的景象。

喂！喂！
这儿是高加索山区

我们这儿冬中有夏，夏中有冬。

即便在盛夏，灼热的阳光也融化不了高耸入云的山峰上的常年积雪和冰层，比如卡兹别克山峰和厄尔布尔士山峰。不过这些山峰能够阻挡冬天的寒气，所以我们这儿的山谷照样有鲜花盛开，站在我们这儿的海岸上照样能看到波涛汹涌。

到了冬天，羚羊、野山羊和野绵羊等从山顶走到山腰生活，可它们不会再往下走了。冬天时山顶下雪，而山麓、山谷和平地下的却是温暖的雨。

前不久我们刚在自己的果园里摘下橘子、橙子和柠檬等，上交给国家。此时我们的花园里还盛开着玫瑰，小蜜蜂嗡嗡地叫着。向阳的山坡上盛开着第一批野花，其中有种漂亮小花，是白色花瓣、绿色花蕊，与它争奇斗艳的是黄色的蒲公英。我们这儿终年鲜花盛开，终年有山鸡蹦跶。

到了冬天，生活在山顶上的飞禽走兽难免会挨饿受冻，但也用不着像候鸟那样远走高飞，只要去半山腰或是移到山脚就行了，这里食物充足，气候也适宜。

每到这个季节，我们高加索山区迎来了很多来自寒冷北方的客人，有飞禽也有走兽。我们高加索给客人们提供充足的食物和温暖的生存环境。

到这儿过冬的客人有：苍头燕雀、椋鸟、百灵鸟、野鸭，还有长嘴巴的勾嘴鹬。

尽管今天是冬至日，是一年当中白昼最短、黑夜最长的一天，但过几天就是新年了，到那时，白天的阳光会更灿烂，夜晚的星空会更美丽。在我国的一端——北冰洋，朋友们都没法出门了：那儿的风雪太大，天气太冷。不过在我国的另一端，人们出门时连大衣都不用穿就会觉得挺暖和。我们可以观赏高耸入云的群峰，可以欣赏悬挂在晴空之上的一弯新月。而在我们脚下，就是平静的大海在轻轻地拍着浪花。

这儿是黑海

是的，黑海的微波轻轻地击打着海岸，在温柔的海浪的冲刷下，岸边沙滩上的鹅卵石懒洋洋地滚动着，好像是被催眠了一样。深色的海水映出一弯细细的月牙。

暴风雨早就过去了。秋季的大海的确很不平静——波涛汹涌，浊浪排空,疯狂的海水拼命冲击着岩石,轰隆隆、哗啦啦地嘶吼着,海水也会飞溅到岸上。不过冬季一到,强风就很少骚扰我们了。

黑海没有真正意义上的冬天,只是海水比平时稍凉一点儿,还有就是北海岸一带会在短时期内结点儿薄冰。我们的黑海一年四季都在狂欢,海豚在水中嬉戏着,黑色的鸬鹚在海面上时隐时现,白色的海鸥在海面上空翱翔。各种船只一年四季在海上航行,有壮观的大汽船和轮船,有摩托快艇,也有轻便的帆船。

还有些鸟儿飞到我们这儿来过冬,大部分是水鸟,有各色各样的潜鸟、潜鸭,还有肥硕的浅红色鹈鹕——它的长喙下面长着一个大口袋,是用来储存食物的。我们黑海的冬天与夏天一样,并不寂寞。

来自《森林报》编辑部的总结

大家看到了,我们祖国各地的春夏秋冬各不相同。

不论你走到哪儿,不论你住在哪儿,到处都有良辰美景在等着你来欣赏,到处都有很多事业等着你来完成——你可以发现我们祖国新的美景,开发新的财富,从而建设全新的、更美好的生活。

我们今年的第四次,也是本年度最后一次全国无线电通报就到此结束了。

再会了!再会了!

明年再会!

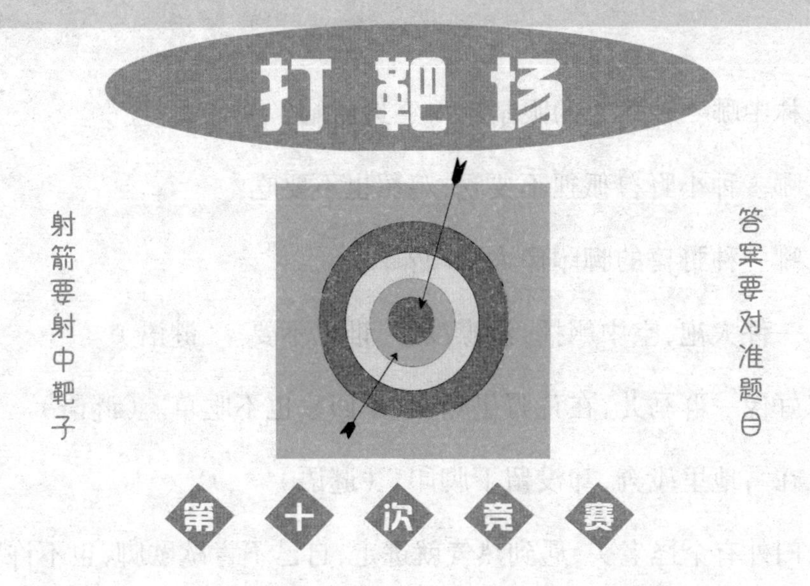

1.按照日历,冬季从哪一天开始,那一天有什么特征?

2.哪一种肉食兽的脚印没有爪印?为什么?

3.打渔人不喜欢哪几种毛皮很值钱的野兽?

4.树木在冬天生长吗?

5.为什么猎人们最重视下过初雪后的打猎?

6.哪几种鸟儿钻在雪里过夜?

7.猎人冬天在田野和森林里,穿什么颜色的衣服最有利?

8.为什么兔子跑的时候,后脚印在前,前脚印在后?

9.从我们这儿飞走的候鸟,冬天在南方做不做窠?

10.有时候,猎人会打到一些兔子,它的背上有鹞鸟或鹞鹰的爪子。为什么会这样?

11.林中哪一种鸟儿的眼睛生得靠近后脑？为什么？

12.哪一种小野兽狐狸不要吃，鸡貂也不要吃？

13.哪一种野兽的脚印像人脚印？

14.一件大袍，空中飘摇，没襟没纽，谁也不要。（谜语）

15.好像一群马儿，在荒野里嘶叫，不回家也不吃草。（谜语）

16.在雪地里飞奔，却没留下脚印。（谜语）

17.门外有个怪老头，遇到热气就逃走，自己不肯歇歇脚，也不许别人逗留。（谜语）

18.老头本领真不小，不用钉来钉，不用斧来凿，石墩无须造，木板用不着，吹几口气就造出一座大桥。（谜语）

19.跟玻璃一样干净，跟玻璃一样晶莹；买不值钱，卖也不值钱；从什么变的，还变回什么。（谜语）

20.种进土里的是一小粒，钻出土来的是大馒头。（谜语）

森林报

冬季第二月

1月21日至2月20日

嗁饥号寒月——太阳进入水瓶宫

目录

一年——分十二个月谱写的太阳诗章

1 月，是从冬到春的转折点，是一年的开始、冬季的中心。

到了新年，白昼好像兔子的跳跃似的，猛然往前一撑——变长了。

大地、森林和水——一切都被白雪覆盖起来，周围的一切，都陷入仿佛长眠似的沉睡。

生命，遇到困难的时刻，会巧妙地佯装死亡。花草树木都停止发育生长了。停止了发育生长，但是并没有死亡。

在死气沉沉的白雪覆盖下，它们蕴藏着顽强的生命力，尤其是生长与开花的力量。松树和云杉把它们的种子紧握在小拳头般的球果里，保存得好好的；冷血动物们躲的躲，藏的藏，都去冬眠了。但是，它们都没有死，甚至像螟蛾这样娇弱的小动物，也没有死，而是钻到各种不同的隐蔽所里去了。

鸟类是温血动物，它们从来也不冬眠。许多动物，像纤小的老鼠，都是整个冬天跑来跑去。而睡在深雪下熊洞里的母熊，在正月的严寒时节，竟产下了一窝没睁眼的小熊，虽然整整一冬它自己什么也不吃不喝，却喂奶给小熊吃，一直喂到开春，这岂不是一件怪事吗？

森林大事记

森林里真是太冷了

凛冽的寒风吹拂在空旷的田野上，穿行在已经掉光叶子的白桦和白杨树之间。飞禽走兽稠密的羽毛、厚厚的皮毛也无法阻挡寒风的侵入，简直可以把它们的血液冻透。

积雪冰封的地面冻得它们的小脚掌都无处安放，它们不敢蜷在地上，也不敢歇在枝头。要想让自己暖和起来，就只能跑着，跳着，飞着。

冬日里惬意的生活无外乎吃住不愁，有温暖、舒适的窝，有存满粮食的仓库。它吃饱喝足后，把身子团做一团，在温暖的窝里蒙起头来呼呼大睡。

吃饱了就不怕冷

走兽和飞鸟一年的辛勤劳动就是为了填饱肚子。要想使自己暖和起来，让血液沸腾起来，只需要饱餐一顿，然后热量就会沿着血管运送至全身。如果把动物的毛皮比作衣服，那么皮下的脂肪层，就是绒毛外套和羽毛大衣最好的里衬。皮下的那层脂肪就是最好的御寒法宝，寒气穿不透它。

如果有充足的食物，冬天就很容易度过。可是，动物们在冬天是如何找到食物的呢？鸟兽们有的藏起来了，有的飞走了，空荡荡的林子里，只有狼和狐狸在游荡。乌鸦在白天里苦苦寻觅食物，雕鸮在夜色中耐心等待猎物，可是，食物简直是无影无踪！

在森林里真是饿呀，饿得心慌！

晚　宴

一具马尸最先被乌鸦发现了。

飞来一大群乌鸦悬在马尸上啼鸣，“呱！呱！”它们准备落下来吃晚餐。

太阳慢慢接近了地平线，林中光线渐渐暗淡下来了，一轮弯月亮悄悄出现在天空中。

“呜……呜，呜，呜……”

林子里传出了雕鸮的叫声，乌鸦立马吓得飞走了。

于是雕鸮从林子里飞出来，落在了马尸上。

它用钩嘴撕咬着肉，不时动动耳朵，眨眨白眼皮，仔细观察着周围的环境，刚想放开来吃，却不料积雪中传来一阵沙沙的脚步声，原来是狐狸来了。

雕鸮飞上了树，静待时机。

狐狸迅速扑到尸体上，把马尸咬得咔嚓咔嚓响。它还没有填饱肚子，不想狼来了。

狐狸刚刚钻进灌木丛，狼就扑了过来。狼一边撕咬着马尸，一边警惕地竖起浑身的毛，喉咙里发出呼噜呼噜的警告声，大口大口地吞咽，周围的一切都被它忽略了。突然，它抬起头，朝着黑暗的角落龇牙嗥叫，警告其余那些蠢蠢欲动的动物，马上，它又抓紧时间大吃起来。

在狼毫无防备之时,它的头顶突然响起熊沉闷的吼声,吓得它立马夹着尾巴后退几步,然后转身就逃进黑暗中。

熊的到来震慑了一大批伺机行动的动物,它们都自觉地隐匿身形,谁让它是森林的主人呢。

熊吃饱后就回去睡了, 此时已是黎明。一直在暗中观察的狼马上跑出来饱餐一顿。

狼心满意足地走后,狐狸就来了。

狐狸吃饱离开后,雕鸮就飞来了。

雕鸮吃饱了,乌鸦又聚集起来了。

这一场盛宴终于在天将破晓时结束了,马尸被动物们吃得干干净净,只余下一些残剩的骨头证明着动物们曾经来过。

嫩芽怎么过冬

在寒冷的冬日里, 树木都用凋零来积蓄养分。它们表面上看起来已经停止了生长,但实际上它们为春日的新生谋划已久,只等天气暖和了便开始发芽。

娇嫩的树芽是如何度过寒冬的呢?

嫩芽都有各自的过冬方式,树芽,就在高高的树丫上撑过了寒冬。那么匍匐在地上的细草呢?

有一种与众不同的植物叫林繁缕，它的芽是在枯茎的叶脉里过冬。虽然它的叶子在秋天就枯黄了，似乎与其他植物一样失去了生机，但是芽还活着，而且颜色是绿的。

像触须菊、卷耳、石蚕草以及许多其他的草类，它们把自己的芽深埋在积雪之下地面之上，完好无损，准备积雪一化就为大地披上绿衣。

其他的草可不是这样过冬的。

去年的艾蒿、牵牛花、草藤、金梅草和立金花，经过寒霜飞雪的摧残，只剩下已经腐烂的茎叶，完全没有往日的繁茂。但是它们的芽，却是匍匐在地面上的。

还有的草类的芽也是紧挨着地面，但它们有小小的绿叶拥簇包裹着，如草莓、蒲公英、苜蓿、酸模、蓍草等的芽。春日一到，这些草儿的绿叶就从积雪下露出头来。各种各样的草类，不乏把芽深藏在地底下过冬的，像鹅掌草、铃兰、舞鹤草、柳穿鱼、狭叶柳叶菜、款冬等的芽生在了根茎上；而野大蒜、野葱等的芽则生在鳞茎上，紫堇的芽却是在小块茎上度过了严冬。

植物有陆生与水生之分，了解了陆生植物的芽的过冬方式，那么水生植物的芽呢？其实啊，水生植物的芽是扎根在池塘湖泊下的淤泥里过冬的。

关在小木屋里的荏雀

人们的住宅区聚集了大批前来觅食的飞禽走兽，因为林中实在搜寻不到食物了，它们真是饿怕了。住宅区有人们丢弃的生活垃圾、食物碎屑，它们以此为生。

食物的吸引力让飞禽走兽忘掉了对人类的恐惧，它们抓住时机寻找食物。

打谷场上和谷仓里有偷偷跑来刨食的黑琴鸡和灰山鹑。村口堆着的干草垛里藏着前来偷吃的欧兔。连荏雀也会飞进人类的屋里寻找食物。我们《森林报》的一位通讯员住着的小木房，有一天就飞来了一只荏雀。它全身的羽毛是黄色的，双颊上夹着一些白色的绒毛，腹部拼接着黑条纹。它欢快地啄着餐桌上的食物碎屑，对人丝毫不理会。

通讯员想要俘虏那只荏雀，于是他关上了门。

荏雀被关在屋里整整一星期。它一天天地胖起来了，虽然无人驱逐它，但也没人投食喂它。它饿了就在屋里寻食吃，墙角的蟋蟀、木板缝里的苍蝇、掉落的食物碎屑都是它的口粮；困了它就睡在俄国式壁炉后面温暖的裂缝里。

没过几天，屋里的苍蝇、蟑螂等小昆虫都被荏雀吃完了，于是面包就成了荏雀的新食物；荏雀有着无限的好奇心，书本、小盒子、软木塞，只要它看到了，不管什么东西，它都会去啄一啄。

通讯员忍无可忍，只好打开房门，把这位调皮捣蛋的小客人放走了。

我们去打猎

一大早，爸爸就带我去打猎。冬天的早晨真冷啊！一串串小脚印清晰地留在了雪地上。爸爸告诉我这其中有兔子的脚印而且十分清晰，说明有只兔子就在离这儿不远处。

爸爸待在原地等候，却吩咐我顺着脚印往前走。他告诉我，兔子藏身之处如果被发现，它们往往会转个圈子，然后沿着自己的脚印往回跑。

我跟着地面上的脚印走，走着走

着，我就分不清哪些是兔子脚印了。我不放弃，一直往前。走了一会儿，我发现了躲在柳树下面的兔子并成功地把它逼了出来。受到惊吓的兔子原地转了个圈，然后它沿着自己的脚印跑了回去。我在原地等待着爸爸的枪声。时间一分一分地过去了，我十分焦急。突然，一声枪响打破了沉寂。我循着声音跑了过去，看到了持枪的爸爸，也看到了离他大约10米远，躺在地上的兔子。我捡起兔子，和爸爸一起高高兴兴地回家了。

野鼠逃出了树林

冬日的森林中已经没有食物了，就连平时最爱屯粮的野鼠，这会儿也已经缺粮了。站在食物链底端的野鼠，为了不被白鼬、伶鼬、鸡貂和其他食肉动物吃掉，它们逃出了自己的洞穴。

成群结队的鼹鼠向着村庄进发，人们的满满的谷仓面临着被清空的危险，我们必须时刻注意着。地面和树木都被白雪覆盖了，鼹鼠们找不到东西吃，饿极了的它们搬出了树林。

伶鼬尾随在野鼠后面。相对于庞大的鼠群，伶鼬实在太少了，它们无法捉光所有的野鼠。

人类啊，赶快提高警惕，保护好粮食，别被啮齿动物洗劫一空！

不用遵循法则的森林居民

现在，森林里的全部居民都因寒冬而饥寒交迫。森林里的法则是这样的:冬季要竭尽所能摆脱寒冷和饥饿,孵小鸟的事不必去考虑。夏季天气暖和,食物多,才是孵小鸟的最好时节。

的确如此。但若是冬天有足够的食物,那它就不用遵循这条法则了。

我们的驻地记者在一棵高高的云杉树上，发现了一只小鸟的巢。这个巢压着的树杈上积满了雪,巢里居然还有几颗小鸟蛋。

第二天,我们的驻地记者再次来到这里。正碰到天气冷得厉害,大伙儿的鼻子都冻得通红。可他们却在鸟巢里发现了已经孵出来的小鸟。它们身体赤裸地趴在雪里,眼睛还没睁开。

还有这种奇怪的事?

但其实也不奇怪。这是一对交喙鸟建造的巢穴，里面是才孵出来的小鸟。

交喙鸟是一种在冬季既不怕冷也不怕饿的鸟。在森林里全年可以看见这种一群群的鸟,它们高兴地呼朋引伴,在这棵树和那棵树之间飞来飞去。它们终年居无定所地过着流浪生活:今天在这里,明天在那里。

在春天,所有的鸣禽都会选择伴侣,成双入对,然后选一块好地方,在那里住下来,直到孵出小鸟。

但这时交喙鸟却成群结队地满林子里四处飞，在哪儿也不停留很久。

在它们热闹、不停变动的鸟群里，全年都可以看到年纪大的鸟和年纪小的鸟在一起，就仿佛它们的小鸟是在空中飞行时生出来的一样。

在我们列宁格勒，还把交喙鸟叫作“鹦鹉”。之所以这样称呼它们，是因为它们有着和鹦鹉一样鲜艳亮丽的羽毛，而且它们还和鹦鹉一样在小木杆上爬上爬下。

雄性交喙鸟长着不同深浅的橙红色羽毛，雌性交喙鸟和小鸟的羽毛则是绿色和黄色相间的。

交喙鸟的爪子擅长抓东西，嘴叼东西很灵活。它们喜欢头朝下倒挂，用爪子抓牢上面的细枝，用嘴衔住下面的细树枝。

有件事很奇怪，就是交喙鸟死后很久，尸身也不会腐坏。一只老交喙鸟的尸体，就这样放个二十年，就是一根羽毛也不掉落，也不会发臭，好像木乃伊似的。

但更有趣的是交喙鸟的嘴。除了交喙鸟以外，大概也不会有鸟的嘴长成这样。

交喙鸟的嘴是十字交叉的：上半边往下弯，下半边往上翘。交喙鸟的本事全在这张嘴上。它的一切奇迹，都可以从这张嘴巴上得到解答。

刚出生的交喙鸟，跟所有的鸟儿一样，嘴巴也是直的。但随着它渐渐长大，就开始从云杉球果和松树球果里啄出种子来吃。这时，它柔软的嘴就慢慢弯成了十字形，后来终生都是这个样子。这对交喙鸟来说是很有益处的：十字形的嘴要从球果里叼出种子方便多了。

现在一切都弄明白了。

为什么交喙鸟终生都在一片片森林里四处游荡？

因为它们要找到球果结得又多又好的地方。今年我们列宁格勒州内球果收成不错，交喙鸟就会到我们这里来。明年北方哪里球果结得多，它们就会去到哪儿。

为何到了冬天在雪地里交喙鸟还唱着歌、孵着小鸟呢？

冬季四周食物充足，它们为什么不高歌、不孵小鸟呢？鸟巢里是很温暖的，里面有绒毛、羽毛以及软和的兽毛。雌性交喙鸟自产下第一个蛋起，就不会再出巢穴了。雄性交喙鸟给它带吃的回来。

雌性交喙鸟在巢里孵蛋，使蛋一直处于温暖状态，等到小鸟出壳了，它就用自己嗉囊里被软化的云杉和松树种子喂养它们。要知道松树和云杉球果全年都有。

一对交喙鸟配偶成功后，就会建造自己的小窝，开始生小鸟，这时它们就会飞离鸟群，不在乎是在春夏秋冬哪个季节。全年每一个月，人们都能发现交喙鸟的巢穴。等巢造好后，他们就住下了。等小鸟长大，这一家子又重新飞回鸟群中。

为什么交喙鸟死后会变成木乃伊呢？

原因在于它们吃球果。松树和云杉种子里含有大量松脂，老交喙鸟因为一辈子吃松子和云杉种子，身体里一直都在吸收着松脂，就像给皮靴涂抹松油一样，松脂使它们死后尸体不腐烂。

埃及人不也是这样往故去的人身上涂抹松脂，才使尸体变成木乃伊的。

狗熊藏身的地方

已到深秋，狗熊快要进入冬眠的时节了，它漫山遍野的搜寻只为给自己挖掘一个睡觉的宝地，最后它将栖身之地选在了生长着密密匝匝的云杉林又向阳的小山坡上。它把自己刨出的洞穴里铺上它用脚爪抓下来的许多窄长条的云杉树皮，然后又铺上松软的干苔藓。最后它拱倒洞穴周围的一些小云杉树，把小云杉树交错相搭，做成一个小棚子盖在洞穴顶，它自己钻进坑里，开始了舒适的冬眠。

但是，美好的日子还没到一个月，它的洞穴就被猎狗找到了。它费尽力气才从猎人和猎狗的围剿下逃生，可无处可去，只能睡在雪地上。在这个毫无隐蔽的宽敞雪地上，它轻而易举地又被猎人找到了，最终惊险逃生。

第三次它藏在一个绝好的地方，谁也不会想到它躲在这里。

直到春天到来，它自己从高高的树上爬下来，大家才知道原来它到树上冬眠了。这是一棵上了年纪的大树，风暴把这棵树的树干吹折了，树干经过雨打风吹形成一个大坑。夏日里雕把树枝和软草叼进来，筑巢繁衍，孵完雏鸟，它们就飞走了。这便便宜了这只在冬日里受惊的狗熊，它在这个空中的“洞穴”中安详地睡到了春天到来。

都市新闻

免费食堂

飞鸟在冬日空旷的大地上饿着肚子忍受严寒。

好心肠的城市居民便想方设法地帮助飞鸟，他们在自家开办免费食堂欢迎飞鸟来吃：有的家庭把谷粒和面包碎屑摆在筐子里，筐子放在院中;有的家庭就用线拴住小块面包、牛油之类的,挂在窗檐下。

荏雀、白颊鸟、青山雀、黄雀、红雀和许多别的鸟雀都成群结队到这些免费食堂来做客。

学校里的生物角

不论你走到哪所学校,这些学校里都有一个生物角。这里的箱子里、罐子里以及笼子里，都养着各种各样的动物。这些小家伙都是夏天孩子们去郊外捉来的。现在把孩子们忙坏了：要给所有住在这里的小家伙喂食、喂水;要根据每一个小家伙的习性给它们安排合适的居住地;还要谨慎地看住它们,不让它们逃走。生物角里有鸟,有蛇,有青蛙,还有昆虫。

在每一所学校里，孩子们都给我们分享了一本夏天写的日记。可以看出,他们收集这些动物都是有意义的,不是随便搜集的。

6月7日这天的日记写着:“我们贴出一张通知单,号召大家将搜集到的动物给值日生。”

6月10日,值日生这样写着:

“图拉斯带回了一只啄木鸟。米罗诺夫带回了一只甲虫。加甫里洛夫带回了一只蚯蚓。雅科夫列夫带回了一只瓢虫和一只甲壳虫。鲍尔晓夫把一只篱雀装进笼子里带来了……”

每天的日记几乎都有这样的记载:

“6月25日,我们在池塘边远足,捕捉到许多蜻蜓的幼虫和其他一些虫子。我们还捉到一只蝾螈——我们非常想要的东西。”

有些孩子甚至描写了一下他们捉到的动物：

“我们搜集到了一些水蝎子、松藻虫和青蛙。青蛙有四条腿，每条腿上有四个脚趾。青蛙的眼睛是黑色的，它的鼻子是两个小孔。青蛙有一对大耳朵。青蛙给人类带来很多益处。”

在冬季，孩子们还合伙在商店里买了一些我们这里没有的动物：乌龟、金鱼、豚鼠、羽毛鲜艳的鸟之类的。你一进屋里，就能看见长着毛的、没长毛光裸着的、披着一身羽翼的住户，有的尖声叫着，有的婉转清啼着，有的哼唧哼唧着，像是个真正的动物园。

孩子们还想到要相互交换自己喂养的动物。夏天，有一所学校抓到很多鲫鱼，另一所学校喂养了很多兔子，都多得没处安置。两所学校的孩子们就进行交换：用四条鲫鱼交换一只兔子。

这些都是低年级的学生做的事。

年龄大一些的孩子，也有他们的组织。几乎每一所学校里都有少年自然科学研究小组。

在列宁格勒少年宫也有一个小组，每年每所学校都会选出自己最优秀的少年自然科学小组成员去那

里参加活动。在那里,年少的动物学家和植物学家们学习观察、捕捉动物和照料被捕捉来喂养的动物,以及制作和采集动植物标本。

一学年从开始到结束,小组成员们经常到城外和其他各种地方远足。夏天,全体小组成员到距离列宁格勒很远的地方进行外出旅行。他们要在那里整整住上一个月,每个人都有自己的任务:植物学小组成员搜集植物;哺乳动物小组成员抓老鼠、刺猬、鼩鼱、小兔子和其他的动物;鸟类小组成员找鸟巢,观察鸟类;爬虫类小组成员捉青蛙、蛇、蜥蜴、蝾螈;水生类动物小组成员摸鱼和捉各种水生动物;昆虫学小组成员搜寻蝴蝶、甲虫,研究蜜蜂、黄蜂、蚂蚁之类的。

少年米丘林工作者在学校的实验园地开辟了果木和林木的苗圃。在自己小小的菜园子里,他们常常收获颇丰。

每个人都有一本记录着自己的观察工作的详细笔记。

不论是田野里、草地上、江河中、湖泊里的生命,只要是森林中的生命,都没有逃过少年自然科学研究者们的眼睛。他们研究的是我们祖国富饶的资源。

在我国,新一代的科学家、研究学者、猎手、自然改造者正在成长起来。

跟树同龄的人

在我生长的城市的大街上有许多的槭树。他们是少年自然科学家在我出生那天栽下的。我今年 12 岁了,那些槭树和我同岁。

可是你们看:槭树的高度已经是我身高的两倍了!

祝你钩钩不落空

真是奇怪的事！冬天居然还有人钓鱼！

冬天钓鱼的人可是很多的呢！并不是所有的鱼都像鲫鱼、冬穴鱼、鲤鱼那样喜欢睡觉,有很多种鱼只在酷寒的三九天的时候才睡觉,山鲇鱼不冬眠,甚至还在冬天产卵。

钓冰下的鲈鱼,最好的办法是用金属鱼形钩去钓,而且收获也是最多的。最难的事是找鲈鱼冬季的栖息地。在不熟悉的江海湖泊里钓鱼，只能根据一些现象判断地点,在大概确定后,在冰面上钻一些小洞,试一试是不是有鱼上钩。判断地点的依据主要有:

如果河流有弯曲,且弯曲的地方在高处的陡岸下,那这里很可能就是深水所在,冷天的时候,鲈鱼会成群在此地汇聚。在清澈的林间小溪流入河流、湖泊的地方,在河口或湖口下游应该有个深坑。芦苇一般只在浅水区生长,芦苇丛外是河水和湖水扩展开去后的水域,其中沉陷下去的部分水底。应该在这些地方寻找鱼的栖息地。

钓鱼人用铁镩在冰上钻一个 20~25 厘米宽的小孔，在冰孔中放入系在皮筋和钓丝上的金属鱼形钩。首先将它放入水底，用以探测水深。然后用短促的动作不停地上下拉放钓丝，但每一次下放都不让鱼钩沉入水底。鱼形钩在水面上晃动着，就好像一条活鱼一样。鲈鱼害怕小鱼从嘴边溜走，就会一个猛扑，把假鱼和鱼钩一起吞了下去。但若没有鱼上钩，渔人就会换一个地方，去别处再开一个冰孔。

要捉夜游者江鲟鱼，需要用到冰下的捕鱼具。这冰下的捕鱼具，是一面短立网，也就是一根绳子，上面用3~5根线绳或棕绳系着，每根线绳或棕绳留70厘米距离。鱼钩上的诱饵，可以是小块的鱼或者蚯蚓。绳子的下端系上坠子，使之沉到水底。水流会将这些带有诱饵的鱼钩逐个冲到冰底下去。将绳子的上端拴在木棍上，将木棍横放在冰孔上，直到次日清晨。

捕捉江鲟鱼的好处就在于不用像钓鲈鱼一样，长时间在河面上受冻。次日清晨过来，棍子一提，就可以看到绳子上有很长很大的江鲟鱼了。这种鱼身上很滑，长着像老虎似的条形纹，身子两侧是扁的，下巴上还长着一根长胡须。

捕猎

冬天正是捕捉狼、熊这种大型猛兽的好时节。

冬末是林间居民最饥饿的时候。饿急了的狼胆子越来越大，成群搭伙到处乱窜，甚至敢到村庄附近转悠。大多数熊都躲在洞里，但也有在森林里游荡的。这些四处游荡的熊，在晚秋的时候专靠啃动物尸体、拖家畜过日子，当时没来得及做好冬眠的准备，此时只好躺在雪地上了。也有些熊是在洞里受到惊扰而逃出来的，于是也加入了“游荡一族”。

猎捕“游荡一族”的时候，要乘着滑雪板，带着猎犬去追捕。只要猎物不停下来，猎犬就会一直在深雪里追赶它直到猎物停下来。猎人只需要乘着滑雪板，紧随猎犬之后。

捕猎大型猛兽可不是打飞禽，随时可能发生意外——猎人有时可能捕猎不到，反被猛兽给伤害了。

我们州的诸多猎事中，就发生过这样的事儿。

带着小猪去打狼

单枪匹马，深夜前行，这种打猎方式很危险。你听说过这样的事、这样的人吗?

但是，我们现在要讲的就是这么一个勇敢的人。他把一匹马套在又宽又矮的雪橇上,将一只小猪装在麻袋里,放在雪橇上,在一个皓月当空的夜晚,赶着雪橇出了村。

最近这些日子,村子周围经常有狼出没,不少村民亲身经历了野狼的凶狠:它们可真是饿急了,竟肆无忌惮地闯到村子里来为非作歹。

猎人出了村子后便离开大道,沿着森林边缘悄悄地赶着雪橇,向荒地走去。

他一手紧握缰绳,一手不时地揪几下小猪的耳朵。

小猪的四条腿被捆着,身子被装在麻袋里,只露出个头在外面。

小猪的任务就是尖声怪叫,把狼引来。它当然用力嚎叫,因为小猪的耳朵很软,被人一揪,可疼呢!

野狼没有让人等很长时间。过了不一会儿,猎人很快就发现,林子里好像有一盏盏绿光亮起。绿光在黑黝黝的树干间不停地移动着，一会儿在这儿,一会儿在那儿。这就是狼的眼睛在放绿光。

马儿仰起脖子嘶叫起来，拼命向前狂奔。猎人费了好大劲儿才用一只手拽住它，另一只手还得用来不时地揪小猪的耳朵。看来狼还不敢向坐着人的雪橇发起攻击。只有小猪的叫声才能使狼暂时忘掉恐惧。

小猪是多么难得的美味啊！当一头小猪在狼的耳朵边叫起来时，狼

就顾不了那危险的感觉了！

这群狼看清楚了，有一个麻袋，被一根长绳拴着，被雪橇拖在后面，由于道路坑坑洼洼，这个麻袋颠簸着。

被雪橇拖在后面的麻袋里装的是干草和猪粪，但是狼还以为麻袋里装的是小猪呢，因为它们听到了小猪的尖叫声，也闻到了小猪的气味。

最后那群狼打定了主意。

它们突然从林子里蹿出来，全体直扑雪橇——共有 6 只，7 只，啊，8 只身强体壮的大狼呢！

这群狼蹿到空旷的田野里，猎人从近处看它们，觉得它们个头很大。

其实月光是会骗人的,月光照在狼毛上,会让人产生错觉,觉得看到的野兽比实际的要大。

猎人不再揪小猪的耳朵,而是抓起猎枪。

最前面那只狼,已经追上了那个装着干草的麻袋了。猎人瞄准这头狼的肩胛骨,扣动了扳机。

这只狼一头栽在雪地上,像陀螺一样在雪地里转了一会儿。猎人朝第二只狼开枪,但这时受惊的马儿向前一冲,这一枪打了个空。

猎人双手抓着缰绳,好不容易才将马儿勒住。

可是此时那群狼已经钻进了树林,跑得无影无踪了。只剩下那只被打中的狼躺在那儿,临死前还在挣扎着,用后脚在雪地里乱刨着。

猎人此时把马完全稳住了。他将猎枪和被捆着的小猪留在了雪橇上,自己下去捡死狼了。

就在半夜里,村子里发生了一件令人震惊的事儿:猎人的马拉着雪橇跑回来了,猎人却没跟着回来。宽大的雪橇上丢着一条没装弹药的双筒猎枪,还有一头被捆着的小猪在可怜巴巴地尖叫着。

天亮之后,村民到林间空地里去察看了雪地上杂乱的脚印,才明白昨天夜里发生了什么事。

事情的经过是这样的:

猎人将那头死狼扛在肩上,朝自己的雪橇走了过去。快走到雪橇跟前的时候，马闻到一股狼的气味儿，吓得浑身哆嗦，就不顾一切地向前飞奔了。

猎人身边除了那头死狼，就什么都没有了。他甚至连把刀都没带，猎枪也留在雪橇上被马拉走了。

见到这样的情景，群狼惊魂已定。它们又奔出林子，把猎人团团包围。

后来村民们在雪地上发现一堆骨头，有人骨头也有狼骨头——这群狼居然把死了的同伴也吃了。

上述不幸事件发生在60年前。从那之后，我们再也没听说有狼袭击人的事发生。如果狼没有发疯也没受伤的话，即便见了没带枪的人也是会害怕的。

深入熊洞

还有一件不幸的事，是在猎熊的时候发生的。

一个守林人发现了一个熊洞。于是当地人就去城里请来一位猎人。猎人带了两只北极犬，悄悄地走近一个雪堆，有一头熊就在这个雪堆底下冬眠。

猎人对熊的习性非常熟悉，于是站在熊洞的一边。熊洞的出口通常都朝着日出的方向。熊从雪下蹿出来的时候，一般都会向南奔去。猎人站的位置，应该可以恰好举枪射穿熊的肋部——它的心脏。

守林人也躲到熊洞后面,并解开了两只猎犬。猎犬闻到野兽的气味,就疯狂地向熊洞猛扑过去。

猎犬的叫声那么大，洞里的熊不可能不被吵醒。可是过了好半天都没动静。

突然雪下有一只长着爪的大黑脚掌伸了出来。差一点儿抓住一只猎犬。猎犬惊叫了一声,慌忙退了回来。

说时迟,那时快,巨大的熊猛地从熊洞里冲了出来,活像一块乌黑的大土块。它一反常态,并没有向一旁跑,而是径直朝猎人这边扑过来了。

熊低着脑袋往前跑,这样就护住了自己的胸脯。

无奈之下,猎人放了一枪。

子弹擦过大熊结实的前额，滑到一旁。这头熊的脑门上挨了重重一击，可气疯了，它一下子将猎人撞了个两脚朝天，然后把他踩在了脚下。

两只猎犬蹿到熊身后，死死咬住熊的屁股，但都是白费力气。

守林人吓坏了，一边大喊，一边挥动着手里的枪，可都没什么用。他这时不敢开枪，因为可能会打在猎人身上。

这时熊用它那可怕的大爪一挥，就将猎人的帽子，连带着头发和部分头皮一起抓下来了。

紧接着，它向旁边一歪，在沾满血迹的雪地上打起滚来，毕竟猎人经验丰富，没有慌神，趁机拔出身上的短刀，戳进了熊的肚皮。

猎人总算保住了性命。那张熊皮现在就挂在他的床上。只是猎人的头上再也不能离开一条暖和的头巾了。

围猎巨熊

1月27日，塞索伊奇从森林里出来，却没回家，直接去邻近的集体农庄的邮局去拍电报了。是拍给列宁格勒的一个熟人的，这人是一位医生，也是一位猎熊专家。电报上是这么说的："发现熊洞。速来。"

第二天，他就收到回电："2月1日，我们三人准能到。"

在此期间，塞索伊奇每天早晨都去察看熊洞。熊在洞里睡得正香。熊洞前的小灌木枝上每天都能结出一层新鲜的霜花，都是由于熊呼出来的

热气而结成的。

1月30日,塞索伊奇察看完熊洞之后,就在路上遇见本村的安德烈和谢盖尔。这两位年轻猎人去森林里猎灰鼠。塞索伊奇想提醒他们,不要去有熊洞的那块地方打猎。但他转念一想,就临时改变了主意:年轻气盛的小伙子们好奇心强,如果让他们知道了,保不准更想去看看熊洞,把熊惊醒呢!于是他没吱声。

1月31日早晨,他又去察看熊洞,却大吃一惊:熊洞被捣毁了,熊也跑了!在离熊洞约50步远的地方,一棵松树被放倒了,也许是谢盖尔和安德烈把灰鼠打死在树枝间,死灰鼠掉不下来,于是他们就把松树放倒了。熊被吵醒后,当然就逃走了。

他仔细察看了两个猎人所乘的滑雪板的滑道和熊逃跑的脚印，发现他们的方向是相反的。幸亏两位猎人在茂密的小云杉林中没有发现这只熊，所以也就没去追它。

塞索伊奇没敢耽搁时间，立刻顺着熊逃跑的脚印追了过去。

第二天晚上，有三个列宁格勒人来到此地。医生和上校是塞索伊奇的熟人。还有一位举止庄重的公民跟着这两位一起来了，他身材魁伟，表情傲慢，长着两撇乌黑油亮的胡须和一把修剪得很整齐的美髯。塞索伊奇见到他第一眼时，就有点儿不喜欢他。

“瞧那个油光粉面的模样，”小个子猎人一面盯着那人，一面暗暗想着，“看样子他不年轻啦，可还是这么红光满面的，胸脯也挺得像一只公鸡。头上连根白头发丝儿都没有，叫人瞅着怪不舒服的！”

更让塞索伊奇感到难堪的是，他必须要当着这位不苟言笑的城里人的面，承认自己的疏忽——没看住那只熊，让它跑了，错过了堵洞捉熊的好机会。塞索伊奇还是为自己辩解了一下：熊现在的活动范围还在我们的掌握之中，没有发现它走出树林的脚印。当然，此时它一定是躺在某处的雪地上了。现在我们只有用围猎的方法来抓它了。

那个傲慢的陌生人听完后，不屑地皱了皱眉头，什么都没说，只问了声：“那只熊的个子大不大？”

“脚印可不小，”塞索伊奇说，“我敢担保那家伙不会少于 200 千克。”

那傲慢的家伙听后，耸起他那像十字架一样平的肩膀，瞧都没瞧塞索伊奇，开口说道：“说是请我们来掏熊洞，现在又说是围猎。你们能保证围猎的时候把熊撵到我们开枪人的枪口吗？”

这个怀疑令人感到屈辱，小个子猎人被刺痛了。但他没吱声，只暗暗想道：“当然是有把握的，我看你可得留点神了，别让熊把你这一脸傲气赶跑了！”

大家开始讨论围猎方案。塞索伊奇建议他们：打大型野兽，最好在

每位猎人后头，安排一个后备射手。

可那个自大的人并不赞成，他说：“谁要是对自己的枪法没信心，那就不要去猎熊。猎人背后还跟个保镖，这像话吗？”

“好勇敢的汉子！”塞索伊奇心里有点儿佩服这人了。

可此时上校却语气坚定、直截了当地说：“小心总是不会有错的，准备后备射手是对的。”医生也表示赞成。

那傲慢的人不满地瞅了他的两个同伴一眼，耸了耸肩，说道：“你们胆子太小，那就听你们的吧！”

第二天一早，天还没亮呢，塞索伊奇就把三个猎人叫醒，然后赶紧去村里召集在围猎时帮忙赶熊的人。

等塞索伊奇回到家里时，那个傲慢的人正从一个绿丝绒面的精致小提箱里，取出两管猎枪。这小提箱灵巧轻便，倒像用来装小提琴的匣子。塞索伊奇看得眼睛都亮了——他从来没见过这么好的枪呢！

那个傲慢的人收拾好枪，又从提箱里掏出亮晶晶的子弹筒，里面装着各式各样的钝头的和尖头的子弹。他一面忙乎着，一面跟医生和上校炫耀他的枪有多么棒，子弹有多厉害，还说他曾经在高加索是怎样打死野猪的，在远东是怎样打死老虎的。

塞索伊奇虽然脸上没有什么表情，心里却觉得自己又比人家矮了一头。他实在很想仔细瞧瞧这两管好猎枪，可到底也没敢张嘴提出想看看这两把枪的要求。

天刚蒙蒙亮，有好多载重雪橇从集体农庄出来，列成一队向树林进发。塞索伊奇坐在最前面的雪橇上，紧随其后的是40个负责驱赶的村民，那三位猎人在最后面。

队伍在离熊的栖息地还有一公里的地方停了下来。猎人们钻进了林子里的一个小土房中生火取暖。

塞索伊奇乘着滑雪板去侦察了一下熊的大致方位，然后又给那些负责驱赶的人们布置任务。

一切都安排得妥妥当当的，熊也没有跑出围猎圈。

塞索伊奇安排一些人围成半圆形，先站到小树林的一头负责呐喊，还有一些人静静地站在围猎圈的左右两侧，伺时出动。

围猎熊可不是围猎兔子。负责呐喊的人用不着边喊边走，他们只要在围猎的全过程中一直站在那里喊就行了。站在林子两侧不呐喊的人，要从呐喊的那群人站的地方起，一直站到狙击线，如果熊不往前跑，而是折向一边朝他们跑过来，他们只要脱下帽子向熊挥舞，就足以把熊撵到狙击线处了。

塞索伊奇布置好这群人后,又去叫猎人们,把他们领到各自的枪位上。

枪位有三个，互相之间的距离是 25 ~ 30 步。塞索伊奇负责把熊撵到这条窄窄的、只有 100 多步的通道上来。

塞索伊奇让医生站到第一枪位上,让上校站到第三枪位上,让那个傲慢的城里人站到最中间,也就是第二枪位上。这个地方有熊进入树林的足迹。一般情况下，熊从躲藏的地方出来时，都会沿着自己原来的足迹走的。

年轻的猎人安德烈充当的是摆大架子的城里人的后备射手。之所以选中了他,是因为他比谢盖尔更有经验,而且更有耐心。后备射手只有在野兽突破狙击线,向猎人身上扑去的时候,才有权开枪。

所有的猎人都穿着白罩衫。塞索伊奇最后一次小声地嘱咐他们应该注意的事项:不要出声,不要吸烟,当负责驱赶的人们开始呐喊的时候,不要动也不要响,要尽量离那只熊近一些再开枪。塞索伊奇吩咐完以后,就去负责驱赶的人们那儿做最后的布置了。

半个小时溜走了,每个猎人都等得好心焦。

终于有猎人的号角声响起——这两声拖得时间很长的、低沉的声音,一下子响彻满是积雪的树林。号角声停下来之后，余音好像还飘荡在寒冷的空气中,久久不散。

大概过了寂静的一分钟后，突然间负责呐喊的人们一齐呐喊起来。他们“八仙过海，各显神通”：有的叫，有的嚷，有的发出像拉汽笛似的低音，有的汪汪学狗叫，有的发出枯瘦女人常发出的尖叫声。

塞索伊奇吹过号角之后，就和谢盖尔一起乘滑雪板，飞一般滑向树林去撵熊了。

围猎熊与围猎兔子的另一个不同之处就是：除了负责驱赶的人之外，还需要有把熊从它的栖息地里撵出来的人。

塞索伊奇通过脚印就可以判断：这头熊个头很大。但是，真等到一个黑乎乎、毛茸茸的大熊脊背出现在云杉树丛上面的时候，小个子猎人还是哆嗦了一下，然后就稀里糊涂地朝天开了一枪，与谢盖尔两人异口同声地齐声喊道：“来啦！熊来啦！”

围猎熊真的与围猎兔子不一样，再一个不同之处在于：围猎熊准备的时间比较长，真正打猎的时间却非常短。但是由于长时间不安的等待，加之时刻有危险即将来临

的感觉，射手们往往觉得一分钟和一小时一样长。你在枪位上耐心等了那么久，忽然听到旁边的人放了一枪，于是发现一切都结束了，你什么都没做，那才叫郁闷呢！

塞索伊奇紧紧跟在熊后面，拼命想撵它去狙击线，但是他的努力都白费了——根本不可能追上熊。那些地方雪很深，人们要是不穿滑雪板，走一步就得陷一步，陷进齐腰深的大雪里，想拔出脚都不容易。可是熊走起来像一辆坦克似的，一路上把身旁的灌木和小树等撞得东倒西歪的。它很像汽艇，只见雪尘从它的两旁高高扬起，就像两扇巨大的白翅膀。

熊不一会儿就从小个子猎人的视线里消失了。但没过两分钟，塞索伊奇就听到了枪声。

围猎就这样结束了吗？熊被打死了吗？

此时又传来第二声枪响，接下来就是一阵凄惨的叫声，叫声里夹杂着痛苦与恐怖。

塞索伊奇拼命向射手们所在的方向跑。

当他跑到第二个枪位的时候，上校、安德烈和脸色像雪一样苍白的医生，正抓着熊皮，想要把压在第三个猎人的身上的熊抬起来。

事情的经过是这样的：大熊沿着自己进树林时的脚印往外走，直奔第二个枪位。本来应该等熊跑到离枪位 10 ~ 15 步远的时候开枪才能准确打中它的头或心脏，可这个猎人沉不住气了，在熊离他还有 60 步远的时候就开了枪。看起来动作很笨拙的大熊，实际上奔跑的速度非常快。

从这位猎人的好枪里打出去的好子弹，没有击中熊的要害部位，只是打中了熊的左后腿。熊痛得变得疯狂起来，于是向开枪的人猛扑过去。

这位猎人慌了神儿，竟忘记猎枪里还有一粒子弹，也忘了自己身边还有一杆备用枪，他把枪一扔，不顾一切转身就跑。

熊哪肯罢休，使出浑身气力，对准这个欺负它的人的脊背，一巴掌就把他压在雪里。

那个后备射手安德烈可没袖手旁观，他将自己的双筒枪直接插进大熊张开的嘴巴里，连扳两下扳机。

哪知祸不单行，双筒枪卡壳了，没响。

站在旁边的第三枪位上的上校目睹了这一切。他感到自己的同伴们随时都可能有生命危险，所以必须打枪。可是他也知道，如果没有瞄准，就有可能把自己的同伴打死。上校单腿跪地，瞄准熊的头就是一枪。

那只巨熊，挺着整个上半身在空中僵了一小会儿，然后扑通一下倒在它脚下那个人的身上。

上校一枪打穿了熊的太阳穴，立刻要了它的命。

医生也赶快跑过来了。他跟安德烈与上校一起，想把这只死熊从人身上挪开，救出猎人——此时还不知道猎人是不是还活着！

塞索伊奇来得正是时候，急忙去帮忙挪开沉重的熊尸，大家把猎人扶了出来。这个人还活着，没受伤，只是脸色像死人一样惨白。此时这个城里人已不敢正视其他人了。

大家用雪橇把他拉回集体农庄。没过多久这人就恢复常态了，竟要将熊皮据为已有，大家答应他后，他拿了熊皮就去车站了，无论医生怎样劝他多住一宿、休息休息再上路，他也不听。

“唉！”塞索伊奇后来对别人说起这个故事的时候，还会耿耿于怀，“我们可真是失算啊，不该让他把熊皮拿走的。说不定他现在还拿着那张熊皮四处炫耀，说那只大熊是他打死的呢。说起那只大熊，差不多有 300 多千克吧……真是个大得吓人的家伙！”

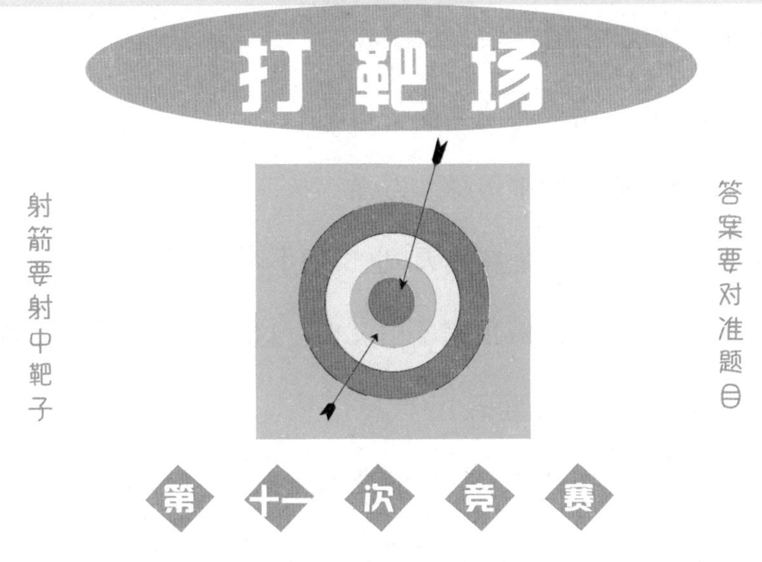

1.哪一种野兽比较怕冷——大野兽还是小野兽？

2.躺在洞里去冬眠的，是瘦熊还是肥熊？

3.常言说“狼靠四条腿活命”，这是什么意思？

4.为什么冬天砍的木柴比夏天砍的木柴值钱？

5.看了砍掉树干的树桩子，就可以知道这棵树的年龄。怎么知道的？

6.为什么说所有的猫科动物（包括家猫、野猫和猞猁狲）都比犬科动物（包括狼和狐狸）爱干净得多？

7.为什么一到冬天，有许多飞禽走兽就离开树林，向有人居住的地方挤？

8.是不是所有的秃鼻乌鸦都离开我们这儿，飞到别处去过冬？

9.癞蛤蟆冬天吃什么？

10.哪一种熊，人们管它们叫作“游荡熊”？

11.蝙蝠飞到哪儿去过冬？

12.冬天，是不是所有的兔子都是白的？

13.哪一种鸟，雌鸟比雄鸟身大力强？

14.交喙鸟的尸体，就是在热天，也长期不腐烂，为什么？

15.一个矮子矮又矮，戴顶帽子白又白。这顶帽子不是毛毡做，不是用线缝，不是市上买。（谜语）

16.别看我和沙粒一样小，我却能把大地盖牢。（谜语）

17.冬天大门一开，圆的东西滚进来，抓也抓不起，拾也拾不着。（谜语）

18.夏天东游西游，冬天家里躺躺。（谜语）

19.猪大嫂，手真巧，拈根麻线做活计，穿过牛大哥的皮板，缠住羊小弟的毛绒袄，做出两件东西，给人穿上走道。（谜语）

20.一个大汉，带个汪汪叫的，去找呜呜咬的。要不是汪汪叫的，大汉就会被呜呜咬的咬。（谜语）

21.一位美姑娘，红脸红衣裳。关在地牢里，辫子翘在大街上。（谜语）

22.一位胖老太太，坐在泥里发呆。衣服上补丁足有几十层，有的绿来有的白。（谜语）

23.不用缝来不用裁，衣上褶边自来带。几十件斗篷裹得严，不用扣来不系带。（谜语）

24.圆圆的，不是月亮；有绿叶，不是大树；有尾巴，不是老鼠。（谜语）

森林报

冬季第三月

2月21日至3月20日

熬待春归月——太阳进入双鱼宫

一年——分十二个月谱写的太阳诗章

2月——是跨越冬季的一个月。2月时,暴风雪尽情肆虐。风在雪地上狂奔而过,却没有留下一丝踪迹。

这是冬季最后的,也是最可怕的一个月。这是饥饿难忍的月份,是公狼、母狼交配的月份,是饥饿的野狼攻击村庄和小城镇的月份——它们每天晚上钻羊圈,叼走狗和羊来填饱肚子。所有的动物都瘦下来。秋天储存的脂肪已经不能再给身体提供热量、供给营养。小动物们的洞穴和地下储藏室里的储粮,也快没有了。

对于许多动物而言,积雪本可以帮助它们御寒,却在慢慢变成能置它们于死地的敌人。树枝不堪积雪的重压而被折断。只有山鹑、榛鸡、琴鸡等野生的动物喜欢厚厚的积雪,它们将自己的头连同尾巴一起钻进厚厚的雪中,在其中安稳舒适地过夜。

然而不幸的是,有时白天太阳晒化的积雪会在温度骤降的夜里再次冻结成一层硬冰壳,就是你把自己的头都撞破了,也别想从这硬冰壳里出来,除非等到太阳再次将硬冰壳融化。

风雪不停地在吹着,二月天埋藏了走雪橇的道路……

能熬得过去吗？

森林年的最后一个月来临了。这也是最艰难的一个月。

林中所有居民粮仓里的储存好的粮食，即将消耗殆尽。所有走兽和飞鸟都瘦下去了——皮下没有了保存热量的脂肪。长时间在吃不饱的饥饿状态下生存，很大程度地消减了它们的体力。

这时候，暴风雪好像有意作乱一样，在森林里一阵阵乱跑乱刮，天气冷得越来越厉害了。

冬天这位老者只剩这最后一个月可以撒欢了，它毫无顾忌地让着极度的严寒降临大地。现在，这些走兽和飞鸟只能坚持住，凝聚最后的力量,熬到春回大地。

我们的森林驻地记者察看了整片森林。他们在担心一件事：走兽和飞鸟能否熬到春回大地?

他们在森林里目睹了很多悲剧。有一些森林居民扛不住饥寒交迫，已经丧命。剩下的还能否再坚持一个月呢？当然,也有一些动物,根本不需替它们担心,它们是不会死的。

严寒的牺牲者

刮风的冷天那才叫一个可怕呢！每当遇到这样的天气，在雪地的这里或那里,你都可以看到冻死的走兽和飞鸟的死尸。

风扫过树桩和倒地的树干下面的积雪,可那儿是众多小动物、甲虫、蜘蛛、蜗牛、蚯蚓藏身的地方。

用来保暖的积雪被吹开了去,它们就在风里被冻成了冰。

鸟儿在飞行中被暴风雪杀死,乌鸦是承受力很强的鸟,但在持久的暴风雪过后,往往能发现它们冻死在雪地上。

风雪过去之后,轮到森林清洁工开始工作了,凶猛的飞禽走兽在森林里搜查:把那些在暴风雪中冻死的鸟兽尸体清理干净。

光滑的冰层

雪融化后又在骤冷之下迅速结成冰是可怕的。积雪上的这层冰壳很硬、很滑，也很坚实，动物软弱的爪子无法穿透，鸟的嘴也无法啄破。鹿的蹄子可以把它踩破，但是在破冰后冰洞像刀子一样锋利的边沿会割破它脚上的皮肉。

鸟儿要怎样才能得到冰层下的食物——草和谷粒呢？

谁若是无法击碎如同玻璃的冰层，就只能挨饿。

经常有这样的事情发生：

雪化的时候，地上的积雪变得潮湿稀松。傍晚，一群灰色的山鹑飞落到地面上，很容易地在雪地上刨出了一些小洞，它们就在氤氲着热气的温暖洞中沉睡过去。

然而，半夜温度骤降。

山鹑在温暖的地洞中睡觉，没有醒，也没有觉得冷。

次日清晨,山鹑醒过来了。雪下面很是温暖,但它们有些呼吸不过来。要到外面去,得去缓口气,伸展下翅膀,寻找一些吃的东西。

它们想要飞起,但头顶却有很坚硬的像玻璃似的冰层。光滑的冰层。它上面什么都没有,下面是松软的雪。

灰色山鹑用小脑袋去撞这冰壳,撞得流血——拼尽全力想冲出这层冰盖。

能逃脱这个死囚笼的山鹑,就算是饿着肚子,也是非常幸运的。

玻璃似的青蛙

我们的森林驻地记者凿开了一个被冻成整个冰块的池塘,挖出冰底下的淤泥,淤泥里面有很多钻进去后挤做一堆在里面过冬的青蛙。

在把它们弄出来时,它们就完全像是玻璃做的。它们的身体变得特别脆,轻轻碰一下,细细的小腿就会发出断掉的脆响。

我们的森林驻地记者带了几只青蛙回到家。他们非常小心地把冻僵的青蛙放在一个温暖的房子里,好让它们的身体慢慢暖和起来。青蛙渐渐苏醒,开始在地上蹦来蹦去。

因此能够想象得到的是,当春天的太阳晒化池里的冰时,水被晒热,青蛙就会复苏,变得健康有活力。

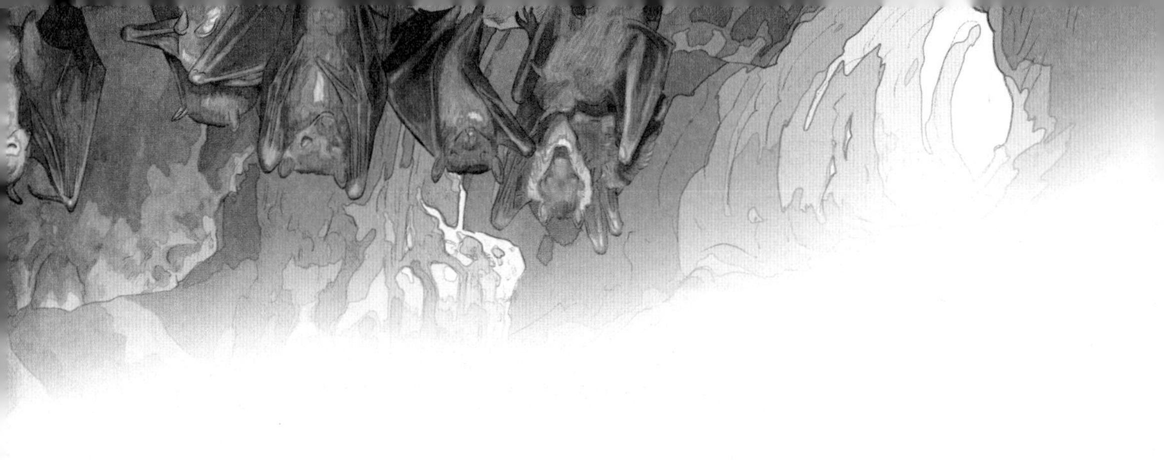

爱睡懒觉的蝙蝠

在托斯拉河岸上，距离萨德林诺车站不远，有一个巨大的岩洞。早在以前，人们在那里挖沙，但现在，已经很多年没人去那里了。

我们的森林驻地记者进入了这个洞穴，在洞顶上找到很多蝙蝠——鬼蝠和大棕蝠。它们头顶朝下，用脚爪紧紧地抓着凹凸不平的洞顶，就这样已经睡了五个月了。鬼蝠折叠的翅膀里藏着它的大耳朵，翅膀把身体包裹得很严实，如同包着被子，倒挂着就进入了睡眠。

这些蝙蝠睡得太久了，我们的森林驻地记者有些担心，于是他们就给这些蝙蝠摸脉搏，测量体温。

夏季蝙蝠的体温和人是一样的——37摄氏度上下，每分钟脉搏200次。

现在测得的蝙蝠的脉搏每分钟只有50次，体温只有5摄氏度。

即便如此，这些爱睡懒觉的蝙蝠很健康，没什么让人担心的事。

它们还能自由自在地睡一个月，甚至两个月，当温暖的夜晚来临时，它们就会非常健康地苏醒过来。

轻衣简装

今天,在一个隐蔽的角落里,我发现了一棵款冬。它正开着花,不畏寒冷。这些细茎着轻衣简装:鱼鳞状的小叶子,蜘蛛丝似的绒毛。这时候人们穿着大衣还嫌冷,它也应该穿点儿什么才对。

你们必定不会信我:周围都是白雪,哪里会有什么款冬呢?

我已经说过,是在“一个隐蔽的角落”里找到的。它所处的地方:一栋大楼的南墙底下,那个地方恰好有暖气管道通过。雪在这个“隐蔽的角落”堆积不起来,因为随时会融化,黑土地像春天一样,会冒热气。

但周围的空气还是很冷的!

急不可耐的活动

在天气稍微暖和一些,雪开始融化的时候,各种各样的昆虫:海蛆、蜘蛛、蚯蚓、瓢虫、叶蜂的幼虫,就会急不可耐地从林中的积雪下爬出来。

只要在哪个僻静的角落有一块地方没有雪——狂风会把倒地的枯木下面的积雪吹得一点儿不留——那里就是一些大大小小的虫子游乐活动的地方。

昆虫要出来伸展一下自己麻木的腿脚,蜘蛛要出来捕食。没有翅膀的蚊子赤着脚在雪上蹦蹦跳跳，有翅膀的蚋群在空中飞舞盘旋。

一旦寒冷来袭，这场游乐活动便将告终，这群昆虫又躲藏到败叶、枯草、苔藓和泥土里去了。

冰窟窿里伸出来的脑袋

一个打鱼的人，在涅瓦河口芬兰湾的冰上行走着。他路过一个冰窟窿时，发现从冰底下伸出来一个光亮的脑袋，长着稀疏的硬胡须。

打鱼的人认为这是溺亡的人的脑袋从冰窟窿里浮出来了。可这个脑袋忽然朝他转了过来，于是打鱼的人这才看清楚了，这是头长着胡须的动物的脸，身上的皮肤很紧致，脸上满是油光光的短毛。

有一瞬间，它亮晶晶的两只眼睛，直盯着

打鱼的人的脸。之后，“扑通”一声响，这只动物的脑袋消失在了冰下面。

这时候打鱼的人才明白过来，自己看到的是海豹。

海豹在冰下捕鱼。它只是把脑袋从水里伸出一小会儿，好换一口气。

冬季，打鱼的人们经常会在芬兰湾捕捉到从冰窟窿里爬出冰面的海豹。

有时候甚至会发生海豹追着鱼儿，追到涅瓦河这样的事。在拉多加湖里有许许多多的海豹，那儿有个真正的海豹娱乐园。

卸下武器

森林悍将雄麋鹿和身材小的狍子卸下了自己的犄角。

雄麋鹿在密林中，自己把犄角在树干上磨蹭，把犄角给卸了下来。

两只狼发现了这只没了武器的悍将，就想攻击它。它们以为取得胜利是非常容易的。

一只狼在麋鹿前面攻击,一只狼在麋鹿后面攻击。

战斗结束得出乎人的意料。麋鹿用它强硬的两只前蹄踏碎了一只狼的头骨,之后在转身的刹那,将另一只狼踢倒在了雪地上。狼落得一身的伤,好不容易地从敌人那儿逃走了。

近几日,雄麋鹿和狍子头上已经长出了新的犄角,还是尚未变硬的隆起状的东西,表面一层长着柔软的绒毛。

喜欢洗冷水澡的小鸟

在波罗的海的加特钦车站附近,在一条小河上的冰窟窿旁边,我们的森林驻地记者发现了一只黑色肚子的小鸟。

早上,严寒的天气冷得要冻掉人的鼻子。虽然苍穹上阳光普照,但是在那天早上,我们的森林驻地记者,还是不止一次地抓起雪搓自己冻得发白的鼻子。

因此在听到一只黑色肚子的小鸟在冰上欢快地唱歌时,就觉得十分奇怪。

他走得近了一些,此时小鸟感觉要发生危险,随后一头扎进了冰窟窿里。

“这回怕是要淹死了!”驻地记者这样想,匆忙跑到冰窟窿旁边去,想要去救那只发了疯的小鸟。

谁知小鸟在水下用翅膀划着水,就如同人用手臂游泳一样。

小鸟深色的背脊在纯净的水里一闪一闪的,跟银色的小鱼一样。

小鸟沉到水底,用尖细的爪子抓着沙子,在河底奔跑起来。它在一个地方停住了一会儿,用嘴翻开了一个小石子,从下面抓到一只黑黑的水甲虫。

过了一会儿之后,它已经从另一个冰窟窿里钻出来,蹦到了冰面上。身子抖了几抖,好像从未发生过什么一样,又欢快地唱起了歌。

我们的森林驻地记者将手放到冰窟窿里去试,想着:大概这儿有温泉,河里的水是温热的?

但很快他就把手从冰窟窿里缩回来了:冷冰冰的水刺得手生疼。

这时他明白了:他眼前的鸟,是一种水麻雀,学名叫河乌。

这也是一种不遵从自然规律的鸟,就好像交喙鸟一样。它的羽翼上涂着一层薄薄的脂肪。当它沉到水里时,那有着脂肪层的羽翼中,因为空气形成一些小水泡，看起来像是闪烁着银色的光一样。河乌仿佛穿上了一件由空气做的衣服,所以即便是在冷冰冰的水里,它也感觉不到冷。

在我们列宁格勒州内,河乌是稀客,只在冬季的时候才会出现。

冰屋之下

不要忘记生活在冰屋里的鱼儿。

鱼儿整个冬季都睡在水底深坑里,在它们头顶,有坚实的冰屋盖着。常常有这样的事情发生——这些事大多发生在冬末的 2 月份,在池塘里、森林中的湖泊中,鱼儿会觉得氧气不足。这时候,它们慌乱地张着圆圆的嘴,上气不接下气地游到冰屋之下,贴着冰屋用嘴呼吸冰上的气泡。

有可能会发生鱼儿全部窒息死亡的事。像这样,春天冰雪融化了,你拿着钓鱼竿来水池边垂钓时,就没什么鱼可以钓的了。

所以不要忘记了鱼儿。在池塘和湖泊里凿几个冰窟窿，注意别让鱼儿憋死了,叫它们有呼吸的空气。

积雪下的生命

在整个漫长的冬天里,你看着被白雪掩埋的大地,也许会情不自禁地想:在这雪下,在这冷冰冰的、干燥的雪的海洋下,能有什么呢？在它的底

部，会不会还有什么生命的存在？

我们的森林驻地记者，在森林空地上和田野中挖了一些深雪井，一直挖到雪下的土地上。

我们在那里看到的东西简直超乎了我们的想象。那里有很多一簇簇的绿色小叶子，有从枯死的草丛钻出来的尖细的嫩芽，还有被沉重的积雪压在冰冻的土地上的各种绿色草茎。它们都还活着。你试想一下，都是活着的。

原来生活在死亡所笼罩着的雪海底下的，有草莓，有蒲公英，有白车轴草，有铁线草，有酸模，还有很多各种各样的植物，它们自在地表现出绿的生命之色。在娇弱凝翠的繁缕上，甚至长出了小花蕾。

在我们的森林驻地记者挖的一个个雪井的井壁上，出现了一些圆的小孔洞。这是被小动物的爪子掘出来的通道。它们很善于在雪海里找东西吃。老鼠和田鼠在积雪底部吃着好吃且富有营养的绿色植物小根；食肉的鼩鼱、伶鼬、白鼬等，冬季就在那里猎食这些啮齿动物和在雪中夜宿的飞鸟。

以前，人们认为只有熊能在冬季生产熊崽。常言道，幸福的孩子生而有衣。熊崽刚一出世，个头只有老鼠那样大，但它不仅是生而有衣，而且是直接穿着毛皮大衣来到世上的。

如今，科学家们通过研究发现，有些老鼠和田鼠从它们夏天住的地洞里爬出来，到地面上去，一到冬天要搬迁到冬季别墅里。怪就怪在冬季它们也生产幼崽。刚出世的小老鼠全身是赤条条的，但是洞穴里很温暖，年轻的鼠妈妈用乳汁喂它们。

春天的预示

尽管这个月还是严寒逼人，但已不是隆冬时节可以相比的了。虽然积雪还是很深厚，但已经不像以前那样白净闪光。这时候，它们的颜色变得灰暗、没有了光泽和稀松多孔了。小冰柱挂在屋檐上渐渐变长，从上面滴下来冰水，地面上出现了一些水洼。

太阳露脸的时间越变越长，阳光传递着的暖意愈发强烈。苍穹也不再是苍青冬色，天空日渐蔚蓝。天空中的云朵，也不再是灰蒙蒙的冬季云朵了，它们变得层层叠叠的，如果你注意看，偶尔会看到堆叠得密实的积云团飘过来。

一有阳光出现，窗台下就有欢快的山雀在唱歌："脱棉衣了！脱棉衣

了！脱棉衣了！”

晚上，猫在屋顶上开音乐会。

森林里有时会突然有啄木鸟敲击的鼓点声响起来。虽然只是用嘴巴在敲树干，但听起来像一首歌。

在密林里，在云杉和松树下，不知有谁画了很多神秘的记号和难解的图画在雪地上。当发现这些记号和图画时，猎人的心脏顿缩，随后就狂跳着：这是林子里长着大胡子的雄鸟——松鸡的痕记啊，在结实的春季冰壳上的痕迹，是用它强壮有力的翅膀上坚硬的羽毛画出来的。这说明——松鸡要开始交配了，神秘的林中音乐会即将开始了。

城市快讯

大街上的争端

城市里已经能够感受到春天的到来了,大街上时常有斗殴事件发生。大街上的麻雀们毫不理会过路的人,互相啄着对方的脖颈毛,把羽毛啄得满天飞。

雌麻雀从不参与这些争端,但也不阻止那些起争斗的家伙。

每天夜晚,屋顶上常有猫在打架,有时两只雄猫拼死相搏的时候,总是一只猫被打得从楼顶翻滚下去。但即便如此,灵活的猫也不会摔死,总能恰好四脚落地,顶多脚有点儿瘸。

修理和建造

城市里四处都在忙着修房子和建造住宅。

老乌鸦、老寒鸦、老麻雀和老鸽子都在忙着修理自己去年筑的巢,去年夏季出生的青年一代在给自己建造新巢穴。它们用的干的粗树枝、软

枝条、秸秆、马毛、绒毛和羽毛等材料都增加了。

鸟儿的餐厅

我和我的同学舒拉都十分喜欢鸟儿。冬季在我们这里居住的鸟，像山雀、啄木鸟，经常挨饿，我们觉得它们很可怜，于是决定给它们做食槽。

我家房子附近有许多树，常有鸟儿停在树上找食物。

我们用胶合板做成浅木槽，每日清晨往里撒一些谷粒。鸟儿已经习惯了，很乐意飞到跟前来啄食。我们想这对鸟儿是有好处的。

我们建议所有的小朋友都来做这样的事。

城市交通新闻

在街上拐角的一栋房子上有一个标志：一个圈中间有个黑色三角形，三角形里画着两只雪白的鸽子。

这意思是:“注意鸽子。”

汽车司机在街上拐弯时,小心翼翼地绕过一大群聚在马路上的鸽子,有灰色的,有白色的,有黑色的,有咖啡色的。成年人和小朋友站在人行道上,撒些谷粒和面包给鸽子吃。

“注意鸽子”这个汽车警示标志,最开始是应女学生尼娅·科尔金娜的要求挂在莫斯科大街上的。如今列宁格勒和其他人来车往的大城市也都挂上了这样的标志。市民们经常给这些鸽子喂食,观赏这些象征和平的鸟儿。

珍爱鸟儿的人是光荣的。

返　乡

许多令人欢喜的消息传回了《森林报》编辑部,是从埃及、地中海沿岸、伊朗、印度、法国、英国、德国这些地方传来的消息。消息中称:我们的候鸟已经动身起程返乡了。

它们不慌不忙地飞着,掠过一寸一寸从冰雪中解放的土地和水域。它们返回我们这里,大概又正好是我们这儿冰消雪融、河流解冻的时候。

雪下度过的童年

正是雪化的时候,我去外面掘一些种花用的泥土,顺路看了一下我为了养鸟种的菜园。在那里我为金丝雀种了一些繁缕，金丝雀十分喜爱吃繁缕柔嫩多汁的绿茎叶。

你们应该认识繁缕的，对吗？淡绿色的小叶子，几乎看不清的小小花朵，总是互相牵缠在一起的脆嫩细茎。

繁缕贴近地面生长，在菜园子里种繁缕，如果一时管理不到，一片片地头都会被密密麻麻的繁缕所覆盖。

秋天的时候我种下了繁缕种子，但种得很晚了，发了芽的种子还没来得及长成幼苗。就这样它们被雪掩埋了起来，还保持着一根小茎上两片叶子的状态。

我原没想着它们能活。

但结果如何呢？我一看它们不只熬过了冬天，还长大了不少。现在已经不是小苗了。

真是一件奇特的事——这是在冬天呀，还是在积雪下！

新月初升

今天我有一件特别高兴的事：我起得早极了，在日出时起来的，我看见了新月的初升。

新月大多是在傍晚时分——太阳落山后出现。人们很少在清晨看见它挂在初升的太阳上方。它比太阳起得早，已经高高地升到天空中，像一把珍珠色的细镰刀，悬在金黄色的朝霞上，闪闪发光——那么亲切、喜气洋洋，我从来没见过它那种样子。

梦幻白桦树

昨天傍晚至夜间，下了一场暖和湿润的雪，把我家台阶前的小园子里种的一棵我心爱的白桦的树干和所有的树枝都染成白色的了。临近清晨时，天气骤然变冷。

太阳上升到了明净的天空中，我一瞧，我的白桦仿佛变成了一棵有神力的梦幻的树：它站立着，全身上下从树干到最小的树枝，都如同被浇注了一层玻璃，湿雪固结成冰，使得我的白桦浑身上下都闪着银光。

长尾巴的山雀飞来了，它们长着毛茸茸的、蓬松的羽毛，就好像一个个插着织针的小小白线球。它们停在白桦上，蹦来跳去——是在寻找有什么可以当早餐的东西吃。

可是它们的小脚爪打滑了，小嘴也戳不穿冰壳，白桦树只是发出细细的如同玻璃撞击的叮当声。

山雀吵闹着、抱怨着，飞走了。

太阳越来越高了，天气越来越暖，冰壳被晒化了。

梦幻的白桦树上，树干和全部树枝都开始流水，它仿佛变成一个冰冻的喷泉。

山雀再次飞了回来。它们落到树枝上，也不怕打湿了小爪子。现在它们开心了：小爪子不会再打滑了，雪化了的白桦还给它们准备了好吃的早点。

最初的歌声

在一个天气寒冷然而阳光灿烂的日子，城市的花园中响起了春季最早的歌声。

这是一只荏雀在唱歌。用没有耍花腔的质朴歌喉唱着：

“叽——叽——喳儿！叽——叽——喳儿！”

就这么简单的歌声。但这歌唱得那么欢乐，就仿佛这只有着金色的胸脯的小鸟儿想用它们的鸟语告诉大家：

“脱掉厚厚的棉衣！脱掉厚厚的棉衣！春天来了！”

绿棒接力赛

1947年创设了一年一度的全苏联优秀少年园艺家选拔赛。这好像一场长距离的接力赛，少先队员们从1947年的春姑娘手里，接过美妙的绿色接力棒出发，把它交到1948年的春姑娘的手里。从1947年春天到1948年春天的这段路程，对500万个少年园艺家来说，可不是容易走的。但是，他们总算保护好了前人所栽种的一切，而且一直在珍爱保护和培育每一棵树，年年如此。

每跑完一场绿棒接力赛，我们都会召开少年园艺家大会。

去年参与绿棒接力的少先队员和中小学生有好几百万。他们种下了好几百万棵果树与浆果灌木,造的森林、公园和林荫道有好几百公顷。今年参与比赛活动的人更多。

比赛的要求仍旧与去年一样，但是需要做的事比去年多太多了。今年要在每一所学校都开出一个果树苗园来，以便来年能栽种出更多的果园花园。还应该给道路做绿化，使它成为美好的绿色林荫道。还应该种植乔木和灌木,巩固沟谷中的泥土,保护我们肥沃的土壤。

为了成功完成这一切,应该诚恳地向经验丰富的老园艺家们好好学习。

捕 猎

巧妙的陷阱

说实际的,猎人靠猎枪捕获的猎物,远没有靠各种巧妙的陷阱捕获的猎物多。想要有捕捉猎物的好陷阱,除了要有智力和创造力,还得熟悉各种野兽的习性。要会制造陷阱,制作捕兽器,还要会将陷阱和捕兽器安放妥当。一个不会打猎的猎人,尽管设好了陷阱,安放了捕兽器,但常常没有收获;而很有经验的猎人,设好了陷阱和捕兽器总能有所收获。

钢铁做的捕兽器不用创造发明与动手制作,直接去买就可以了。但就安放这一点,可就不简单了。

首先,我们要知道把它放置在什么地方。捕兽器要摆放在洞旁、猎物出行的小路上、猎物足踪汇集交叉的地方。

其次,我们要知道怎么准备和安放捕兽器。要是捕捉十分警觉的兽类,像是貂、猞猁什么的,就先要将捕兽器放在松柏叶的汤汁中煮一煮,用小铲子铲掉一层积雪,然后戴着手套放置捕兽器,接着在上面覆盖上雪,用小铲子弄平整。如果没有这样做,嗅觉很灵敏的动物就会闻出人的气息，甚至隔了一层雪的钢铁的味道。

假如是要用捕兽器捕捉身体强、力量大的猎物，那就应该把捕兽器和一段很沉的原木系在一起，使猎物拖不了太远。

要是布置放诱饵的捕兽器，那就该清楚什么猎物喜欢吃什么，有的应该放上老鼠，有的应该放上肉食，有的应该放上鱼干。

活捉小猎物

猎人们想出了许多巧妙的捕猎装置捕捉小猎物，像白鼬、伶鼬、黄鼠狼、水貂等。这些装置很简单，每个人都能制作。

这些捕猎装置都基于一个原理：可以进去，不能出来。

拿一个小的长匣子或是一截木筒，一头开口，开口上面固定一扇粗金属丝做的小门，不过金属丝的长度应该比开口要长。小门斜立在开口上，下部向匣内或者筒内斜放，就做成了。

诱饵放在匣内或筒内。这样小猎物能嗅到诱饵的味道，又可以通过金属丝的小门发现诱饵。它用自己的小脑袋顶开小门，爬进去，小门就在它身后合上了。再想从里面打开小门就不可能了，就这

样，这只被捉到的小猎物就只能等在里面，直到你放它出来。

也可以在这箱子里装上一块活动木板。在箱子封死的那头的顶板上挂上诱饵。要把入口开得窄一些，在入口上部的里面装一个活动的闩。

小猎物从这块活动板中心（板中心的板底下安置了一个可使这块板自由转动的小横轴）爬过的时候，它身下的板就落了下去，入口处的板向上翘起，活闩升上去，这个捕猎装置的入口就严密地堵死了。

更简单的方法就是，用一个较高或者较大的圆桶，在桶壁的正中钻两个小孔，用一个长杆穿过去。露出来的长杆两头，架设在立在地上的两根小柱子上。两根小柱子之间已经预先挖好了一个坑，坑深是小半截桶的高度。

长杆放好后桶能放置平衡，使它在开头那边的前半边桶沿搁在坑边缘上，有桶底的那里的后半边挂在坑上方。

诱饵要放在临近桶底的地方。

小猎物入桶刚过桶的一半时，桶翻转过来，底部向下。小猎物就没法从光滑的桶壁往上爬出桶外了。

在寒冷的冬季，则索性可以做个冰制捕猎桶，这是乌拉尔的猎人想到的简单方法。

将装满水的桶放在寒冷的屋外。桶的水面、四壁和底部的水结冰比中间的水快。当结的冰约有一两根手指厚的时候，在上面钻一个大小能让白鼬通过的小洞，将桶里没结冰的水从小洞里倒出去，把桶搬回屋内。在温暖的屋子里，桶壁和桶底很快就暖起来了，靠近桶壁和桶底的冰会融化，此时就能很容易地从桶中倒出来一个“冰桶”了。这只冰桶上下封闭，只有桶顶有个小洞，这就是冰制捕猎桶。

在冰桶里放一些干草或麦秸之类的，再放一只活老鼠在里面。把冰制捕猎桶埋在有较多白鼬或伶鼬脚印的雪中，要让冰桶和雪面平齐。

小猎物闻到老鼠的味道后，就会立刻通过冰桶顶部的小洞钻进冰桶里。它没办法爬上光滑的冰桶壁，也咬不穿冰壁。

直接打碎冰桶，就可以取出小猎物了——这种冰桶不需要花钱，可以想做多少就做多少。

狼陷阱

猎人设置狼陷阱捕狼。

在狼经常出现的小路上，挖个长椭圆形深坑，深坑壁一定要陡。坑的大小能容下一头狼，但不能让它跑几步就能跳出来。坑上铺放细树干，然后撒一些细树枝、苔藓和秸秆，上面再盖上雪。这样就能掩盖人为的痕迹，陷阱的位置也就辨认不出来了。

夜晚狼从小路上过。走在最前面的那只狼走到这里，就会掉进陷阱。第二天清晨，猎人就能捉到活的狼了。

狼 圈

还有猎人设狼圈捕狼的。把木桩一根挨一根打进地下,合成一个圈。这个木桩圈里,又有一个用木桩合围成的圈。两个木圈间留一个狭窄的过道,宽度正好能让一头狼挤过去。

在外圈上设一扇往过道里开的篱笆门,在内圈里放一只小猪、一只山羊或者一只绵羊。

狼嗅到家畜的味道,就会跟着走进外圈里,于是在两层木圈的窄过道里绕圈。绕完一圈后,进来的第一只狼就会来到向过道里开的那扇门前,这时这扇门挡住了它的去路,想转身后退又是不能的,所以当它用头顶门方便它前进时,门也随之关上了,就这样狼就被圈住了。

就这样,它围着内圈里的家畜不断地转圈,直到猎人过来捕捉它。家畜毫发无伤,狼却不仅没吃上东西,反而赔上了自己的性命。

地上的陷阱

冬季的地面被冰冻得像石头,挖深坑很不容易。所以人们在冬季捉狼的时候,不是在地面往下挖土坑做陷阱,而是在地上架设陷阱。这种地上陷阱的制作方法是:立四根柱子在一块地的四角,用木桩合围起来做成围栏。在四根柱子的四角中间,再设立一根比围栏要高的柱子。在柱子上悬挂一块肉作为诱饵。

找一个木板搁在围栏上。

木板一头着地,另一头悬在空中靠近诱饵。

狼嗅到肉味,就会沿着木板往上走。因为狼体重的原因,悬空那头的木板被压得往下落,狼站不住就会往前跌个跟头掉进围栏里。

熊洞旁的二次遭遇

塞索伊奇踏着滑雪板，穿行在一个长满苔藓的沼泽地上。正是2月底的时候,从高处吹来的雪积得很厚。

沼泽地上有一座座的树林。塞索伊奇的北极犬佐妮卡在跑进一座树林后,消失在树丛后面。过了一会儿,突然树林中传出犬吠声,叫声很是凶猛狂躁。塞索伊奇听明白了:佐妮卡遇上熊了。

小个子猎人正好带了一支有五发子弹的好枪,所以这时,他心里很高兴。然后就连忙往犬吠的地方赶过去。

地上有一大堆被暴风吹倒的枯木，上面积满了雪。佐妮卡就对着这个狂叫。

塞索伊奇选了个适合的位置,很快把滑雪板脱掉,躲在一堆积雪后,准备射击。

一会儿过后,从雪底伸出个宽额头的黑色脑袋,带着睡意的一双小眼

睛闪着绿色的光芒——按照猎熊人的理解，熊是在和人打招呼。

塞索伊奇知道，熊在看到猎人之后还是会躲起来，它会躲回洞穴，然后又突然向外跑跳出来。所以猎人要在熊缩回脑袋以前开枪。

然而，由于太仓促瞄得不准，塞索伊奇后来才知道那颗子弹只擦过了熊的脸。

猎物跳起来，直扑塞索伊奇。

亏得是第二枪打中要害，将那熊打倒在地。

佐妮卡扑上去撕咬熊的尸体。

在熊冲上来时塞索伊奇还来不及恐惧。但等危险过去后，这个结实

的小个子反而全身发软，眼前一片模糊，耳朵嗡嗡直响。他深吸一口凛冽的空气，想赶走内心深处的恐惧。此时他才想到刚才的那段经历的可怕。

在和庞大的猎物面对面遭遇后，等危险一过去，任何人，哪怕是最勇敢的人，也都会有这样的感受。

突然，佐妮卡从熊的尸体旁跳开了，汪汪地叫起来，又扑向那个雪堆。但这时是朝另一边扑去。

塞索伊奇看了一下，不禁呆住了：在那里又伸出了第二头熊的头。

小个子猎人迅速镇定心神，快速瞄准，但这次更加谨慎了。

他只用了一枪就将这家伙打倒在了那雪堆边上。

但差不多就在同一时间，从第一头熊跑出的黑洞里，又伸出了第三个宽额头、棕红色熊的头，紧接着又探出了第四个。

塞索伊奇着实慌乱了，他惊慌失措，就仿佛这片树林的熊都汇聚到了这个树枝堆里，这时一齐爬出来攻击他了。

他来不及瞄准就连开了两枪。然后把打完子弹的枪扔到雪地上。匆忙间他发现打完第一枪后，棕红色的熊头消失了，第二枪打在了意外跑上前的佐妮卡身上,误中子弹的佐妮卡倒在了雪地上。

此时,塞索伊奇两腿发软,不由地向前走了三四步,被绊倒在他击中的第一头熊的尸体上,然后失去了意识。

他这样躺着不知道过了多久。他醒过来的过程令人觉得很是恐惧:有什么东西揪着他的鼻子,揪得非常疼。他举起手想护住鼻子,手却碰到了一个活着的、温热的、毛茸茸的东西。他睁开了眼睛,于是看见一双绿色的熊眼睛正看着他。

塞索伊奇一声大叫,猛地一挣扎,就从熊嘴里挣脱出了鼻子。

他疯傻了一般站起,撒腿就跑,但没走几步就陷进了齐腰的雪里。

好不容易回到家里,回头想了想时,才明白过来,刚才咬他的是只小熊。

惊魂甫定后,塞索伊奇仔细回想了这场惊险的全部细节,总算明白了自己遇到的是一件什么事。

他最开始射的两发子弹打死的是一头母熊。然后从树堆另一边跳出来的,是一头已经三岁了的母熊的儿子——熊老大。

这种年纪的熊老大都是雄性, 不是雌性。夏季它帮母熊照顾弟弟妹妹,冬季就在它们附近冬眠。

在那堆被风吹倒的枯树堆下,有两个熊的洞穴。一个睡着熊老大,另一个睡着母熊和两头一岁的小熊。

小熊还比较小, 身量差不多跟个 12 岁的小孩儿一样, 不过它们已经长出来宽大的额头和大大的脑袋，所以猎人在慌乱中，把它们的脑袋看成了成年熊。

在猎人昏睡在那里的时候，熊的一家唯一幸存的小熊走到母熊身边。它用头去拱死去的母熊的胸脯想吃奶，却接触到了塞索伊奇暖和的鼻子，它把塞索伊奇脸上不太大的这个突出的东西当成了母亲的乳头，就这样逮着吮吸起来。

塞索伊奇把佐妮卡就近埋在了那片树林里，带着那头小熊回了家。

这头小熊是个既活泼又可爱的小家伙，猎人失去佐妮卡后正感到难受孤独。

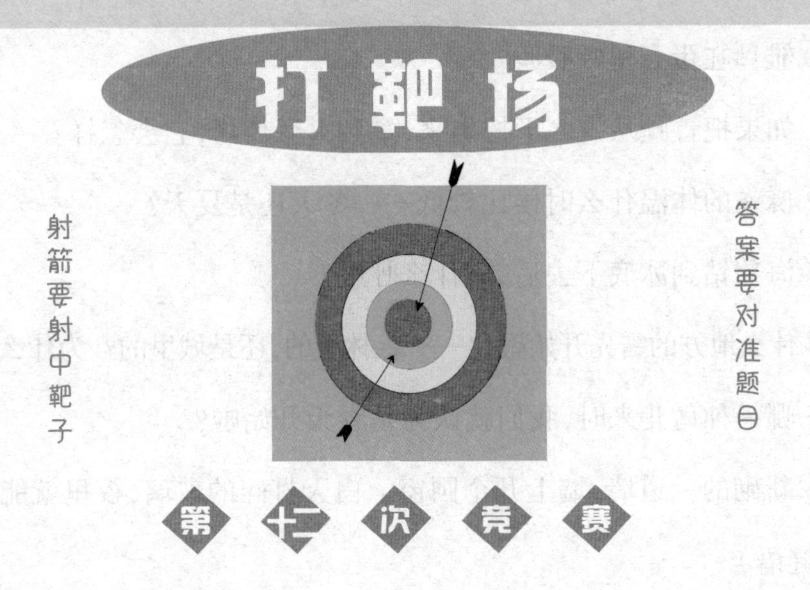

1.哪一种小兽倒栽葱睡一冬？

2.刺猬怎么过冬？

3.灰鼠冬天不吃什么？

4.哪一种鸟一年四季都孵小鸟，甚至在冰天雪地中也不例外？

5.冬天，当所有的昆虫都冬眠的时候，山雀是对人有害的，还是有益的？

6.冬天，獾对人有益，还是有害？

7.哪一种鸣禽钻到冰底下的水里去打食？

8.做椋鸟窠的时候，为什么要在窠里面入口底下钉个小小的三角架子？

9.哪一种生物的骨骼露在外面？

10.雏鸟在蛋壳里呼吸吗？

11.如果把青蛙从雪底下挖出来，拿到火旁烤烤，它会怎样？

12.麻雀的体温什么时候比较低——冬天还是夏天？

13.海豹钻到冰底下去后，靠什么呼吸？

14.什么地方的雪先开始融化——森林里的，还是城里的？为什么？

15.哪一种鸟儿来时，我们就认为是春天开始啦？

16.新砌的一道墙，墙上开个圆窗。白天打碎的玻璃，夜里就能装上。（谜语）

17.一件东西真奇怪，在屋外不冻冰，在屋里倒冻冰。（谜语）

18.一匹白布，亮光闪闪。抖开要多长有多长，经过窗口，铺在地上。（谜语）

19.说山高，它比山还高；说光亮，它比光还亮。（谜语）

20.说它在屋里响，也不是在屋里响；说它在屋外响，也不是在屋外响；说它像鸟叫，可又不是鸟叫。（谜语）

21.一件东西，没心没肺没头脑。野兽有心肺却不如它灵巧；野兽有头脑，却不如它智慧高。（谜语）

22.脑袋像猫不是猫，身穿一身豹花袄，白天睡觉夜里叫，看到田鼠就吃掉。（谜语）

23.春天叫人愉快，夏天叫人凉快，秋天叫人吃个痛快，冬天叫人暖和起来。（谜语）

打靶场答案

第十次竞赛

1.从 12 月 22 日起。这是一年中白昼时间最短的一天。

2.猫的脚印没有爪印，因为猫把爪子缩起来走路。

3.水獭和水貂，因为这两种野兽吃鱼。

4.不生长，它们的生长机能暂时停止。

5.因为刚下过雪之后，雪上的脚印都是新的，随便你顺着哪一行脚印走去，都可以找到野兽。

6.黑琴鸡、山鹑和榛鸡。

7. 在田野里穿白衣裳——为的是跟雪的颜色一样；在森林里穿灰衣裳，因为在冬天也有绿叶的森林里，白色或其他颜色，都比灰颜色显眼。

8.因为兔子跑的时候，把两条长长的后退向前伸出。

9.不做窠，不孵小鸟。

10.鹞鹰、鹗鸟扑兔子的时候，一只爪抓住兔子的脊背，一只爪拼命想抓住树木的枝条。吓得魂飞魄散的兔子呢，没命地往前跑，那时它的力气大得非凡，而鸮鸟或鹞鹰的一只脚爪却死死地抓着枝条不放。有时候，在这种情况下，鸮鸟或鹞鹰的身子竟会撕作两半。

11.勾嘴鹬，因为它把嘴深深地插到泥土里去找食吃。

12. 鼩鼱，因为它会散发出冲鼻的麝香气味。肉食兽的嗅觉灵敏，受不了这种气味。

13.熊的脚印。

14.大风雪。

15.狼。

16.风。

17.严寒。

18.严寒。

19.冰。

20.黑麦、燕麦、小麦。

第十一次竞赛

1.小野兽。体积越大,身体内发生的热量越大。从另一方面说,身体表面的面积越大,发散到身体周围空气里去的热量也越大。大野兽的体积,比起它身体的面积来,大得多;它身体的面积,比起它的体积来,小得多。因此,大野兽身体内生出的热量很大,而散发的热量却比较少。小野兽正相反。

2.肥熊。睡着了的熊就靠脂肪来供给营养和保温。

3.狼不像猫科动物那样,埋伏着等待要猎取的东西,而是要靠它那四条快腿,追捕要猎取的东西。

4.冬天,树木暂时停止生长机能,不再吸收水分,所以冬天砍的柴比较干。

5.砍下的树木,只要数数它的木质纤维有多少圈,就可以知道它的年龄(这叫作年轮,年轮一年增长一圈)。

6.因为猫科动物总是先埋伏在一旁,然后出其不意地跳出来捉住要猎取的动物。它们必须非常爱清洁,不让自己身上发出什么气味,要不然,它们所要猎取的动物,隔得老远就闻到它们的气味,就不敢走近它们的埋伏地点了。

7.因为冬天在人的住宅附近,它们比较容易找到食物。

8.并非都是这样。一部分秃鼻乌鸦留在我们这儿过冬。冬天,在污水坑旁、垃圾堆边、丛林里或是乌鸦栖宿的地方，通常总可以看到一只或几只秃鼻乌鸦，夹杂在乌鸦群中。

9.什么东西也不吃。冬天它睡觉。

10.那些从洞里被赶了出来的熊，它们在冬天根本不睡觉。

11.冬天，蝙蝠睡在树洞里、岩洞里、顶楼和房檐下。

12.只有雪兔冬天变白，欧兔冬天还是灰色的。

13.猛禽。

14.交喙鸟吃针叶树的种子过活，它全身被松脂所浸透，松脂可以使肉体防腐。

15.盖着雪的树墩儿。

16.雪花。

17.冷风，冬天，小屋子一开门，就有一股冷气从外面冲进屋里，一团团地打转。

18.熊和獾等冬眠的野兽。

19.缝毡靴：用猪鬃引麻线，穿过牛皮做的靴底，缝上羊皮毡做的靴帮。

20.猎人带着猎狗去猎熊。要不是有猎狗，猎人就会被熊给咬死。

21.胡萝卜、萝卜。

22.白菜。

23.洋白菜。

24.大圆萝卜。

第十二次竞赛

1.蝙蝠。

2.冬眠。秋天就钻到用枯叶和草做的窠里去。

3.不吃肉。

4.交喙鸟。因为交喙鸟喂雏鸟吃的是松树和云杉的种子。

5.有益的。冬天里,山雀寻找那些躲在树皮裂缝和小洞里的昆虫和它们的卵和蛹来吃,可以吃掉不少害虫。

6.无益也无害,因为獾是冬眠的。

7.河乌。

8.为了不让猫脚掌掏到窠里。

9.许多种昆虫、虾蟹和其他节肢动物。它们的骨骼是一种质地很硬的东西,叫作“甲壳质”。

10.它通过蛋壳上的气孔呼吸。如果在蛋壳上涂一层油漆,或是厚厚地涂上一层胶水,那么空气透不进去,雏鸟也就闷死了。

11.由于温度的骤然改变,青蛙会死去。

12.冬夏一样。

13.海豹在水里不呼吸。它在冰面上给自己弄穿几个窟窿来透气。

14.城里的雪化得早,因为城里的积雪脏一些。

15.秃鼻乌鸦飞来的时候。

16.冰面上的窟窿,一到夜里,冰窟窿里的水又冻上了。

17.玻璃窗,只有屋子里的一面结冰。

18.从窗口射进来的太阳光。

19.太阳。

20.通大街的房门,一开一关,就吱呀地响,像鸟叫似的。

21.捕兽器。

22.猫头鹰。

23.森林。